The Third Report on the Rural and Urban Spatial Development Planning Study for the Capital Region

(Beijing, Tianjin and Hebei)

京津冀地区 3 城乡空间发展规划研究三期报告

吴良镛 / 等著

清华大学出版社
北京

内容简介

"京津冀地区城乡空间发展规划研究"是国家自然科学基金重点项目——"可持续发展的中国人居环境基本理论和典型范例"的主要研究课题之一，也是清华大学"985"研究基金和北京市教委重点学科群建设项目的资助课题。

在《京津冀地区城乡空间发展规划研究》的一期报告和二期报告出版之后，清华大学课题组在吴良镛院士主持下继续关注京津冀地区的变化，以近年来参与的京津冀、科学院和工程院若干重大课题为基础，开展三期报告的研究。

三期报告面对京津冀地区的新老问题，在国家发展方式转型的背景下，着眼于京津冀两省一市存在共同利益的关键人居问题，在区域城乡空间格局、综合交通体系、生态文明建设、区域文化体系等方面，谋划转变当前发展模式的共同政策和共同路径，提出共同缔造良好人居环境和和谐社会的具体建议。

本书图文并茂，可读性强，适合城乡和区域规划理论和实践者、规划建设管理工作者、政府有关领导部门及大专院校相关专业师生阅读和参考。

图书在版编目(CIP)数据

京津冀地区城乡空间发展规划研究三期报告 / 吴良镛等著. --北京：清华大学出版社，2013（2017.4重印）
ISBN 978-7-302-34187-1

Ⅰ. ①京… Ⅱ. ①吴… Ⅲ. ①城乡规划—研究报告—华北地区 Ⅳ. ①TU984.22

中国版本图书馆 CIP 数据核字(2013)第 246525 号

责任编辑：张占奎
封面设计：吕敬人
责任校对：王淑云
责任印制：李红英

出版发行：清华大学出版社
网　　址：http://www.tup.com.cn，http://www.wqbook.com
地　　址：北京清华大学学研大厦 A 座　　**邮　　编**：100084
社 总 机：010-62770175　　**邮　　购**：010-62786544
投稿与读者服务：010-62776969，c-service@tup.tsinghua.edu.cn
质量反馈：010-62772015，zhiliang@tup.tsinghua.edu.cn
印 装 者：北京雅昌艺术印刷有限公司
经　　销：全国新华书店
开　　本：210mm×297mm　　**印　　张**：16.25　　**字　　数**：214 千字
版　　次：2013 年 10 月第 1 版　　**印　　次**：2017 年 4 月第 2 次印刷
印　　数：2501～4000
定　　价：198.00 元

产品编号：056035-01

《京津冀地区城乡空间发展规划研究三期报告》

课题负责人　吴良镛

《京津冀地区城乡空间发展规划研究三期报告》科学共同体

吴良镛　周干峙　赵宝江　钱　易
李文华　胡序威　胡兆量　钮德明
李　强　胡鞍钢　王忠静　金　鹰

陈　刚　尹海林　唐　凯　黄　艳
朱正举　霍　兵　王晓栋　倪贺营
林　澎　要根明　毛曙光　牛　雄

李晓江　朱嘉广　施卫良　秦　川
邢天河　鲍　龙　王　凯　杜立群
周长林

左　川　朱文一　边兰春

《京津冀地区城乡空间发展规划研究三期报告》起草小组

吴良镛　吴唯佳　毛其智　武廷海　刘武君

本报告执笔

赵　亮　于涛方　黄　鹤　王　英
李王峰　段进宇　刘佳燕　李孟颖
陈宇琳　吕春英　蒋冰蕾　王　南
梁思思

《京津冀地区城乡空间发展规划研究三期报告》，得到住房和城乡建设部，北京市规划委员会，天津市规划局，河北省住房和城乡建设厅，石家庄、唐山、保定、廊坊、承德等市城乡规划局，及有关部门的大力支持。特此表示衷心感谢！

序言

“京津冀地区城乡空间发展规划研究”是清华大学建筑与城市研究所十多年来持续关注的重要课题。在社会各界支持下，1999年至2002年进行了“一期报告”，这一阶段的研究侧重于对城市地区（city region）的理论研究，重点是对京津冀地区发展的原则性、理念性、方向性、战略性的新问题进行探索，希望带动北京的城乡规划从“就城市论城市”转向“世界城市地区”的观念，主张以整体理念，综合研究城市发展的战略目标、区域职能和空间布局，以及跨地区的协调与合作机制等，通过“建设世界城市”，促进整个京津冀地区的繁荣和健康发展。这一期的研究成果得到学术界、媒体和相关规划建设部门的肯定和好评，并在一定程度上影响了北京、天津2004年城市总体规划的制定。

京津冀发展之快，各界对京津冀地区研究之重视，给我们极大的鼓舞。2005年以来，北京、天津、河北省进入新一轮战略构想的实施阶段，国务院发布了《关于推进天津滨海新区开发开放有关问题的意见》，首钢开始搬迁，曹妃甸进入大规模建设时期。但京津冀地区仍然面临整体竞争力不高、区域发展协调程度较低、资源环境约束“瓶颈”日益突出等问题，在全面落实科学发展观，实现美好的人居环境与理想社会共同缔造，以新“畿辅观”建设首都地区的愿景下，京津冀地区宜追求更加明确的区域空间发展战略。2006年，清华大学建筑与城市研究所发表了“京津冀地区城乡空间发展规划研究”二期报告，对京津冀地区提出了比较具体的规划概念图，即“以首都地区的观念，塑造合理的区域空间结构”，这一结构是由京津发展轴、滨海新兴发展带、山前传统发展带和燕山—太行山山区生态文化带组成的“一轴三带”的发展构架。

二期报告出版至今七年来，京津冀地区各个城市都取得了显著的发展成效。2008年北京成功举办了奥运会，天津滨海新区经济实力得到了明显的提升，已经投入运营的京津城际客运专线使得京津发展轴在京津冀地区的“脊梁”地位得到进一步加强。随着唐山曹妃甸、沧州黄骅以及天津临港地区的发展，京津冀滨海地区开始向沿海工业和城镇密集地带迈进。

然而必须看到，京津冀地区的发展仍然存在风险和不确定性：第一，这一地区人口仍将持续较快增长，资源和环境压力仍难以缓解；第二，京津走廊和沿海地区仍将是发展的主导区域，太行山、燕山地区、海河流域的上游地区的生态保护、民生改善是影响整个地区可持续发展的重要因素，但缺乏有效的发展与保护战略；第三，京津冀对于环渤海、内蒙、山西等地区的合作需求持续扩大，北京、天津越发需要依靠区域的整体发展来解决自身面临的问题，京津冀相互之间的区域合作需求越发迫切。京津冀地区既要解决这些区域问题，还要承担国家战略要求，引领更大地域的发展。既要面对中国发展模式转型的迫切要求，还要在包含国际金融危机在内的国际政治经济形势下，探寻城市经济的发展转型之路。需要有一个整体的，长期、科学、艰辛的研究，促进地区发展的整体思维，形成整体战略，付诸整体行动。

可喜的是，京津冀地区区域合作的条件比十多年前进行一期报告时更加成熟了。今天的京津冀地区已经进入到从理论发展到行动实施的阶段。之所以这么说，一是因为地区经济社会的现实发展，已经到了你中有我、我中有你的阶段，相互间已经难以割舍；二是中央政府在十二五规划中，重申京津冀一体化，提出建设首都经济圈，使得京津冀协调发展进入到国家战略；三是地方政府对区域合作的要求更为迫切，河北省提出建设“环首都绿色经济圈”，《北京城市总体规划（2004—2020年）》实施评估指出“不断膨胀的人口规模和十分有限的资源承载力形成鲜明对比，解决人口与资源、环境之间的矛盾已经刻不容缓……北京要实现协调发展的目标，必须在更大的空间范围内实现城乡统筹和区域统筹”，北京市规划委员会也开始与河北省、天津市有关部门共同研究区域发展问题，并有望在北京新机场、交通基础设施、生态保护和城镇化等专项合作上有所突破。因此，京津冀地区在自然资源调配合理利用、国家战略要求和地方政府合作需求方面，比起十年前都更有条件，这种共同的需求使得京津冀地区区域协调合作的条件已经具备，已经到了必须要三个行政单位思考并落实地区共同发展战略问题的时机了。

当然，各方面对京津冀区域协调发展的重点还各有看法，也有一些困惑，这是不难理解的。目前，京津冀各个城市都提出了自己的发展规划设想，在十二五的开局之初都设想有规模庞大的计划和项目，有些甚至又脱离了整体的区域观念，这是我们引以为忧的。这一地区的人口膨胀、资源短缺、无序竞争、环境恶化、交通拥堵等问题依然存在，甚至更为严峻。因此，时隔七年，再研究京津冀有很大的现实意义。

过去十多年间，京津冀地区成为研究和规划的热点，国家发改委、住建部等都分别主持进行了京津冀地区不同的区域规划工作，很多学术机构、规划编制单位也都在做京津冀的研究工作，学术研究的繁荣令我们非常高兴。作为独立的学术机构，我们仍然坚持一期、二期报告时提出的基本理念，京津冀地区城乡空间发展规划研究是基于人居环境建设的区域空间发展战略研究，是一项长期持续的学术研究工作，而不是具体的区域规划项目，它宜与政府部门的京津冀规划工作互为补充。我们的区域研究针对的是京津冀地区发展的新现象、新问题，提出协调发展的新设想，具有一定的预见性，为决策提供服务，以期发挥积极的作用。我们相信，繁荣的学术探讨，达成学术共识，能够推动社会共识，进而促进科学决策和民主决策，最终促成区域的全面、协调和可持续发展。

当前，关于中国城镇化的过程和路径等有各种各样的提法，莫衷一是。"十八大"报告提出了政治、经济、社会、文化和生态文明建设等"五位一体"的总体布局，这对城乡规划建设转型能够起到更好的指导作用，是规划改进的一个方向。规划所面临的问题实际上是政治、经济、社会、文化、生态文明等综合问题，城乡规划既包括物质规划，也包括精神层面的，特别是生态文明，不仅是对自然的保护，也包含人文生态、人类社会和谐。

不同的地区有不同的特点，京津冀地区不像珠三角那样能够在省域内解决城市间的协调发展问题，也不像长三角那样，城乡发育较为成熟，区域市场高度繁荣，在上海的带领下与各省共同前进。京津冀地区的问题更为复杂，但万变不离其宗，经济、社会、资源、环境等诸多复杂问题，终究归结到需要良好的空间秩序来协调统筹解决，在当前的发展阶段，如何能从哲理上、本质上、历史规律上认识京津冀地区的区域发展，寻求良好的空间秩序、经济秩序、自然秩序、文化秩序乃至社会秩序，是我们作为研究机构的一贯追求。

吴良镛

2013年10月

目录

摘要 1

第 1 章　京津冀地区发展的新进展 13

1.1　一、二期报告回顾及三期报告的研究背景 14

1.2　京津冀地区人居环境建设的进展 17

1.2.1　地区战略地位得到加强，世界城市地区建设成为共同目标 17

1.2.2　区域交通系统持续完善，引导并支撑城镇格局走向多中心网络化 27

1.2.3　宜居城市建设成效显著，城市基础设施水平与承载能力得到提高 30

1.3　区域合作行动积极开展 34

1.3.1　北京市多方协作开展首都区域发展战略研究 36

1.3.2　天津市积极建设滨海新区，完善区域功能，探索区域合作的方向 38

1.3.3　河北省提出区域城镇化新格局，规划建设“环首都绿色经济圈” 40

1.4　三期报告的新形势 42

1.4.1　转变发展方式，发挥首善之区的引领作用 42

1.4.2　“首都经济圈”纳入国家战略为京津冀地区发展提出新的要求 45

1.4.3　良好人居环境与和谐社会共同缔造 47

1.4.4　担负国家文化复兴的历史使命 49

Contents

Abstract

1 New Progresses of the Development of Beijing-Tianjin-Hebei Region

1.1 Review of First & Second Report and Research Context of Third Report

1.2 Progress of Human Settlement Environment Construction of Beijing-Tianjin-Hebei Region

1.2.1 Consolidated regional strategic position, and a common goal of constructing World's Urban Areas

1.2.2 Continuously improved regional transportation system, and a development toward polycentric spatial layout

1.2.3 Remarkable construction of livable urban environment, and promoted level of urban infrastructure and its capacity

1.3 Active inter-regional cooperation

1.3.1 Beijing: Research on capital region development strategy among multi-party cooperation

1.3.2 Tianjin: Construction of the Coastal New Area, Promotion of regional functions and exploration of regional cooperation

1.3.3 Hebei Province: New layout of region urbanization, and proposal of "Green Economic Circle around Capital City"

1.4 New Situation of the Third Report

1.4.1 Transformation of development mode and a leading role of the "Best Place"

1.4.2 Integration of "Capital Economic Circle" into National Strategy and subsequent new requirements for the development of Beijing-Tianjin-Hebei Region

1.4.3 Creation of a good human settlement environment as well as a harmonious society

1.4.4 Responsibility of reviving the historic mission of national culture

目录

第 2 章　京津冀地区转变发展方式面临的挑战和问题　53

2.1　人口压力愈发显著　54

2.1.1　京津冀地区人口超常规快速增长　54

2.1.2　京津两大核心城市人口极化显著　55

2.1.3　流动人口高度集中造成严峻的社会问题　57

2.2　严峻的生态环境危机　61

2.2.1　建设用地大规模无序扩张　61

2.2.2　水危机日益严峻　63

2.2.3　大气环境问题愈发突出　69

2.3　区域发展协调不足仍未改观　74

2.3.1　区域发展不平衡的状况依然显著　74

2.3.2　区域协调发展机制难以建立　79

Contents

2 Challenges and Problems for Transformation of Beijing-Tianjin-Hebei Region

2.1 Higher Population Pressure
2.1.1 Abnormal rapid growth of population in Beijing-Tianjin-Hebei Region
2.1.2 Significant polarization of population in the core cities (Beijing and Tianjin)
2.1.3 Serious social problems caused by high concentration of migration

2.2 Severe Ecological Environment Crises
2.2.1 Massive and orderless expansion of construction land
2.2.2 Increasingly serious water crisis
2.2.3 Severe atmospheric environmental problems

2.3 Insufficient Coordination of Regional Development
2.3.1 Significantly unbalanced regional development
2.3.2 Difficulty in establishing regional coordinated development mechanism

目录

第3章　推动京津冀地区转型发展的共同路径　83

3.1　共同构建多中心的“城镇网络”　84

3.1.1　共同实现首都政治文化功能的多中心发展　86

3.1.2　共同推动京津冀若干战略性地区的协调发展　89

3.1.3　共同推动管理体制改革，提高县域发展的自主性　91

3.2　共同构建京津冀相互协调的综合交通体系　94

3.2.1　共同规划建设京津冀地区综合交通网络　94

3.2.2　整合多种运输方式，建设综合交通枢纽　98

3.3　共同创造安全健康的“生态网络”，创建美丽中国的典范之区　100

3.3.1　共同设立京津冀水源涵养区，共享洁净水源　100

3.3.2　上下游协同合作，保护与恢复京津冀水生态系统　104

3.3.3　多管齐下，提高水安全，修复水环境　106

3.3.4　区域联防联控，改善空气质量　109

3.3.5　在更大的空间范围构建生态安全格局　114

3.4　共同维护和发展京津冀地区“文化网络”，打造引领中国文化复兴的首善之区　116

3.4.1　京津冀共同努力，建设中华文化枢纽　116

3.4.2　开展地区设计，创造区域美与秩序　124

Contents

3 Common Path for Pushing the Transformation and Development of Beijing-Tianjin-Hebei Region

3.1 Co-building Polycentric "Township Network"

3.1.1 Multi-center layout of the political and cultural functions of the capital

3.1.2 Coordinated development of strategic regions of Beijing-Tianjin-Hebei Region

3.1.3 Reform of management system and raising the autonomy of county area

3.2 Construction of a Comprehensive and Coordinated Transportation System of Beijing, Tianjin and Hebei Region

3.2.1 Planning a comprehensive transportation system of Beijing, Tianjin and Hebei Region

3.2.2 Integrating multiple transportation tools and constructing a comprehensive transportation hub

3.3 Creating a Safe and Healthy "Ecological Network" together and Building a Pilot Area for "Beautiful China"

3.3.1 Setting up water conservation areas in Beijing-Tianjin-Hebei Region, and sharing clean water sources

3.3.2 Coordination in preservation and restoration of the water ecosystem of Beijing, Tianjin and Hebei

3.3.3 Take multi-pronged approach to improve water safety and rehabilitate water environment

3.3.4 Regional joint prevention and control to improve air quality

3.3.5 Building ecological safety pattern at a greater scale

3.4 Maintaining and Developing "Culture Network" of Beijing-Tianjin-Hebei Region to Create the "Best Place" for the Revival of Chinese Culture

3.4.1 Beijing, Tianjin and Hebei Province working together to construct a Chinese cultural hub

3.4.2 Regional design to create regional beauty and order

目录

第 4 章　推进京津冀转型发展的“合作计划”　133

4.1　京津冀整体区域协调的建议　134

4.2　以北京新机场规划建设为契机，京津冀共建“畿辅新区”　134

4.2.1　设立畿辅新区，疏解首都政治文化功能　134

4.2.2　建设高效的可持续发展的机场综合交通枢纽，构建畿辅新区中央服务区　137

4.3　以天津滨海新区为龙头，共建“京津冀沿海经济区”　139

4.3.1　推动大滨海地区的合作发展　139

4.3.2　提高天津滨海新区的区域服务能力　140

4.4　设立京津冀国家级生态文明建设试验区　142

4.4.1　完善顶层制度设计，设立生态文明建设试验区　142

4.4.2　探索县域生态型城镇化的新路径，提高县城自我完善和自主发展能力　142

4.5　加快推进京津冀区域协调的制度创新　147

Contents

4 "Cooperation Plan" for Facilitating the Transformation and Development of Beijing, Tianjin and Hebei Region

4.1 Suggestions for Regional Coordination of Beijing, Tianjin and Hebei Region

4.2 Taking the Beijing New Airport as an Incentive to Build "New Area of Capital Region"

4.2.1 A "New Area of Capital Region" to disperse capital political and cultural functions

4.2.2 An efficient and sustainable comprehensive transportation hub of the airport and a central service area for "New Area of Capital Region"

4.3 Taking "Coastal New Area of Tianjin" as the Leading Initiative to Construct "Coastal Economic Zone of Beijing-Tianjin-Hebei Region"

4.3.1 A cooperation and development of the greater coastal region

4.3.2 Enhancing the regional service ability of "Tianjin Coastal New Area"

4.4 Establishing a National Pilot Area of Beijing-Tianjin-Hebei Ecological Civilization Experimental Zone

4.4.1 Improving design of top-level system and setting up a pilot area of ecological civilization experimental zone

4.4.2 Exploring a new path for county urbanization and elevating the ability of self-improvement and autonomous development of county and township

4.5 Accelerating Institutional Innovation for the Coordination of Beijing-Tianjin-Hebei Region

目录

外一章　顾问意见和建议　149

结语　217

参考文献　221

附件　223

附件 1　北京市 – 天津市关于加强经济与社会发展合作协议　224

附件 2　北京市 – 河北省 2013—2015 年合作框架协议　227

附件 3　天津市 – 河北省深化经济与社会发展合作框架协议　232

Contents

Consultant Suggestion

Conclusion

Bibliography

Appendix

1. Agreement on Strengthening Economic and Social Development Cooperation between Beijing and Tianjin
2. Beijing-Hebei Cooperation Framework Agreement 2013-2015
3. Agreement on Deepening Economic and Social Development Cooperation between Tianjin and Hebei

图目录

图 1-1　北京分行业从业人员状况　19
图 1-2　天津与国内五大城市的经济增长速度对比　22
图 1-3　京津冀地区机场旅客吞吐量　27
图 1-4　京津冀地区机场货邮吞吐量　27
图 1-5　京津冀地区沿海港口吞吐量统计（2003—2010）　28
图 1-6　京津冀地区沿海港口集装箱吞吐量统计（2003—2010）　28
图 1-7　2006 年京津冀高速公路网现状　29
图 1-8　2011 年京津冀高速公路网（现状 + 在施工）　29
图 1-9　2009 年京津冀与沪苏浙、广东单位生产总值能耗比较　43
图 1-10　2009 年京津冀与沪苏浙、广东单位工业增加值能耗比较　43
图 1-11　2009 年京津冀城市单位生产总值能耗比较　43
图 1-12　2009 年京津冀城市单位工业增加值能耗　43
图 1-13　半径 600 公里左右的首都经济圈地区　46

图 2-1　2010 年北京市各区县常住人口和常住外来人口规模　59
图 2-2　2010 年北京市各区县常住外来人口比重分布图　59
图 2-3　北京城市建设用地扩张示意图　61
图 2-4　京津冀两市一省城乡建设用地变化情况图　62
图 2-5　全国和主要水资源一级区人均水资源量　64
图 2-6　1980—1995—2000 京津冀地区湿地系统（广义）和城乡建城区分布比较　64
图 2-7　桑干河河道断流　65
图 2-8　河北省张家口官厅水库库区下游　65

图 2-9　地下水超采破坏程度图　65
图 2-10　大地环境破坏图　66
图 2-11　河北出现多处地缝　66
图 2-12　2009 年春夏秋渤海水质等级分部示意图　67
图 2-13　受污染的渤海海域　67
图 2-14　2011 年 6 月北京市内涝情景　68
图 2-15　FY-3A 气象卫星雾监测图像　70
图 2-16　北京市灰霾天气　70
图 2-17　1980—2003 年京津冀地区春、夏、秋、冬四季能见度中值变化趋势　70
图 2-18　北京市近地层 O_3 超标日的年际变化　71
图 2-19　京津冀空气污染地图　72
图 2-20　京津冀废气重点监控企业分布图　73
图 2-21　2000—2010 年京津冀各县市区常住人口占京津冀比重变化　75
图 2-22　2000—2010 年大北京地区非农人口水平　77
图 2-23　2000—2010 年大北京地区城镇化水平与城镇人口规模　77

图 3-1　首都政治、文化功能多中心布局示意图　88
图 3-2　京津冀地区人口变化情况　90
图 3-3　京津冀沿海地区规划态势图　91
图 3-4　京津冀地区多中心城镇体系示意　92
图 3-5　京津冀、沪苏浙、粤港澳地区 2010 年民用机场旅客吞吐量比较图　95
图 3-6　京津冀地区城际高速铁路与机场示意图　97

图 3-7　京津冀地区多层地的交通枢纽及公共客运主通道　99
图 3-8　京津冀地区水土保持区示意　101
图 3-9　京津冀地区重要水源保护和恢复地区　102
图 3-10　京津冀地区生态系统示意图　103
图 3-11　首都区域联防联控管制分区　110
图 3-12　京津冀及更大范围的生态安全格局　115
图 3-13　京津冀地区文化网络示意　121
图 3-14　北京文化产业布局示意　123
图 3-15　以北京城为中心，形成东南西北四个特色地区　126
图 3-16　首都功能新区选址建议　129

图 4-1　畿辅新区示意　135
图 4-2　机场综合交通枢纽示意　137

表目录

表 1-1　2006—2010 年京津冀分省地区生产总值情况　17
表 1-2　2006—2010 年三大城市密集地区地区生产总值比较　18
表 1-3　京津冀与沪苏浙、广东省人均地区生产总值比较　18

表 2-1　京津冀区域城镇人口分布的均衡变化　75

表 3-1　京津冀地区城镇体系构想　93
表 3-2　京津冀地区重要湿地名录　104
表 3-3　海河流域蓄滞洪区列表　105
表 3-4　海河流域重要水源地情况列表　105
表 3-5　环京区域环境合作支撑体系　114
表 3-6　京津冀及更大范围的生态建设重点　115

专栏目录

专栏 1-1 《京津冀地区城乡空间发展规划研究一期报告》的主要内容 15
专栏 1-2 《京津冀地区城乡空间发展规划研究二期报告》的主要内容 16
专栏 1-3 北京在世界经济活动中的地位 20
专栏 1-4 天津装备制造业发展状况 23
专栏 1-5 河北省装备制造业发展现状 24
专栏 1-6 中关村国家自主创新示范区 26
专栏 1-7 奥运期间北京城市建设概况 31
专栏 1-8 天津市海河两岸综合开发改造 31
专栏 1-9 河北省城市宜居建设 32
专栏 1-10 邢台市七里河综合治理工程 33
专栏 1-11 京津冀地区的区域规划 34
专栏 1-12 清华大学在《北京市总体规划实施评估》和《首都区域发展战略研究》中的主要观点 37
专栏 1-13 环渤海城市群空间发展模式与天津战略选择 39
专栏 1-14 河北省空间发展战略的进展 40
专栏 1-15 河北省环首都绿色经济圈规划的主要内容 41
专栏 1-16 “美好环境与和谐社会共同缔造”：云浮共识 48

专栏 2-1 京津冀地区人口增长的可能预期 55
专栏 2-2 北京人口增长的问题与展望 56
专栏 2-3 走进北京“蚁族”生活现状 60
专栏 2-4 人口密集地区的生态环境问题 74
专栏 2-5 与京津冀地区相比，长江三角洲省际差距在逐步缩小 76
专栏 2-6 京津冀与长三角、珠三角城镇网络比较 78

专栏 3-1 多中心大城市地区 85
专栏 3-2 顺平县神南镇总体规划 93
专栏 3-3 地下调蓄水库 107
专栏 3-4 京津冀地区污染物输入风带 111
专栏 3-5 北京文化精华地区 117
专栏 3-6 传统商业街区复兴模式——大栅栏西街保护整治工程 119
专栏 3-7 畿辅文化脉络 122
专栏 3-8 地区设计概念的由来 125
专栏 3-9 北京中轴南延地区设计 127
专栏 3-10 历史上北京的人居环境格局与地区设计特色 130

专栏 4-1 畿辅新区布局示意 135
专栏 4-2 机场综合交通枢纽的规划设想 138
专栏 4-3 还邢台青山绿水，走生态发展之路 143
专栏 4-4 云浮实验 145

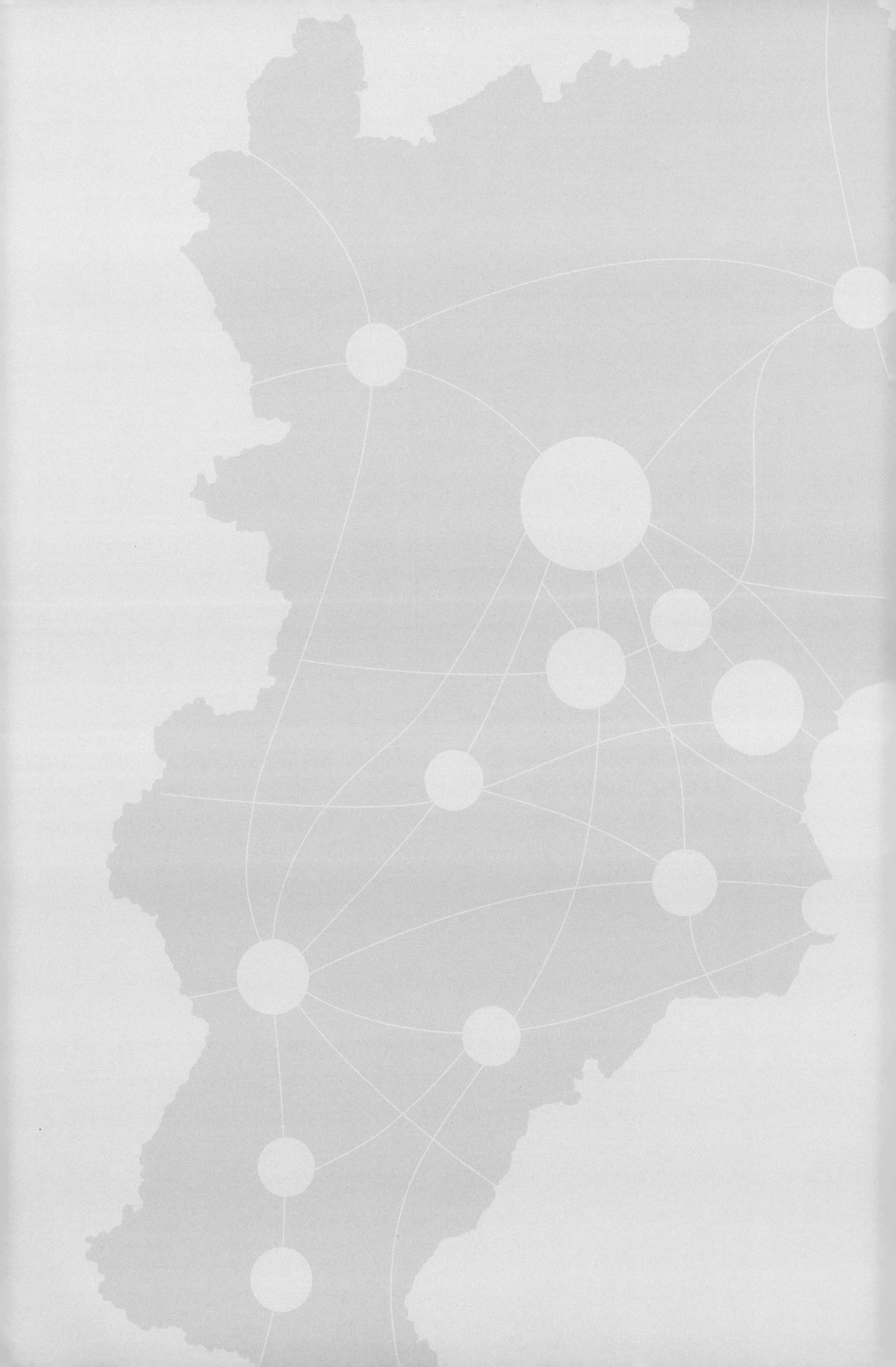

摘　　要

摘要

“京津冀地区城乡空间发展规划研究”是我们长期以来持续关注的重要课题。一期报告于2002年出版，提出建设“世界城市地区”的观念，带动整个京津冀地区的繁荣和健康发展。2006年二期报告发表，提出了由京津发展轴、滨海新兴发展带、山前传统发展带和燕山—太行山山区生态文化带组成的“一轴三带”的发展构架。

前两期报告的出版，引起了各界广泛关注，也影响了京津冀地区各省市、部门的空间规划。在这两期报告，以及近年来参与的北京、天津、河北规划研究工作的基础上，我们着手进行了三期报告的研究。三期报告面对京津冀地区的新老问题，在新国家发展方式转型的背景下，着眼于京津冀两省一市存在共同利益的关键人居问题，在区域城乡空间格局、综合交通体系、生态文明建设、区域文化体系等方面，谋划转变当前发展模式的共同政策和共同路径，提出共同缔造良好人居环境和和谐社会的具体建议。

1. 正确认识京津冀发展面对的问题，寻求区域转型的共同路径

2005年以来，北京、天津城市总体规划，以及河北省建设沿海经济社会强省战略实施以来，以奥运会、天津滨海新区、曹妃甸新区、渤海新区等重大事件为带动，京津冀地区经济实现了较快的发展，城市功能与基础设施日益完善，空间结构调整逐步，宜居城市建设初见成效。京津冀二期报告提出的“一轴三带”的空间设想，正在逐步成为现实。

但京津冀地区，特别是北京市人口超常规增长，城市规模的扩展速度远超预期，人口、资源、环境压力巨大。未来一定时期内，京津冀地区仍将处于人口的快速增长期，本已非常严峻的资源环境问题仍会继续存在，而且很可能继续恶化。

Abstract

Our research group has been continuing research on "Spatial Planning of Urban and Rural Area in Beijing-Tianjin-Hebei Region" for a long time. The First Report, published in 2002, brought forward the concept of constructing "the World's Urban Area" to drive the prosperous and healthy development of the entire Beijing-Tianjin-Hebei Region. The Second Report, published in 2006, raised a development framework named "one axis, three zones" comprising Beijing-Tianjin development axis, new coastal development zone, traditional piedmont development zone along Yan Mountain and Taihang Mountain, and ecological and cultural corridor of Yan Mountains-Taihang Mountains.

The first two reports have gained wide concerns and consequently played important role in the spatial planning of various provinces, cities and local authorities in Beijing-Tianjin-Hebei Region. The two reports, together with recent planning practices of Beijing-Tianjin-Hebei Region that our group has participated in, have formed a solid base for this Third Report. Facing both existing problems and forthcoming challenges of this region, the Third Report analyzes a set of key issues in terms of common interests in human settlement within Beijing, Tianjin, and Hebei Province underlying the transformation of national development mode. The Report proposes common policy and paths of current transformation mode, as well as specific suggestions of creating good human settlements in the aspects such as regional urban and rural spatial pattern, comprehensive transportation system, ecological civilization construction, and regional culture system.

(1) Understanding current regional problems in development of Beijing-Tianjin-Hebei Region and seeking for common path of regional transformation

Since 2005, Beijing-Tianjin-Hebei Region has gained rapid economic development. Both Beijing and Tianjin's municipal comprehensive plans have been implemented; Hebei Province has also carried out political strategy of constructing coastal social and economic strong province. Moreover, with a series of big events such as Beijing Olympics, Tianjin Coastal New Area, Tangshan Caofei New Area and Cangzhou Bohai Sea New Area, both urban functions and infrastructure are improved, spatial structure is adjusted gradually and a livable city takes its shape. The spatial idea of "one axis, three zones" raised in Second Report is coming true step by step.

However, in the Beijing-Tianjin-Hebei Region, especially in Beijing, the permanent population increased sharply, urban area has expanded much larger than expectation, and the pressures of population, resources as well as environment are enormous. Over a period in the future, the population in the Beijing-Tianjin-Hebei Region will keep increasing rapidly. Therefore, the severe problems of resource and environment will continue to exist and be likely to get even much worse.

Since a long time, the deep-rooted development and construction concept in Beijing-Tianjin-Hebei Region is: valuing increment more than quality; valuing development more than ecology; valuing efficiency more than fairness; and valuing competition more than coordination. While the GDP has growth rapidly in the past short time

摘要

长期以来，京津冀地区固有的发展观、建设观，根深蒂固。重增量，轻质量；重发展，轻生态；重效率，轻公平；重竞争，轻协作。依靠大企业、大项目、大投资、大拆大建，在短时期内取得了快速的发展，但也在有限的空间和时间内聚集了许多难以解决的矛盾，交通拥堵、雾霾、水环境污染、房价高涨、社会保障、区域发展失衡等诸多问题在近期集中爆发，说明这种发展模式已经难以适应新的发展形势，甚至是产生这些问题的根源，京津冀地区的发展模式已经到了不得不转变的时候。

2. 实现京津冀人居环境的城镇网络、交通网络、生态网络、文化网络“四网协调”

在生态保护、交通建设、产业发展等方面，京津冀两市一省之间既有共同的重大利益，也面临共同的问题。这些问题仅靠一省一市的力量难以有效解决，必须通过区域的协调合作加以整体谋划。

如果说一期报告侧重于理论和理念，二期报告侧重于空间格局，那么本期研究则着重提出推进京津冀地区转型发展的“共同政策”和“共同路径”。这一“共同路径”，即落实国家转型发展的总体要求，根据京津冀各自的发展条件，发挥各自的优势，统筹京津冀两市一省各自的发展道路，逐步统一区域发展观，形成“共同目标”和“共同纲领”；在生态环境保护、交通基础设施建设、社会保障和公共服务体系建设、区域文化发展等涉及“公共利益”的方面拟定“共同政策”，并付诸于“共同行动”；逐步完善区域协调机制，组织“共同机构”，以便更好地解决那些难以解决的重大问题。

探索“共同路径”，需要建设有秩序的、多中心的、相互协调、相辅相成的“城镇网络”、“交通网络”、“生态网络”、“文化网络”。通过“四网协调”，突出人居环境建设的质量，而不是数量；促进生态文明，而不是“GDP 文明”；

on account of large enterprises, big projects, huge investments, and massive polishing and construction in this area, it also accumulated lots of contradictions. Many social problems broke out together recently, such as traffic congestion, haze, water environment pollution, increased housing price, and unbalanced regional development, indicating that this kind of development mode cannot fit to the new development situation and even has become the root cause of all the problems. The ecological environment of the Beijing-Tianjin-Hebei Region has got close to the "bottom line" and it is high time to change the development mode.

(2) "Coordination of Four Networks" of human settlement environment in the Beijing-Tianjin-Hebei Region (township network, transportation network, ecological network and cultural network)

Beijing, Tianjin and Hebei have common interests as well as common problems in ecological protection, transportation construction, and industry development. Without regional cooperation, these problems cannot get effective solution.

If we acknowledge that the First Report brought up with theory and concepts of development, and the Second Report focuses on spatial pattern, then this Third Report concentrates on a "common policy" and "common path" of regional transformation. The "common path" sees Beijing, Tianjin, and Hebei Province as a whole region so as to form the "common goal" and "common program" for the development of two municipalities and one province based on their respectively context and advantages; to prepare "common policy" in ecological environment protection, transportation infrastructure construction, social security and public service system construction, regional culture development and other aspects involving public interests and then to put into "Joint action"; to improve the regional coordination mechanism gradually and to organize "common institution" for major problems.

An orderly, multi-centered, coordinated and complementary network involving "town network", "transportation network", "ecological network", and "cultural network" is necessary for the "common path". This "Coordination of Four Networks" highlights the quality of human settlement environment construction instead of the quantity; the ecological civilization instead of the "GDP civilization"; the fair and balanced inter-regional development and urban-rural development instead of overvaluing big cities, big projects and short-term efficiency; and the coordination and cooperation of Beijing, Tianjin & Hebei Region instead of over-competition.

Firstly, in term of regional spatial development, to form an orderly polycentric "township network"in Beijing-Tianjin-Hebei Region with coordination of industry and population among these cities. It is important to strengthen the international gateway function of Beijing and Tianjin, to disperse and re-gather capital political, cultural, financial, scientific and technological functions in the regional area, and to orderly gather population and industry in the coastal zone so as to build a developed medium-sized city, a vibrant country economy, and finally a developed, complete, and multi-centered world urban region.

摘要

促进区域间、城乡间的公平和均衡发展，而不是过度重视大城市、大项目和短期的效率；成为京津冀协作的新平台，而不是过度竞争。

第一，在区域空间发展方面，协调京津冀产业和人口的空间布局，推动京津冀地区形成有秩序的多中心网络化“城镇网络”。强化京津国际门户职能，引导首都政治文化、金融服务、科技教育等功能在区域的疏解与再集中，促进滨海地带产业和人口的有序聚集，造就发达的中等城市，实现有活力的县域经济，形成发达的、完善的、多中心的世界城市地区。

第二，消除区域壁垒，共建共享，形成京津冀相互协调，多种运输方式整合发展的更加高效、更加便捷、更加绿色的交通网络；在城乡公共服务方面，走兼顾效率与公平的包容性增长道路，创建宜居的完整社区。

第三，在生态环境改善方面，制定京津冀地区共同的水环境保护和大气环境保护政策，推动形成京津冀地区更加安全、更加健康、保障性更高、品质更为优越的“生态网络”。设立京津冀水源涵养区，共享洁净水源，设立滹沱河—子牙新河等七个流域生态恢复区，为每个流域生态恢复区建立跨省市的协调机制，统筹水资源利用、污染治理、周边产业与城市发展等。区域联合行动，调整京津冀产业空间布局，减小区域性污染源，建立区域联防联控管制分区，共同走向生态文明。

第四，在人文建设方面，努力推动兼容并包的社会氛围，形成京津冀地区历史文化与现代文明交相辉映、地域文化与国际文化和谐共存的“文化网络”。京津冀共同设立国家纪念地和文化精华地区，建设中华文化枢纽，共同建设和维护中华民族的精神家园；共同促进文化创新，繁荣地区文化，延伸“爱国、创新、包容、厚德”的首都精神；实践“地区设计”，既要实现有序的、顺应自然的“山—水—城”人居格局，也要倡导“自下而上”的、小流域、小尺度的美好家园建设，提高人居环境质量，缔造和谐社会。

Abstract

Secondly, to form a more efficient, convenient, and green coordinated transportation network integrated with multiple transport means through eliminating regional barriers, constructing and sharing regional sources. In terms of public service in urban and rural area, the growth path should consider both efficiency and fairness so as to create livable integrated communities.

Thirdly, in terms of improving ecological environment, to promote a safer and healthier "ecological network" with higher quality and security by formulating common policy on water environment and atmospheric environment protection in Beijing-Tianjin-Hebei Region. The Beijing-Tianjin-Hebei water conservation areas should be set to share clean water sources in this region. Seven watershed basins, including Hutuo River and Yazi new river, are established to integrate uses of water resources, control pollution, and coordinate industrial development of surrounding areas. A regional cooperation involving adjusting regional spatial layout of industries, recuding regional pollution sources, establishing a regional joint prevention and control zone is necessary for realizing integrated ecological civilization.

Fourthly, with regard to humanities construction, to create all-inclusive social atmosphere and form a "cultural network" where the historic culture and modern civilization of the Beijing-Tianjin-Hebei Region enhance each other's beauty and the regional culture coexists with the international culture in a harmonious way. Beijing, Tianjin and Hebei Province work together to construct and maintain the spiritual home of the Chinese nation by setting up a national monument and a culture essence area as well as constructing a Chinese culture hub. It is important to promote cultural innovation and prosper the regional culture together to continue the capital spirit of "patriotism, innovation, tolerance and virtuousness". The "regional design" should not only realize an orderly "Mountain-Water-City" pattern in conformity to the nature, but also advocates the bottom-up construction of a small-watershed and small-scale beautiful community to raise the quality of human settlement and create a harmonious society.

(3) Inter-regional governance and cooperation plan including "New Area of Capital Region", "Coastal Economic Zone of Beijing-Tianjin-Hebei Region" and "National Pilot Area of Beijing-Tianjin-Hebei Ecological Civilization Experimental Zone" to facilitate the institutional innovation of Beijing-Tianjin-Hebei Region

Since the 21st Century, the Beijing-Tianjin-Hebei region has experienced a series of major events, such as the grand 2008 Beijing Olympics, Global Financial Crisis, SARS public health event in 2003 as well as current severe atmospheric problem-haze. Once a major regional event occurred, Beijing, Tianjin and Hebei Province coordinated and cooperated in ecological, transport, water resource and other aspects. People have gradually realized that some local and internal problems can be solved only by cooperation. Cooperation has become the consensus of the entire society. At present, framework agreements of regional cooperation have been signed

3. 实施“畿辅新区”、“京津冀沿海经济区”、“京津冀生态文明建设试验区”跨区域空间治理合作计划

京津冀区域发展已经进入新的阶段，河北与北京之间、北京与天津之间都已经签订了区域合作的框架协议，两市一省的相关部门也在进行区域发展战略的研究工作。未来区域合作工作可以在三个方面展开。(1) 增强国家在宏观层面的规划统筹与协调。在区域生态开敞空间、生产力布局、交通等基础设施建设方面，进行区域控制与引导。(2) 对边界地区的发展布局与城乡建设，建立加强沟通与会商机制，提高边界地区城镇发展规划的审查层级。(3) 针对生态、环境、基础设施（包括新机场建设、高速公路）等关键问题，就一些具体方面，形成共识，并建立行之有效的办法，把区域协调落到实处。

建议一：以北京新机场为契机，京津冀共建“畿辅新区”。建议选择北京新机场周边北京、天津、河北部分地区，成立跨界的“畿辅新区”，疏解北京主城区功能，将部分国家行政职能、企业总部、科研院所、高等院校、驻京机构等迁至“畿辅新区”，结合临空产业和服务业，合理布局，使其发展成为京津冀新的增长区域，成为推动北京市、河北省、天津市发展的新引擎。

建议二：以天津滨海新区为龙头，京津冀共建沿海经济区。坚持京津冀地区的“双核心”格局，提高天津滨海新区在贸易、金融等方面的区域服务能力，整合河北沿海临港工业，在京津冀滨海地区形成较为完善的世界级的现代制造业产业链；进一步加强天津国际航运中心和国际物流中心的战略地位，逐步提高天津港集装箱运输规模和效能，京津冀共同建设疏港交通网络，建设环渤海湾综合交通走廊，推动京津冀沿海经济和沿海交通的协调发展。参照天津滨海新区，赋予京津冀滨海地区更为积极的发展政策。

建议三：以河北省、北京、天津部分地区为重点，京津冀共建海河上游生态保护区，国家级生态文明建设试验区。建议在河北张家口、承德、保定、以及北京昌平、怀柔、平谷、天津蓟县等地划定适当地域设立国家级生态文

Abstract

between Hebei and Beijing, Beijing and Tianjin, and between Tianjin and Hebei. Moreover, relevant local authorities are carrying out researches on regional development strategies.

However, only having consensus is far from enough. Currently, a long-term effective cooperation mechanism of Beijing, Tianjin and Hebei Region has yet to be established. This situation neither meets current practical requirements of regional economy and society development, nor complies with the requirements of the "Five-in-one" overall layout raised in the "the Eighteenth National Congress" report. Therefore, a policy innovation and reform is urgent. On the one hand, an innovation of national top-level design can provide long-term institutional guarantee for regional coordination, and can convert their own plans into a common plan as well as common actions, so as to establish a pilot area of regional coordination in China. On the other hand, in the level of medium-sized city, town and country, we should enhance local activities through urbanization with county as the unit, new village pilot projects, and innovation of system as well as institutions. The institutional innovation at different levels is important for regional coordination in Beijing-Tianjin-Hebei Region.

Consequently, this Report proposes three suggestions of inter-regional cooperation involving "New Area of Capital Region", "Coastal Economic Area of Beijing, Tianjin and Hebei Region" and "Pilot Area of Beijing-Tianjin-Hebei Ecological Civilization Experimental Zone".

Suggestion 1: Taking the Beijing new airport as an incentive to build "New Area of Capital Region". It is suggested to select certain regions of Beijing, Tianjin and Hebei around the periphery of Beijing new airport to build a cross-boundary "New Area of Capital Region". The opportunity of Beijing new airport can be a moment to disperse the functions of Beijing central urban area with transferring some national administrative functions, enterprise headquarters, scientific research institutions, higher education institutions, and organizations stationed in Beijing to "New Area of Capital Region". With forming a reasonable layout in combination with airport economic industries and service industry, it can facilitate the development of "New Area of Capital Region" into a new growth area of Beijing-Tianjin-Hebei and a new engine to impel the development of Beijing city, Hebei province and Tianjin city.

Suggestion 2: Taking "Coastal New Area of Tianjin" as the leading initiative to construct "Coastal Economic Zone of Beijing-Tianjin-Hebei Region". Based on the "dual-core" layout of the Beijing-Tianjin-Hebei Region, it is important to improve regional service ability of the trade and finance service in Tianjin Coastal New Area, to form a complete world-class modern manufacturing industry chain with integrating coastal harbor industries in Hebei Province; to strengthen strategic role of Tianjin as an international shipping center and international logistic center, and to improve the container transportation scale and efficiency of Tianjin port. Beijing, Tianjin and Hebei should work together to construct a port evacuation transportation network and a comprehensive transport corridor of Bohai Bay so as to drive the coordinated development of the coastal economy

摘要

明建设试验区，计划单列于中央政府重点扶持和政策支持的特殊区域，建立国家牵头的京津冀生态保护协调机制，实施长期的生态改善扶持政策。整合资源、全面规划，统筹解决示范区内的扶贫、生态、移民、公共服务等问题，促进示范区与京津两地在教育、医疗等公共服务设施，污水处理等环境保护，农业、旅游业、文化等产业方面的合作。

and transportation of Beijing-Tianjin-Hebei.

Suggestion 3: focusing on certain regions of Beijing, Tianjin, and Hebei Province, to establish a national pilot area of Beijing-Tianjin-Hebei ecological civilization experimental zone and Haihe River upstream ecological reserve. It is suggested to designate a proper district in Zhangjiakou, Chengde and Baoding of Hebei, Changping, Huairou and Pinggu of Beijing, Jixian County of Tianjin to set up a national pilot area of ecological civilization experimental zone. A regional ecological protection coordination mechanism led by the country should implement a long-term ecological conservation and supportive policy. The suggestion also include integrating resources, making an overall planning, addressing problems comprehensively in the pilot area such as poverty alleviation, ecology, emigration and public service, and promoting the cooperation between the pilot areas and Beijing & Tianjin in terms of education, medical care, public service facilities, environmental protection (e.g. waste water treatment), and industries such as agriculture, tourism, and culture.

1

京津冀地区发展的新进展

1.1 一、二期报告回顾及三期报告的研究背景

1.2 京津冀地区人居环境建设的进展

1.3 区域合作行动积极开展

1.4 三期报告的新形势

1.1 一、二期报告回顾及三期报告的研究背景

2002年《京津冀地区城乡空间发展规划研究一期报告》出版，对京津冀地区发展面对的原则性、方向性和战略性问题进行了理论探索，报告主张以整体的观念，综合研究城市发展的战略目标、空间布局和协调机制，通过京津共同建设“世界城市”的战略，带动整个大北京地区的繁荣和健康发展。一期报告出版后得到了各界的关注。北京、天津进行了空间发展战略研究，编制了新的城市总体规划，河北省也完成了省域城镇体系规划。随着北京首钢搬迁、天津滨海新区开发开放、河北省曹妃甸港口和工业区建设等相继启动，各地新一轮城市规划进入实施阶段，京津冀地区城乡空间呈现加快发展的局面。

2006年《京津冀地区城乡空间发展规划研究二期报告》出版，对京津冀地区提出了区域性的空间结构，构想了由“京津发展轴”、“滨海新兴发展带”、“山前传统发展带”和“燕山—太行山山区生态文化带”组成的“一轴三带”空间格局。2006年以来，北京举办了2008年夏季奥运会，天津滨海新区、北京中关村自主创新示范区纳入国家战略，京津城际客运专线、京沪高速铁路、京广高速铁路投入运营，京津城市走廊在整个区域中的核心地位得到加强，天津临港地区、唐山曹妃甸工业区以及沧州黄骅港区加快发展，京津冀地区呈现出向沿海产业和城镇密集地带迈进的态势。

然而必须清醒地看到，尽管京津冀各地在产业结构升级以及城市化、城乡统筹、生态保护与水资源利用、区域协调机制等方面，有了一些积极的实践探索，但就地区整体而言，还未找到积极、有效的、科学的发展方式，以适应越发复杂的国际形势，应对更加迫切的国家转型发展要求。京津冀面对的人口、资源和环境问题仍然十分严峻。在这种情况下，继续深入探索京津冀地区城乡空间的组织模式、资源保护与利用方式、区域协调合作模式，是十分迫切的，以此可以进一步促进区域发展方式的转型，实现良好人居环境，这也是我们进行《京津冀地区城乡空间发展规划研究三期报告》工作的主要目的。

专栏 1-1 《京津冀地区城乡空间发展规划研究一期报告》的主要内容

（1）核心城市“有机疏散”与区域范围的“重新集中”相结合，实施双核心/多中心都市圈战略。以北京、天津双核为主轴，以唐山、保定为两翼，根据需要与可能，疏解大城市功能，调整产业布局，发展中等城市，增加城镇密度，构建“大北京地区”的组合城市。

（2）实现大北京地区的土地整体利用、综合平衡，强化生态建设。划定保护地区或限制发展地区，进行区域生态环境建设和流域综合治理，保护缺水地带的农田和林地，发展生态绿地，改善地表覆盖状态。

（3）逐步形成“两带、三轴、两绿心”的空间布局结构。“两带”即滨海产业带和沿山开发带；“三轴”即北京—天津为主轴，北京—唐山—秦皇岛形成沿燕山南麓的东部发展轴，北京—保定—石家庄形成沿太行山脉的西南发展轴；“两绿心”即以白洋淀为核心的白洋淀绿心和以盘山、于桥水库为主的蓟县绿心。

（4）京津两大交通枢纽进行分工与协作，实现区域交通运输网从“单中心放射式”向“双中心网络式”的转变。

（5）采取“交通轴+葡萄串+生态绿地”的发展模式，将交通轴、“葡萄串”式的城镇走廊融入区域生态环境中，塑造区域人居环境的新形态。

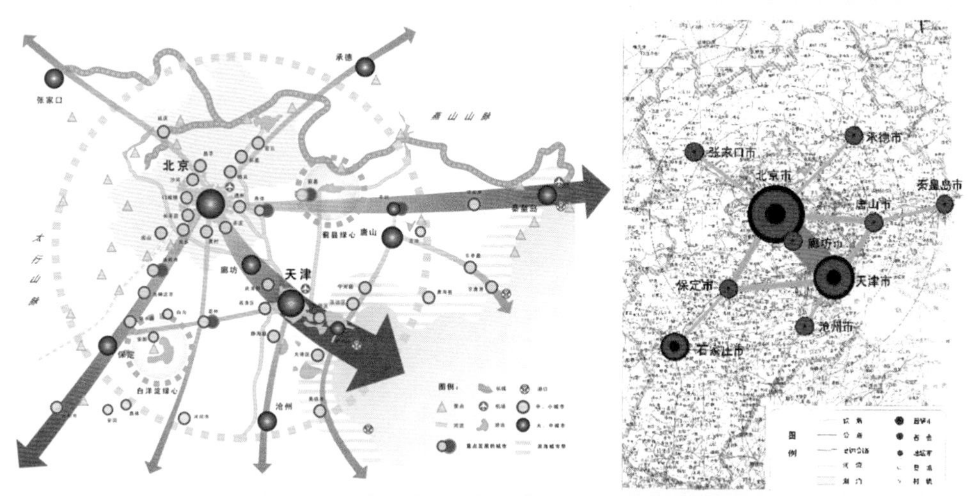

▲ 京津冀北城乡空间发展规划结构示意图

▲ 京津冀地区城乡空间发展规划研究范围

资料来源：吴良镛，等．京津冀地区城乡空间发展规划研究[M]. 北京：清华大学出版社，2002.

专栏 1-2 《京津冀地区城乡空间发展规划研究二期报告》的主要内容

（1）京津冀区域发展趋向与战略要点：区域发展趋向将由天津滨海新区为“引擎”的“大滨海新区”向中部平原地域乃至西、北部山区地域推进；“京—廊—津—海”走廊及京广、京秦、京张、京承等走廊地带将成为区域发展的“脊梁”；一批发展条件（如交通条件和区位条件）好的中小城市将崛起，成为地区的“增长极”。

（2）以“首都地区”的观念，构筑“一轴三带”空间骨架。完善以北京、天津为核心的京津走廊，积极培育环渤海湾新兴发展带——“大滨海新区”，使之成为京津冀地区乃至华北地区发展的引擎，壮大燕山和太行山山前传统发展带，建设山区生态文化带，提高首都地区的资源环境承载力和文化影响力。

（3）建设和完善区域综合交通体系。推动首都第二机场选址于京津走廊地区，在此基础上规划建设第二机场航空城，使之成为首都地区新的城市节点。推动渤海湾港口群的形成，培育天津港、唐山港（包括曹妃甸港区和京唐港港区）、秦皇岛港和黄骅港组成的港口群，促进合理分工、有序竞争，加强疏港交通体系的建设。

（4）继承和发扬文化传统，创建良好生态环境，建设良好人居环境。构建以北京历史文化名城为核心的区域文化体系。积极保护北京旧城，努力再创“新京华”文化辉煌；拓展视野，促进“津门文化”走向开放；振兴燕赵文化，培育“新河北人文精神”。

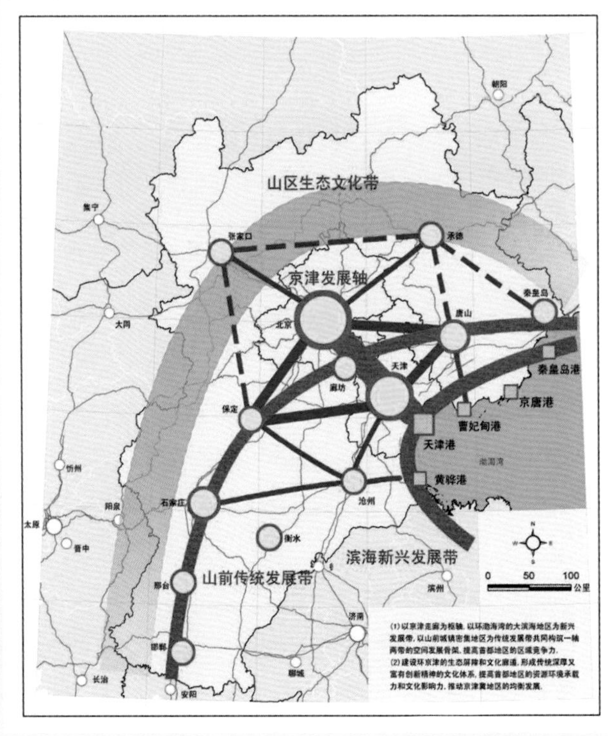

◀ 京津冀地区城乡空间发展结构示意

资料来源：吴良镛，等．京津冀地区城乡空间发展规划研究二期报告[M]．北京：清华大学出版社，2006.

1.2 京津冀地区人居环境建设的进展

1.2.1 地区战略地位得到加强，世界城市地区建设成为共同目标

2006 年以来，特别是 2008 年国际金融危机发生后，京津冀两市一省在国家转型发展的要求下，开始了新一轮的发展目标和发展战略的再确认。北京提出建设中国特色世界城市的战略思考，自主创新、建设全国文化中心等成为发展的重要内容；天津进一步梳理并形成新的发展战略，发展重心继续向滨海地区倾斜；河北省提出建设沿海强省战略，并将沿海发展和环首都发展战略作为河北省的发展重点 。总体看来，“世界城市地区”已经成为京津冀地区共同的发展目标。

1. 京津冀地区经济总体保持较快发展，与沿海地区共同引领国家发展

2006—2012 年期间，京津冀地区生产总值从 24048.12 亿元，增加到 57261.2 亿元，年增长率达到 15.6%。在国家西部开发、中部崛起战略的引领下，京津冀与长三角、珠三角一起仍然维持了改革开放以来较好的发展态势，京津冀地区经济总量占全国的比重始终维持在 10% 以上，与珠三角相当。

人均 GDP 方面，京津冀地区由 2000 年的 10218 元增长至 2010 年的 41887 元，翻了两番。北京、天津人均 GDP 均已经超过 10000 美元。

表 1-1 2006-2010 年京津冀分省地区生产总值情况 亿元

	2006	2007	2008	2009	2010	2011	2012	年增长率 /%
北京	8118	9849	11115	12153	14114	16252	17801	14.0
天津	4463	5253	6719	7522	9224	11307	12885	19.3
河北	11468	13607	16012	17235	20394	24516	26575	15.0

资料来源：国家统计局 . 中国统计摘要 2013[M]. 北京：中国统计出版社，2013.

注：本表按当年价格计算 .

表 1-2 2006-2010 年三大城市密集地区地区生产总值比较 亿元

	2006	2007	2008	2009	2010	2011	2012	年增长率 /%
京津冀	24048	28707	33846	36910	43732	52075	57261	15.6
沪苏浙	48033	57266	66515	72494	86314	100625	108766	14.6
广东	26588	31777	36797	39483	46013	53210	57068	13.6
三大城市密集地区合计	98669	117750	137157	148887	176059	205910	223095	14.6
三大城市密集地区占全国比重 /%	45.61	44.30	43.67	43.73	43.85	43.52	42.96	
京津冀地区占全国比重 /%	11.12	10.80	10.78	10.84	10.89	11.01	11.03	

资料来源：国家统计局 . 中国统计摘要 2013[M]. 北京：中国统计出版社，2013.

注：本表按当年价格计算 .

表 1-3 京津冀与沪苏浙、广东省人均地区生产总值比较 万元

	2000 年	2010 年	增长倍数
京津冀	10218	41887	4.10
沪苏浙	14160	55292	3.90
广东	11337	44115	3.89

数据来源：中国统计年鉴、第五次人口普查、第六次人口普查 .

2. 北京首都地位不断提升，区域服务能力得到加强

根据第一、第二次经济普查的数据，在 2004—2008 年间，北京制造业从业人员（–2.37%）呈现负增长的趋势，而生产性服务业增长迅速，其中金融业（16.88%）、信息传输计算机服务和软件业（15.89%）、交通运输仓储和邮政业（15.44%）、租赁和商务服务业（12.57%）、科学研究技术服务和地质勘查业（11.30%）是增长最快的五个行业部门。到 2008 年，北京第三产业在地区生产总值中的比重已经达到 75% 以上，其中金融业、房地产业、租赁和商务服务业这三个典型的高等级服务业从业人员高达 162 万人，远超过制造业从业人员。这表明北京已经进入后工业经济发展时代，高级服务业和自主创新角色进一步强化。

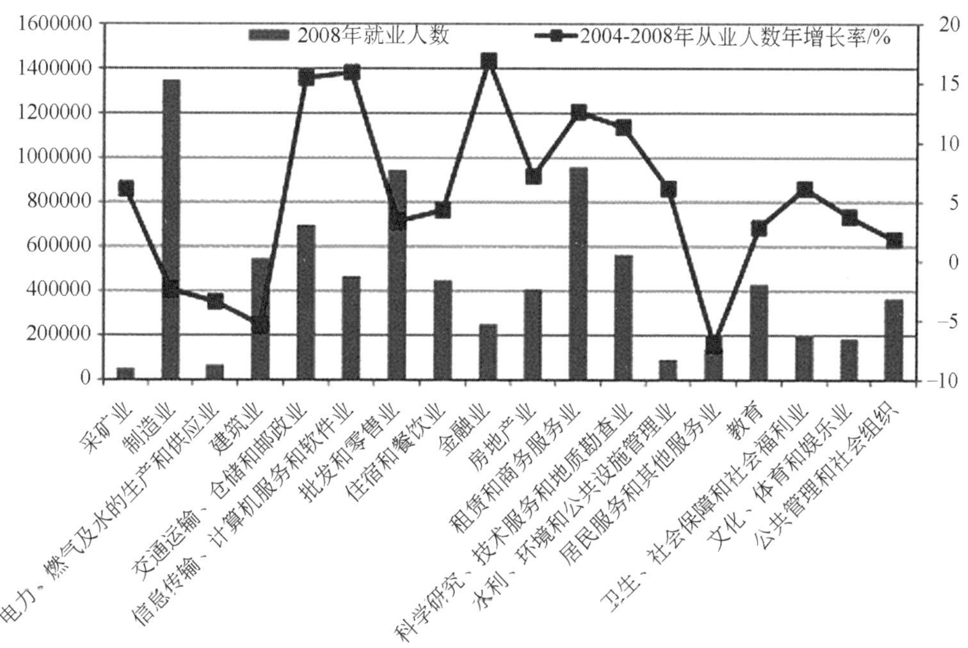

图1–1　北京分行业从业人员状况

资料来源：北京市第一次、第二次经济普查.

北京与世界、特别是与亚太地区的人员联系越来越密切，成为中国参与世界经济活动的重要窗口，国家政治、经济活动决策中心的地位在不断得到增强。2012 年世界五百强企业中的 44 个在北京设立总部机构，仅次于拥有 49 家 500 强企业总部的东京。北京参与世界经济体系的关键行业（金融业、能源等）发展速度加快，金融业等就业规模接近于伦敦和纽约等城市。2008 年北京金融业从业人员为 22.8 万，其中银行和保险业为 20.07 万，与之对比 2005 年大伦敦地区金融业人员 32.50 万（金融危机后估计在 25 万 ~30 万），纽约金融就业接近 35 万。未来随着中国国际地位的提升，在全球金融市场中竞争力的提升，北京辐射全球全国的金融服务业仍将获得较快发展。

专栏 1–3	北京在世界经济活动中的地位

目前，在 CBD 内以区域总部为代表的商务服务业占到企业总数的 60% 以上，高端商务产业已经在区域内形成了较为完整的产业链，构建起了良好的国际化商务产业环境。 北京市 60% 的外资银行分行、80% 的外资汽车金融公司均入住 CBD 及周边地区，其中法人金融机构 71 家，外资金融机构 146 家。全球最大的纳斯达克和纽约证券交易所、日本东京证券交易所、韩国证券交易所、VISA（中国）北京公司的入驻，苏黎世保险、安邦财产保险、三星火灾海上保险、中航三星人寿、中英人寿、中意人寿、盈科保险等众多保险机构的落户，更完善了北京 CBD 的金融产业格局。

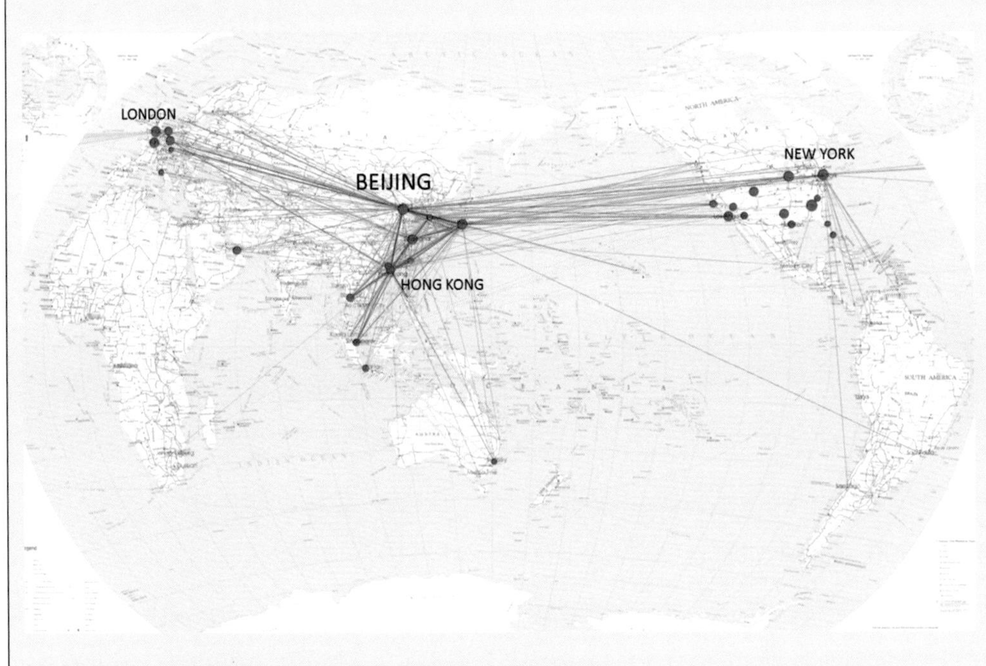

▲ 世界机场年客运量排名前 30 的城市及航线分布（2009 年）

专栏 1-3（续）	北京在世界经济活动中的地位

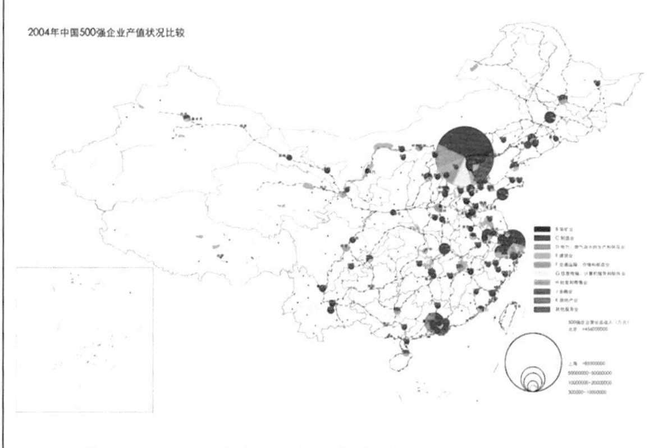

▲ 全球 500 强总部在东亚地区的分布

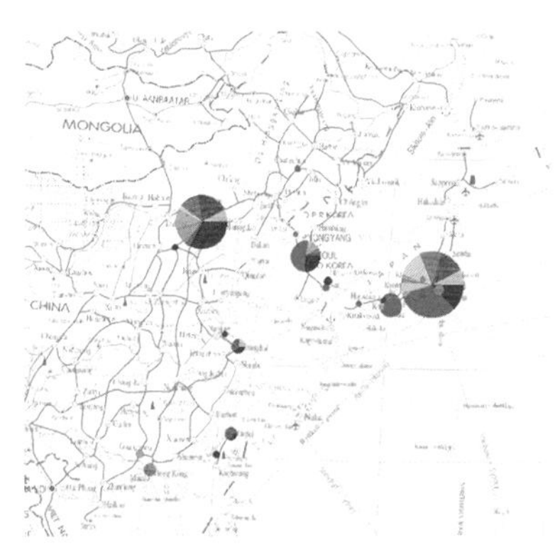

▲ 中国 500 强企业产值分布状况

▲ 北京 CBD

资料来源：清华大学建筑与城市研究所．北京总体规划实施评估，2010.

3. 天津滨海新区为代表的战略性新兴产业集聚区的发展基础更加雄厚

2006年以来，以天津滨海新区为代表的战略性新兴产业集聚区在国家政策的支持下获得了较快的发展。2010年，天津地区生产总值达到9224.46亿元，在全国城市中排名第5位，仅次于上海、北京、广州和深圳。

2006年以来，天津累计完成固定资产投资1.92万亿元，先后实施了6批共120个工业重大项目、3批共60个服务业重大项目，促进滨海新区经济保持20%的年增长速度。2005—2010年，滨海新区经济总量由1623亿元增长到5030亿元，超过上海浦东新区，全市地区生产总值由3698亿元增长到9109亿元，天津地区生产总值占京津冀地区比重由18%上升到21%。2010年，天津战略新兴产业的工业总产值已经达到全市规模以上工业的80%，成为国内唯一兼有航空和航天产业的制造基地。

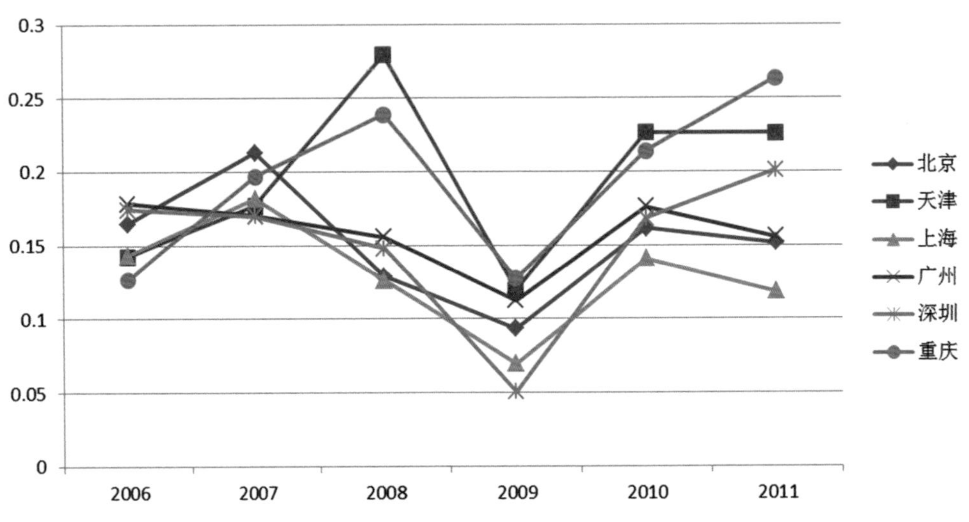

图1–2　天津与国内五大城市的经济增长速度对比（%）

资料来源：国家统计局网站－国家数据．

专栏 1-4	天津装备制造业发展状况

2006 年，天津滨海新区开发开放纳入国家发展战略。同年，国务院批复了《天津市城市总体规划（2005-2020 年）》，确定了天津“国际港口城市、北方经济中心、生态城市”的城市定位。

2006-2010 年，天津先后实施了 6 批共 120 个工业重大项目，初步形成高端化高质化高新化的产业体系，已形成航空航天、石油化工、装备制造、电子信息、生物制药、新能源新材料、国防科技、轻工纺织等八大优势支柱产业。2010 年，八大优势支柱产业实现工业总产值 15269 亿元，占全市规模以上工业的 92%。为北京发展高端服务业和实现科研成果产业化提供了先进制造业支持，为天津、河北加强产业协作和产业梯度转移创造条件。

天津成为国内唯一兼有航空和航天产业的制造基地。随着空客 A320 总装线、中航直升机、彩虹无人机、长征火箭、通信卫星等航空航天产业龙头项目落户，天津航空航天产业规模位列全国第四，成为国内四大新兴航天基地之首、航空直升机总部研发中心和直升机产业基地。

装备制造业成为天津第一支柱产业。天津在高档数控机床、工程机械、轨道交通等高端制造业已经具备比较优势。随着中国南车、北车、中船重工等一批大项目的落户，天津在高速动车组、大功率机车、城市轨道交通装备、大型船舶制造维修等领域形成新的产业优势。

资料来源：天津市规划局提供 .

4. 河北省大力实施经济结构调整，区域空间发展新格局初步成型

河北省坚持以经济结构调整为重点，制定实施钢铁、装备制造、石化、医药等十个产业调整振兴规划，推进产业结构优化升级。同时，加快发展战略性新兴产业，新能源、新材料、电子信息、生物医药等新兴产业形成局部强势。2012 年规模以上高新技术产业增加值达到 1301 亿元，是 2007 年的 3.3 倍。节能减排成效明显，实施“双三十”和“双千”示范工程，坚定有序淘汰落后产能，2012 年单位生产总值能耗比 2007 年下降 22%，化学需氧量、氨氮、二氧化硫排放量分别比 2010 年削减 4.49%、4.57%、4.94%。[1]

河北省重点区域的发展有所突破，新的区域空间发展格局初步成型。河北沿海地区发展规划上升为国家战略并全面实施，沿海地区发展势头强劲，2012 年秦唐沧沿海地区生产总值占全省的比重达到 36.9%。冀中南地区列入国家重点开发区域，邯郸、邢台纳入中原经济区，正定新区、冀南新区、衡水滨湖新区、白沟新城等建设有序推进。县域经济实力不断壮大，2012 年全部财政收入超 10 亿元的县（市）达到 52 个，比 2007 年增加 36 个，藁城市成为首个全部财政收入超百亿元的县级市。

专栏 1–5	河北省装备制造业发展现状

河北省装备工业经过几十年的发展，建立了具备一定规模和实力的装备制造体系。

一是在局部领域形成了较强的竞争优势。形成保定天威、长城汽车、唐山轨道客车、凌云工业、河北长安、戴卡轮毂、中钢邢机、巨力索具、风帆股份、新兴铸管等一批在国内具有一定影响力的优势企业，涌现了一批具有较强市场竞争力的产品，如大型输变电设备、风电设备、乘用车、动车组、关键汽车零部件、冶金轧辊装备、煤矿装备、索具、管道装备、电线电缆等。

二是高端装备制造业发展潜力较大。如在通用航空、轨道交通、智能机器人、新能源、环保和资源综合利用装备等领域开发了一批适应市场需求、技术先进、发展空间广阔的产品，特别是我国低空空域逐渐开放，以石飞公司为代表的通用航空产业将有飞速发展，这都将成为河北省经济发展新的增长点。

三是初步形成了一批具有较强竞争优势的装备工业产业集群。如保定输变电设备及新能源设备制造集群、保定汽车产业集群、唐山冶金矿山设备制造集群、唐山高速列车设备制造集群、邢台冶金轧辊产业制造集群、沧州管道产业集群等。

四是创新能力不断增强。60% 的大中型企业建立了科研开发机构，其中国家级技术中心 9 个，省级技术中心 62 个。大中型企业积极采用 CAD、CIMS、ERP 等技术，加强与高校、科研院所的合作，科技成果转化率提高，企业自主创新能力增强，产学研合作机制初步形成。唐山轨道客车 350km/h 公里高速动车组、保定天威 1000kV 特高压变压器、秦皇岛天业通联重工 900t 架桥机、宣化工程机械 SD9 高驱动推土机等一批高技术含量、高附加值的产品研制成功，并投放市场。

五是对内对外合作加快。积极参与京津冀生产协作和分工，加强与美国、日本、韩国等发达国家的公司以及兵装集团、中船重工、中航工业、中钢集团、中铁集团、哈动力、北汽集团等国内大企业合资合作，不断扩大产品出口，全方位对内对外开放迈出实质性步伐。

资料来源：河北省工业和信息化厅 . 2011 年全省装备制造业发展现状 .

5.“世界城市地区”已经成为京津冀地区的共同目标

2005 年以来，京津冀地区产业结构和布局调整态势显著，北京服务业占 GDP 的比重已经突破 75%，由 2005 年的 67.7% 上升到 2012 年的 76.4%，制造业从主城区外迁的趋势非常明显；天津、河北现代制造业不断改造升级，并向沿海地区聚集。随着中国经济强劲增长，北京、天津等城市的国际职能不断强化，在全球政治、经济事务中的控制力和话语权在不断提升，未来的首都和首都地区，将担负更多的国家和全球级事务。另外，国家设立中关村国家自主创新示范区和天津滨海新区，对京津冀地区的发展提供了政策支持，可以说京津冀地区已经初步具备向世界城市地区迈进的基础条件。

尽管京津冀地区与伦敦、巴黎、纽约、东京等世界城市地区在经济规模、全球影响等方面相比仍有很大的差距，但是以世界城市地区为目标，努力提升经济总体实力、环境品质、科技创新能力和文化影响力，推进区域协调发展，已经成为京津冀两市一省的共识。2008 年奥运会后，北京提出建设世界城市，大力实施“人文北京、科技北京、绿色北京”发展战略，提高全球影响力。天津建设国际航运中心，提出加强与北京的产业分工，共同作为世界城市地区的核心城市。河北省规划发展环首都绿色经济圈，希望分担世界城市功能，推动与北京的协调发展。总的来看，京津冀地区迈向世界城市地区的共同目标应该包括，聚集具有全球影响力和控制力的高端服务业，形成具有国家战略价值的创新中心，彰显具有京津冀地区独特魅力的自然和文化特色，遏制地域差距、城乡差距的扩大，实现区域的均衡发展。

以“世界城市地区”作为共同战略目标，有助于京津冀地区在更高的标准下贯彻落实国家对京津冀地区的战略要求，在更高水平上进行区域产业升级与合作、生态环境保护协作和城乡统筹工作。当然，也必须看到，世界城市地区并非京津冀发展的唯一目标，要和首都职能、宜居环境、文化传承密切结合起来，这一过程应该看作是不断提升城市发展目标，提高建设水平、竞争能力的过程。此外，建设世界城市地区，还要关注全球格局的变化，纽约、伦敦、东京近年来的发展都面临提高全球竞争力的各种各样的问题，也都在寻找新的方向，以新的领域引领世界潮流。京津冀地区要在关注世界发展动向的同时，走具有自身特色，符合自身特点的道路。

专栏 1–6	中关村国家自主创新示范区

2009 年 3 月 13 日，国务院批复建设“中关村国家自主创新示范区”，要求把中关村建设成为具有全球影响力的科技创新中心，这也是我国第一个国家自主创新示范区。2011 年 1 月 26 日，国务院批复同意《中关村国家自主创新示范区发展规划纲要（2011–2020 年）》，纲要提出坚持“深化改革先行区、开放创新引领区、高端要素聚合区、创新创业集聚地、战略产业策源地”的战略定位，服务于首都世界城市的建设，力争用 10 年时间，建成具有全球影响力的科技创新中心。

在空间格局上，继续完善“一区多园”各具特色的发展格局，重点建设“两城两带”，即中关村科学城、未来科技城和由海淀北部、昌平南部和顺义部分地区构成的北部研发服务和高技术产业聚集区，以及由北京经济技术开发区、大兴和通州的部分地区构成的南部高技术制造业和战略性新兴产业聚集区。

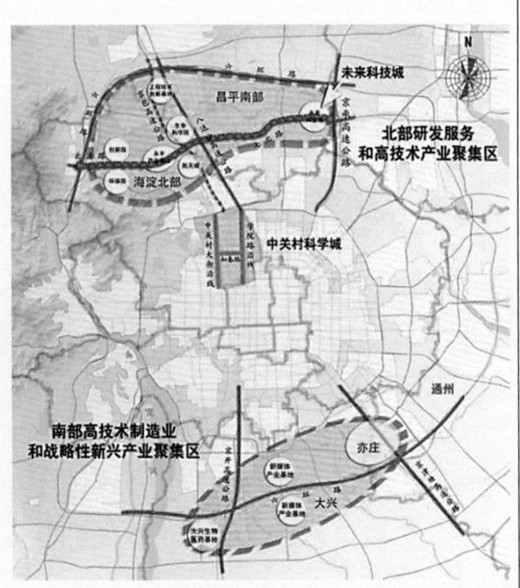

▲ 中关村国家自主创新示范区范围示意

资料来源：国家发展改革委员会．国家发展改革委关于印发中关村自主创新示范区发展规划纲要（2011—2020）的通知，2011.

1.2.2 区域交通系统持续完善，引导并支撑城镇格局走向多中心网络化

过去八年来，京津冀地区的交通基础设施条件得到很大提升，为提高区域经济的运行效率，提高中小城市的可达性，促进区域城镇的多中心发展，提供了有力支撑。

（1）航空运输迅速发展，国际航空门户功能增强

2005 年至 2012 年，京津冀航空吞吐量增长迅速，旅客吞吐量从 4400 万增长到 9900 万人次，货邮吞吐量从 88 万吨增长到 207 万吨，年均增速分别达到 12.4% 和 13.0%。首都机场国际航空门户功能的提升，提高了区域参与国际产业分工的能力。2012 年首都机场旅客吞吐量达到 8190 万人次，位居亚洲第一、全球第二，占京津冀地区机场旅客吞吐总量的 83%。

区域机场群的初现端倪。邯郸、唐山机场相继投入使用，使得京津冀地区民用机场达到 7 座，根据全国民用机场布局规划（2020），未来京津冀地区还将增加北京新机场、衡水、承德、张家口四座民用机场，届时京津冀地区将拥有 10 座民用机场（南苑机场受北京新机场空域影响将关闭），成为中国东部地区机场密度较高的地区之一（长三角地区拥有 19 座机场，平均 11500 平方公里一座，是我国机场密度最高的地区；粤港澳拥有 8 座机场，平均 23000 平方公里一座；京津冀地区拥有 10 座机场，平均 22000 平方公里一座）。

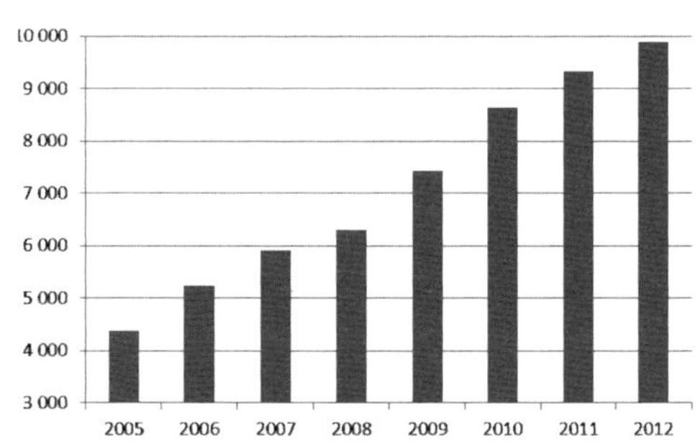

图1-3 京津冀地区机场旅客吞吐量（万人）

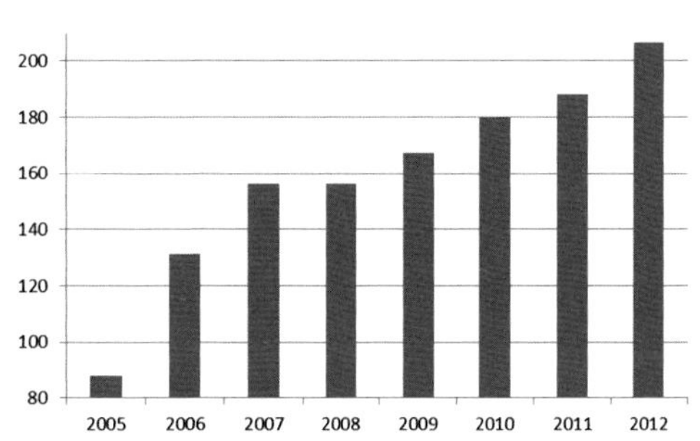

图1-4 京津冀地区机场货邮吞吐量（万吨）

资料来源：2005-2012 年度全国民航机场生产统计公报 .

注：包括北京首都机场、天津滨海机场、北京南苑机场、邯郸机场、秦皇岛山海关机场、石家庄正定机场、唐山三女河机场 .

2. 沿海港口货运能力增强，适应了区域货运增长需求和临港产业聚集要求

天津港、曹妃甸港、黄骅港、秦皇岛港组成的环渤海湾港口群持续扩建，成为中国北方最为重要的能源输出基地和货物集散基地，山西、内蒙等省份的煤炭等大宗战略性物资绝大部分均由京津冀地区港口群运输中转。2010 年京津冀地区港口货物总吞吐量达到 10.2 亿吨，占环渤海地区港口货运吞吐量的比重始终保持在 40% 以上。

随着曹妃甸港区的建设运行，唐山港吞吐能力大幅度提升，2010 年唐山港完成货物吞吐量 2.46 亿吨，增长 42.1%，成为国内第 10 个吞吐量突破 2 亿吨的大港。曹妃甸港区的运行，使得河北省沿海港口货物吞吐量大幅提高，占京津冀沿海港口货运吞吐量的 60% 左右，成为京津冀最为重要的能源、矿石集散输出地。天津港 2010 年集装箱吞吐量突破 1000 万标准箱，居全球第十一位，中国第七位，是京津冀地区的门户港口。

围绕港口的加工制造业、现代物流业、生产型服务业的不断发展，促进沿海发展带的人口和产业聚集，进而引导京津冀地区的产业的协调分工与合作。

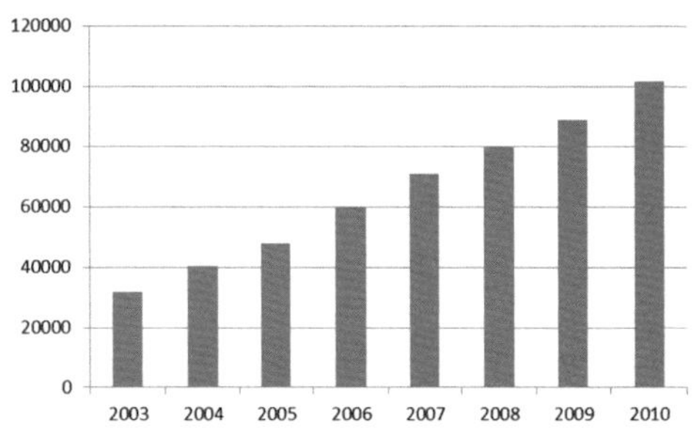

图1-5　京津冀地区沿海港口吞吐量统计（2003—2010）　单位：万吨

资料来源：中华人民共和国交通运输部．中国航运发展报告，2010.

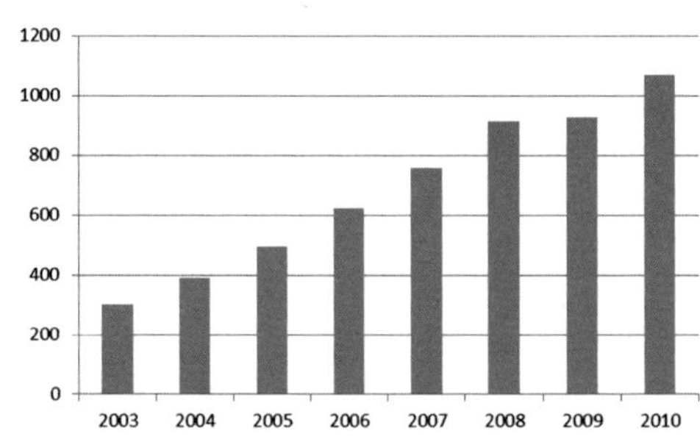

图1-6　京津冀地区沿海港口集装箱吞吐量统计（2003—2010）　单位：万标箱

资料来源：港口杂志社，中国港口年鉴 2011.

注：京津冀港口包括天津港、秦皇岛港、唐山港（京唐港区、曹妃甸港区）、黄骅港．

3. 网络化的客货运交通格局逐步成型，中小城市交通条件明显改善

近年来，京津冀地区的高速公路网络已经从由京沈、京石、京津塘、津唐、津保、京沪等连接核心城市的骨架路网，拓展成为连接大部分平原县份的网络化路网结构。高速公路里程从 2006 年 3600 余公里增加到 2011 年的 6800 余公里，80% 以上的县城已经通高速公路。等级公路从 15.89 万公里增加至 18.55 万公里，等级公路网密度达到每百平方公里 85.2 公里，为中小城市的发展创造了条件。[2]

京津冀地区高速铁路进入全面建设的阶段，京津城际铁路、京沪高速铁路、京广高速铁路已经建成通车，京武、京承、京张等城际高速铁路也在建设中。随着未来高速铁路网络成型，将缩短京津冀地区中心城市与华东、东北、西部以及中部地区城市的交通时间。

此外，北京、天津特大城市郊区铁路已经开始规划建设，为特大城市的多中心发展，特别是新城的发展提供了支撑。

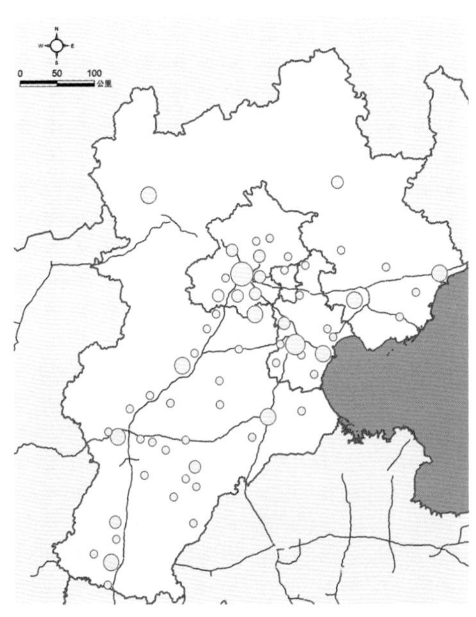

图1–7　2006年京津冀高速公路网现状

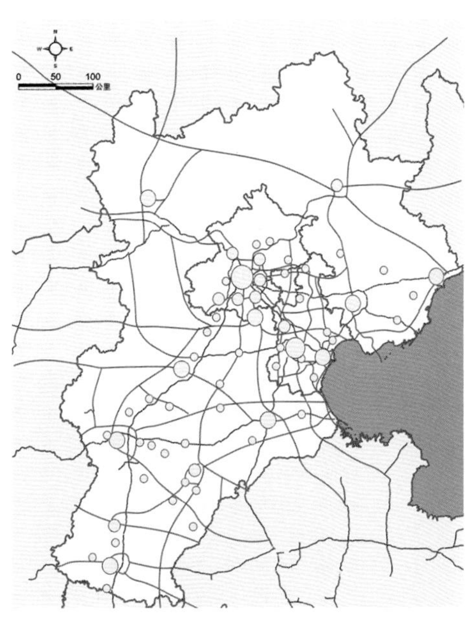

图1–8　2011年京津冀高速公路网（现状+在施工）

1.2.3 宜居城市建设成效显著，城市基础设施水平与承载能力得到提高

京津冀地区城镇化发展总体处于加速发展时期。北京市城镇化率由2004年的79.5%增长至2011年的86%；天津在城乡一体化发展战略的基础上，大力推动示范工业园区、农业产业园区、农村居住社区“三区”联动发展，扎实推进城乡统筹发展，全市城镇化率达到81%[3]。河北省为扩大内需、改善民生，积极推进城镇建设水平，通过完善配套设施、提升城市功能、聚集优质产业等策略，使全省城镇化率达到45.5%。

在推进城镇化发展的同时，京津地地区城镇建设水平也不断提高，在提供保障性住房、城市环境整治等方面都取得了一定成绩。“十一五”期间，北京保障性住房累计新开工面积达3648万平方米，约占同期全市住房总规模的1/3，完成“十一五”规划目标的1.2倍，累计解决35万户中低收入家庭住房困难[4]。天津市累计为41万户中低收入住房困难家庭提供住房保障，其中新建各类保障性住房33.5万套，共计2405万平方米；保障性住房建设量占住宅建设量30%[5]；河北省“十一五”期间解决了55万户居民住房困难。

过去的八年是京津冀地区城市面貌变化最为巨大、城市产业结构和布局调整最为剧烈的时期。以北京奥运会、天津海河改造为代表的城市更新、建设项目，提升了城市的承载能力，改善了城市的环境质量，并促进城市的文化建设和城市管理水平的提升。

专栏 1–7 奥运期间北京城市建设概况

2001 年以来，北京市在城市交通、能源基础设施、水资源、城市建设等 4 个重点基础设施建设方面共完成投资约 2800 亿元。

（1）奥运比赛的场馆及配套的交通设施。先后兴建改建了各类场馆 86 座，完成奥运村、新闻中心建设；轨道交通完成了地铁 13 号线，八通线、5 号线、10 线一期、奥运支线以及机场快线等 6 条线路、共 146 公里建设，并对地铁 1 号线、2 号线老旧车辆进行全面更新，使得全市轨道交通通车总里程超过 200 公里；对首都机场 T3 航站楼、北京南站、京津城际铁路以及其他交通枢纽设施进行了新建、扩建、改建。

（2）全市范围内的环境改善、综合整治。与奥运村、奥运林匹克公园、奥林匹克森林公园建设同步，整修了北海公园、故宫、天坛等古迹，改造了前门大街、复建了永定门城楼，再现并且进一步拓展北京传统中轴线。在轨道交通沿线，奥运项目经过区域等，清理垃圾废物、拆除违章建筑、拓宽道路、重新铺装路面、添置绿化装饰，整体改善城市面貌。

（3）基础设施和公共服务设施。奥运筹办期间，城市交通累计投资 1782 亿元，能源基础设施累计投资 685 亿元，水资源建设累计投资 161 亿元，城市环境建设累计投资 172 亿元。另有环境保护和其他非重点建设方面的投资数以亿计。建设内容涵盖小至自愿者服务亭、公交车站，大到河流、干渠、污水处理厂、输变电设施等，涉及市民生产生活的方方面面，经过治理，将一个水绿，天蓝，路宽，空气清新，服务便捷的新北京呈现在北京市民和国内外选手、游客面前。

（4）文化建设。圆明园、颐和园、历代帝王庙、黄花城和古北口段长城等诸多文物古迹得到进一步的修缮，几十处保护单位在历史上首次实现开放。百余台文化演出精彩纷呈，为市民、游客，选手提供了丰富文化盛宴。

资料来源：清华大学建筑学院．第 29 届奥运会对北京城市发展的长期影响，2009.

专栏 1–8 天津市海河两岸综合开发改造

天津大力推动海河两岸城市地区特色提升，打造独具特色的城市名片。

海河是天津城市空间的灵魂主脉。2002 年，天津市编制《天津海河两岸地区开发改造规划》，提出把海河建成国际一流的服务型经济带、文化带与景观带，弘扬海河文化，创建世界名河。海河两岸综合开发改造工程作为天津历史上最大规模的改造活动，涉及多个主题，十类工程，长达 72 公里，覆盖 312 平方公里的广袤区域。

经过近年来的建设，海河两岸地区基础设施得到完善，创造了吸引投资的优良环境。沿河两岸产业结构得以调整提升，形成第三产业沿海河集聚发展的态势，增加就业机会，注入新的经济活力。展现并保护了老城区悠久的历史、深厚的文化底蕴，形成多元特色的城市建筑群与城市特色展示区。城市空间品质得以提高，成为市民亲近流水、享受自然、缓解压力的最佳休闲区域。

专栏 1-8（续）	天津市海河两岸综合开发改造

▲ 天津市海河夜景

资料来源：天津市规划局提供．

专栏 1-9	河北省城市宜居建设

河北省实施城镇面貌“三年大变样”。河北省推动城市建设“三年大变样”，以实现：

一、城市环境质量明显改善，加大污染治理力度，加快搬迁和改造重污染企业，使各市的大气质量和水质达到国家标准，为人民群众提供宜居的生活环境。二、城市承载能力显著提高，根据城市的长远发展趋势和要求，切实加强交通、供排水、电力、通信、燃气、园林等基础设施建设，不断提高市政公共工程的承载能力。三、城市居住条件大为改观，城中村、危旧房拆迁改造基本完成，一般建筑的改造率达到 10% 左右，市容市貌明显改善。四、城市现代魅力初步显现，形成一批展示现代城市魅力的标志性建筑，推出若干精品和亮点工程，打造靓丽的城市名片。五、城市管理水平大幅提升，城市管理实现精细化，体现便捷高效和以人为本；市民素质不断提高，城市的软实力进一步增强。

河北省主要城市实施园林绿化、容貌整治、污水垃圾处理等专项提升行动，整治改造城市主要街道 305.6 公里，新增园林绿地 6380 公顷，新增国家级园林城市 4 个、省级园林城市（县城）25 个，设区市及县级市的城市污水和垃圾无害化处理率分别达 86% 和 80%。启动实施 1020 个省级新民居示范村建设，完成 10 万户农村危房改造。整体改善了城镇居民和农村的生活环境。

此外，河北省从 2003 年启动廉租住房保障工作以来，不断扩大保障范围，2007 年对城市住房困难的低保家庭实现了应保尽保；2008 年将廉租住房保障扩大到了城市低收入住房困难家庭，并强力推进城市棚户区改造；2010 年全面启动公共租赁住房制度，将住房保障工作范围扩大到了城市中等偏下收入住房困难群体。

资料来源：根据河北省政府工作报告整理．

专栏 1-10 邢台市七里河综合治理工程

七里河是横贯邢台市区南部的一条季节性行洪河道，发源于邢台西部山区，是子牙河水系滏阳河的一条支流，全长约 100 公里，其中市区河道长度 20.4 公里。长期以来，由于缺乏有效的治理，七里河曾一度成为邢台的垃圾场、污水厂、刑场、坟场和小工厂，河道淤积严重、生态环境严重恶化，不仅给城市防洪带来重大安全隐患，还直接影响到居民生活质量和邢台的对外开放环境。2005 年 6 月，按照“防洪、生态、休闲、宜居”的总体要求，七里河综合治理工程启动。几年来，共投资 28 亿元，清理河道荒废土地 1 万余亩，拆除各类建筑物面积 14 万平方米，清理各类垃圾 200 万立方米。完成河道治理 20 公里，构筑橡胶坝 11 座，新建、改建桥梁 16 座，新建多个河心岛，两岸建成 40 公里滨河观光道，建成 15.7 公里的全封闭城市快速路“百泉大道”。新增水面 760 万平方米，新增绿地面积 1150 万平方米。邢台市区按 80 万人计算，人均可新增水面 9.5 平方米，新增绿地 14.4 平方米。被人民称之为“母亲河”的七里河，再次焕发了勃勃生机。

▲ 治理后的七里河

资料来源：河北省城乡规划院提供 .

1.3 区域合作行动积极开展

过去五年来，京津冀地区各省市为了解决自身面临的水资源、生态保护、交通、产业发展等问题，逐渐采取积极的区域合作态度。这种自下而上的协调行动，较之于2005年前后国家发改委进行的《京津冀都市圈规划》和建设部主持的《京津冀城镇群规划》有了进一步的深化发展。

但是也必须看到，当前的区域统筹更多的是类似首钢搬迁、京津城际客运专线、跨流域调水等以项目为载体的合作行动，战略层面的、具有长期愿景的协调合作，仍停留在北京市、天津市、河北省各自的区域发展研究和规划策略中。地方政府对于协调发展的渴望，客观上要求形成区域协调的长效机制。未来还需要自上而下的，国家层面的，更具权威性、更具统筹能力的顶层设计、规划引导和制度保障。

专栏 1–11	京津冀地区的区域规划

2005年前后，由国家发改委组织编制《京津冀都市圈区域规划》，建设部领导进行《京津冀城镇群协调发展规划》，在大量调查数据和分析工作的基础上，两个规划分别对京津冀地区的空间发展结构、产业布局、交通基础设施、生态保护等做出了框架性安排。

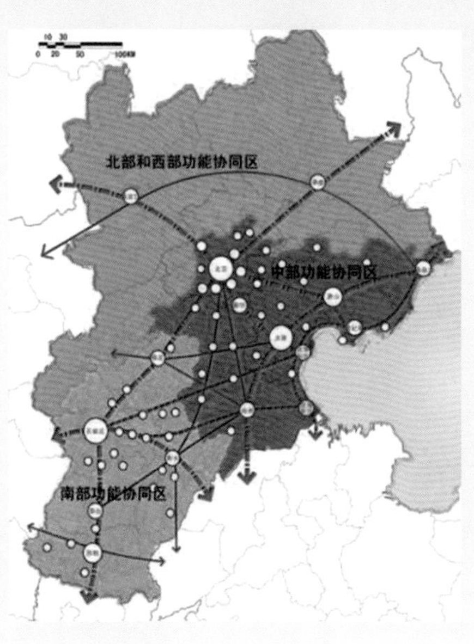

一、《京津冀城镇群协调发展规划》

（1）规划期限：2008-2020年。

（2）规划范围：京津冀全域，总面积21.36万平方公里。

（3）总体目标：坚持科学发展的道路，建设成为具有首都地区战略地位、统筹协调发展的世界级城镇群，成为资源节约、环境友好、社会和谐的典范。

◀ 京津冀城镇群三大协同区规划

专栏 1-11（续）	京津冀地区的区域规划

（4）三大功能协同区：中部功能协同区——北方与国际接轨的前沿地区，具有门户地位，承担区域中心功能。巩固北京、天津的地位和作用，提升唐山在区域中的地位，发挥冀东地区综合服务中心的作用；南部功能协同区——本地区是京津冀辐射国内的门户，也是沿海港口获得腹地支撑的关键性节点。应鼓励发展劳动密集型产业，培育强大的市场和经济腹地，还要承担区域农业生产的职能。进一步强化石家庄作为该地区组织中心的作用；北部和西部功能协同区——生态保育和水资源涵养是主要职能，加强旅游开发。重点要协调发展与保护之间的关系，分配生态保护带来的收益，在发展地区和保护地区之间建立收益共享、成本共担、风险与共的机制，通过人员异地培训、安置和扶持性资金的引入，保障区内居民生活水平与其他地区接近或一致。

二、《京津冀都市圈区域综合规划》

（1）规划期限：至 2020 年。

（2）规划范围：北京、天津两直辖市加河北省石家庄、廊坊、保定、唐山、秦皇岛、沧州、张家口、承德八市，总面积 18.50 万平方公里。

（3）功能定位：以中国首都为中枢，具有京津双核结构特征和较高区域和谐发展水平的新兴国际化大都市圈；以国家创新基地为支撑，拥有基础产业、高端制造业与服务业等完整产业体系的现代化都市经济区；以技术、信息、金融、客货交通枢纽为依托，是中国北方最具影响力和控制力的门户地区。

（4）空间结构规划：以北京—廊坊—天津—滨海新区为脊梁的城市体系发展主轴，以曹妃甸—滨海新区—沧州—黄骅港为核心的临海城市密集带，以北京—保定—石家庄和北京—唐山—秦皇岛为次轴的城市发展密集带，总体上形成一个与产业集群发展相吻合的“起飞的飞机”的空间结构。

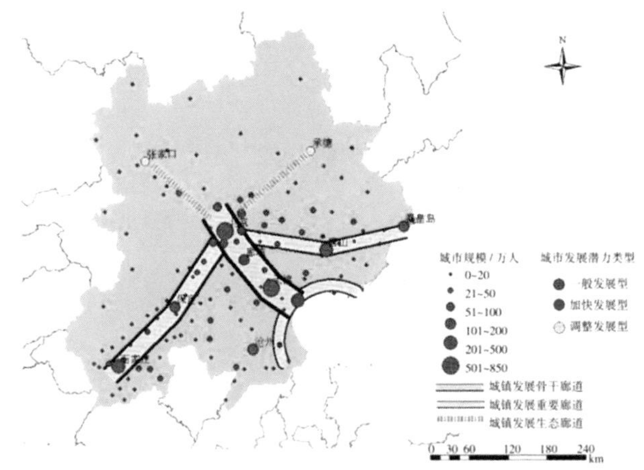

▲ **京津冀都市圈城镇体系空间结构规划**

资料来源：中国城市规划设计研究院．京津冀城镇群协调发展规划 2008—2020.

樊杰．京津冀都市圈区域综合规划研究 [M]. 北京：科学出版社，2008.

1.3.1 北京市多方协作开展首都区域发展战略研究

2005年以来北京人口、资源、环境矛盾加剧，北京不得不采取小汽车限行限购、住房限购的行政手段，越来越多的人认识到要解决人口膨胀、交通拥堵、水资源短缺的问题，就必须主动走区域合作的道路。

2010年开展的《北京市总体规划实施评估》工作，对五年来总体规划的实施情况和贯彻落实《国务院关于北京城市总体规划的批复》(以下简称“国务院批复”)情况进行了认真检查和全面回顾。在肯定经济社会发展的成就的同时，也比较充分地反映了总体规划实施过程中存在的突出问题：第一，城市人口、资源、环境之间的矛盾愈发尖锐；第二，城市空间布局调整与城乡协调发展任务依然艰巨；第三，科技创新和产业结构调整力度仍显不足；第四，城市综合服务能力与北京首都的功能要求差距仍然较大。

《北京市总体规划实施评估》后，北京市规划委员会联合河北省建设厅，组织清华大学建筑与城市研究所、中国城市规划设计研究院、北京市规划院、河北省城乡规划院四家单位共同进行《首都区域发展战略研究》，就北京未来发展中迫切需要解决的区域合作问题进行研究探讨，提出总体战略思路，并形成一些专项规划，以便推动与河北省的对接与合作。《首都区域发展战略研究》以北京及周边城市发展中的核心问题为导向，借鉴世界城市的经验与教训，探讨新形势下区域发展的未来方向，深入研究确定城市的区域地位和竞争力、区域城镇空间结构和发展模式、区域整体生态环境体系、区域重大交通及市政基础设施等问题，进一步梳理区域发展的方向和思路，提出首都区域空间可持续发展战略，包括生态安全战略、产业发展战略、基础设施战略、空间统筹战略和战略实施保障体系。

专栏 1-12 清华大学在《北京市总体规划实施评估》和《首都区域发展战略研究》中的主要观点

在国际和国内的大环境下，结合北京经济和城市发展的阶段性考虑，发展模式转型目标需要重视：第一，向创新经济、服务经济转变，做好国家的创新和服务中心。第二，摆脱粗放的生产和生活方式，向低能耗、低排放，具有国内和世界竞争优势的增长方式转变。第三，从经济发展为中心向首都服务为中心转变。

对北京建设世界城市的战略认识：进一步加强与亚太特大城市地区、以及世界主要经济体政治、经济、文化、人员等多方位联系；加强区域协调，构建大北京地区的战略空间格局；因地制宜，因势利导，国际标准与地方特色相结合；以更为开放的姿态，从体制创新、世界性组织和活动安排、新兴战略产业、文化传承和技术创新等方面强化北京的世界城市功能；从场所经营、生态保护等出发，促进首都在空间品质、生态文明等方面全球的领先性。

对北京建设大国首都的战略认识：与上海、广州等相比，北京最大特点是首都，北京发展要走特色之路；发挥首都优势，突出在关键行业中的引领作用，加强在国家经济管理、科技创新、文化创意以及教育、新型战略产业中的龙头地位；努力在城市地区中建设国家首都、特大城市需要的专业化、特色化职能区域；为中央和国家首都提供更为有效的工作、生活、文化和对外交往环境；只有京津冀地区实现共同繁荣发展，才能够真正解决北京的人口资源矛盾问题，才有空间强化首都职能，突出首都特色。

对北京市域空间布局的战略认识：基于京津冀的区域视野进行北京市域空间调整；加强与张家口、承德、保定、廊坊、天津、唐山、秦皇岛等城市，以及北京中心城区与新城地区、建成区与农田绿地的空间统筹；强化对中心城区城市蔓延的控制，建设高效、便捷、舒适的市域公共交通体系，均衡职住，突出发挥新城在疏解中心城区、引导市域发展的重要战略作用；强化“两轴两带多中心”空间战略在跨市域、市域和中心城区三个层次的协调、落实；产业集群化与城市紧凑化相结合；继续推动走出同心圆战略，整合市级服务中心的空间布局，以“分散式集中”模式来扭转圈层无序蔓延。

总体战略建议：北京仍然需要坚持四大定位，四大定位是一个综合的整体，不能偏颇；要从更大的空间范围深化“两轴两带多中心”的特大城市地区战略实施；实施以皇城为中心的国家首都战略；再塑小汤山以北、中心城区、南苑以南的城市中轴线，建设国家行政区，提升国家形象，发展首善之区；把“安全”作为重要考量要素，将低碳、生态战略落实到空间上，对北京城市格局作出世纪性安排，促进城市的文化复兴。

资料来源：清华大学建筑与城市研究所．北京总体规划实施评估，2010.

清华大学建筑与城市研究所．首都区域发展战略研究，2012.

1.3.2 天津市积极建设滨海新区，完善区域功能，探索区域合作的方向

2006年，滨海新区开发开放纳入国家发展战略。同年，国务院批复了《天津市城市总体规划（2005—2020年）》，确定了天津“国际港口城市、北方经济中心、生态城市”的城市定位。天津城市定位的提升，对于提升京津冀乃至环渤海地区的国际竞争力，辐射带动中国北方地区的对外开放，打通东北亚、中亚这两大通道，加快中国融入全球化进程，促进东部地区率先发展，形成东中西互动、优势互补、相互促进、共同发展的区域协调发展格局具有重要意义。

天津为了落实国务院批复，提高天津滨海新区的辐射能力方面，做出了积极的努力。

（1）全面推进金融改革创新，大力推进金融资本要素市场建设。天津已成立了天津股权交易所、天津渤海商品交易所、天津排放权交易所、天津铁合金交易所等8家创新型交易平台，成为中国金融租赁业的中心之一，融资租赁业务总量占全国24%。

（2）围绕天津港和滨海新区中心商务区，天津不断增强国际航运、国际物流、商务金融等高端服务职能，发挥滨海新区的龙头带动作用。天津港增强国际贸易和国际物流职能，东疆保税港区成为中国最大保税港区，首期已经封关运作。天津港对内陆腹地的服务能力进一步加强，建成北京平谷国际陆港等16个内陆无水港。

面对未来的区域发展态势，天津市有关部门提出京津冀区域合作重点方向。第一，加强区域产业的分工协作，加速产业的区域空间对接，其中北京将成为中枢型区域，承担国际化高端服务职能；天津将成为知识型区域，形成以高新技术产业为主导的产业结构，承担辅助中枢的职能；河北将成为先进制造区域，以先进制造业为主。第二，加快推进区域交通一体化进程，天津以北方国际航运中心和国际物流中心的建设为契机，全面对接区域交通体

系，与北京共建国际交通枢纽门户，尽快打通直通西部的欧亚大陆通道天津—霸州—保定—太原—中（中卫）铁路尽早确定环渤海城际铁路、环渤海货运铁路，形成连接环渤海主要港口、城市、产业区的客、货运大通道。第三，合力构筑区域生态体系，提高区域水源涵养能力，统筹区域生态环境用水。

专栏 1–13	环渤海城市群空间发展模式与天津战略选择

2011 年，天津就环渤海地区城市群的发展进行战略研究，在加强区域产业的分工协作、加快推进区域交通一体化、加强区域资源的协调共享、合力构筑区域生态体系等方面提出了加强区域合作的设想：

（1）环渤海城市群的发展目标：北方地区对外开放的门户，我国三大核心增长极之一，具有全球影响力的国际交往中心、国际航运中心、国家创新基地、先进制造业基地和现代服务业基地，超大型世界级城市群。空间结构为"一圈两翼，三轴两带"，其中京津发展轴是城市群的发展主轴。

（2）天津是环渤海地区经济中心，在环渤海建设世界级城市群过程中发挥引领作用，在环渤海空间一体化发展中起中枢作用，天津与环渤海城市群面临着共同的挑战，需发挥示范带动和协调推动的关键作用。

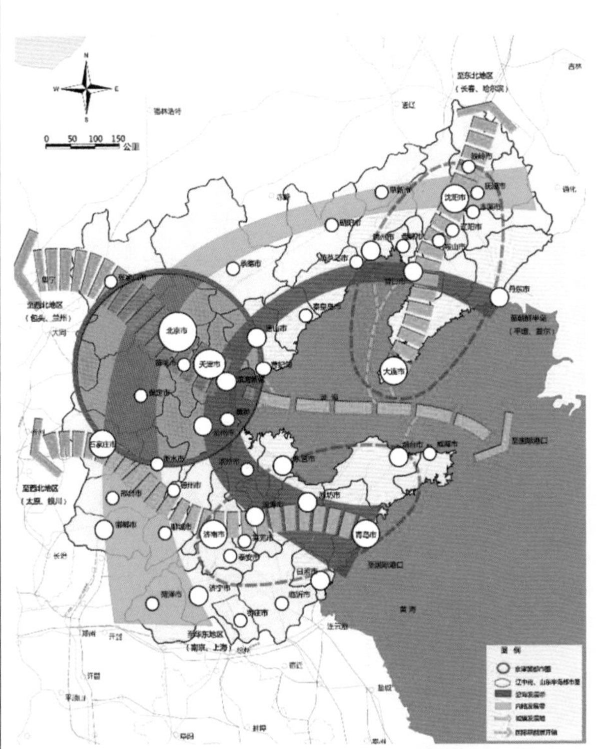

◀ **环渤海城市群空间结构构想**

资料来源：天津市规划局．2011 中国科协年会"特大型沿海城市群空间发展模式论坛"，2011.

1.3.3 河北省提出区域城镇化新格局，规划建设“环首都绿色经济圈”

河北省面临发展模式转型的迫切要求，在“十二五”规划纲要提出，要着力打造“环首都绿色经济圈、沿海经济隆起带、冀中南经济区”城镇化新格局。以城市群作为推进城镇化的主体形态，以建设京津冀地区世界级城市群为目标，构建环首都城市群、冀中南城市群和沿海经济隆起带组成的“两群一带”城市空间格局。2011 年，“河北沿海地区”和“首都经济圈”均被纳入国家“十二五”规划纲要。

专栏 1–14	河北省空间发展战略的进展

进入二十一世纪以来，河北省一直在摸索区域城镇化的空间格局。2004 年提出“一线两厢”[6]，到 2009 年初提出“两群三带一环”[7]，继而 2010 年提出“两群一带”，发展思路愈发清晰，以区域协调为导向的空间发展目标也愈发明确，抓住了各地市的区位特征，将河北省划分为环首都、环渤海湾、冀中南三个次区域，各次区域分别围绕北京、天津、石家庄做文章，使得政策的执行比之前更具操作性。

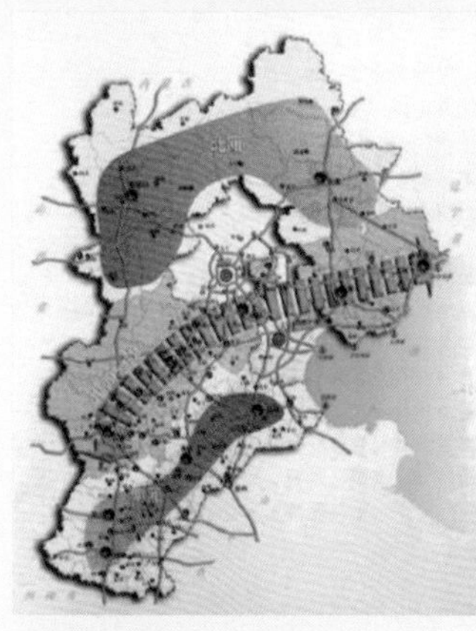

▲ 2004 年一线两厢

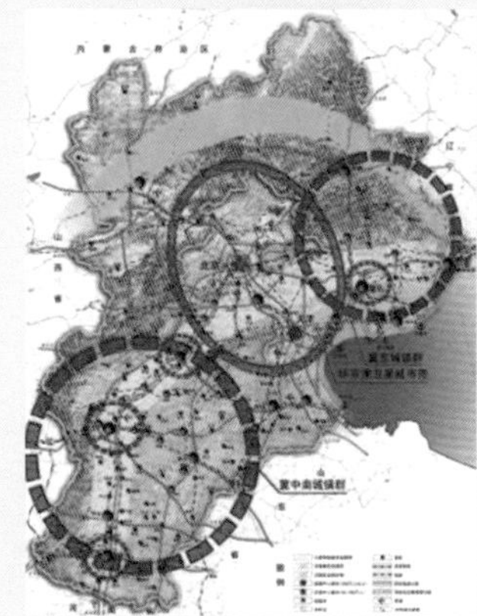

▲ 2009 年两群三带一环

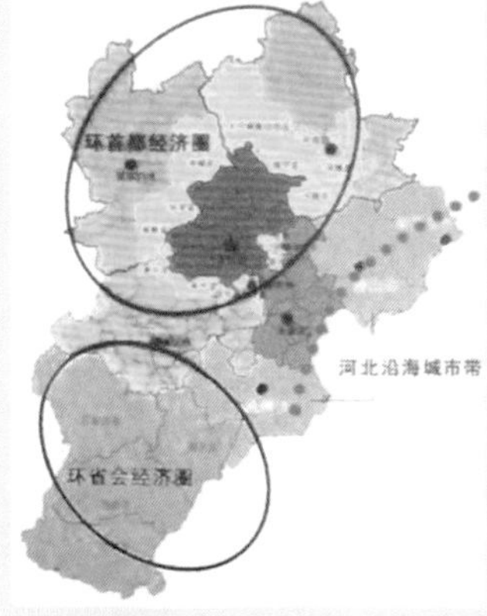

▲ 2010 年两群一带

资料来源：河北省住房和城乡建设厅提供 .

河北省环首都绿色经济圈是首都经济圈不可或缺的重要支撑，是加快京津冀一体化进程的空间载体，在保障和服务首都发展、提升区域发展水平、改善环境品质、提高京津冀世界级城镇群国际竞争力等方面具有重要战略地位，2010年河北省启动“环首都绿色经济圈规划”，进一步加强河北与北京的互动发展，引起了北京市的关注和回应。

专栏 1–15	河北省环首都绿色经济圈规划的主要内容

环首都绿色经济圈包括环绕北京的张家口、承德、廊坊、保定4个设区市，总面积10.3万平方公里。截至2009年底，总人口2281.6万人，城镇人口909.3万人，城镇化率39.9%。其中，环首都前沿地带为4个设区市中与北京紧邻的广阳、安次、三河、大厂、香河、固安、涿州、涞水、涿鹿、怀来、赤城、丰宁、滦平、兴隆、承德县、永清、高碑店等17个县（区、市），总面积3.48万平方公里。

环首都绿色经济圈的战略定位：（1）北京世界城市建设的重要功能区；（2）首都发展的生态屏障区；（3）河北科学发展、富民强省的引领区。

空间结构：三区：廊永固国际高端职能培育区、北三县中东部区域产业协作服务区和涿高涞区域产业协作服务区。两片：西部首都生态涵养及高端消费特色功能片、北部首都高端旅游及特色农业功能片；多轴：京津、京石等多条区域发展轴；网络化：各类综合交通网络和区域旅游网络。

规划还在绿色产业、绿色交通、区域生态安全格局方面提出了对策。

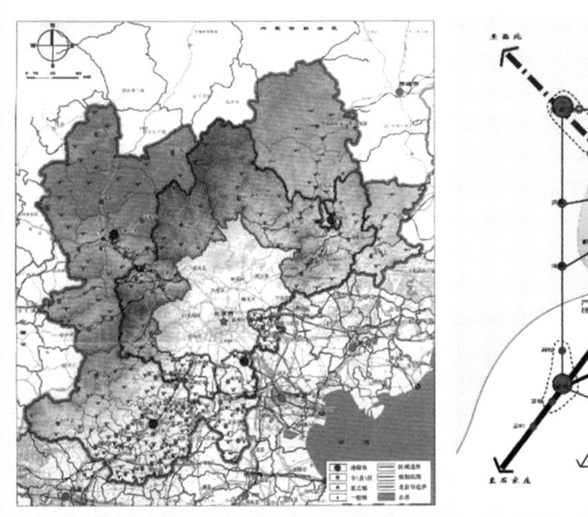

▲ 河北省环首都绿色经济圈的空间范围

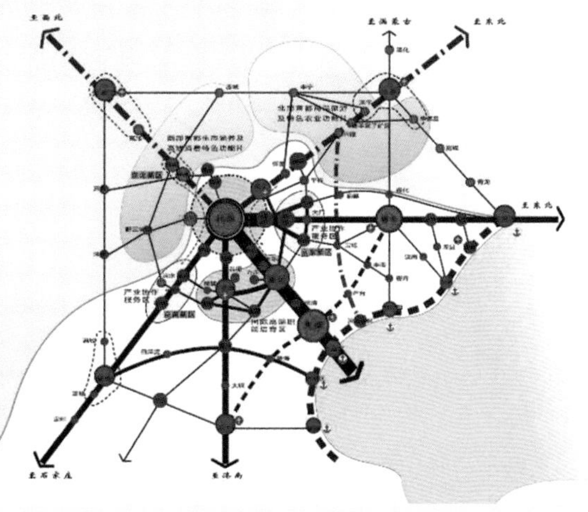

▲ 河北省环首都绿色经济圈的空间结构

资料来源：河北省住房和城乡建设厅．河北省环首都绿色经济圈总体规划，2011.

1.4　三期报告的新形势

1.4.1　转变发展方式，发挥首善之区的引领作用

过去30年来，中国的经济发展和城市化进程基本上是以高增长、高消耗、高排放、高扩张为基本特征，但中国的水资源、耕地资源、石油资源等生态环境资源条件，已经越发迫近发展的底线[8]。进入新世纪以来，转变发展方式是我国经济社会发展战略的主线，但转型发展，知易行难，步履维艰。2008年的全球金融危机和国际社会应对全球气候变化的全球行动，进一步加剧了中国转型发展的迫切性。

改革开放以来，珠三角、长三角和京津冀地区是中国经济发展的三大引擎，在各个历史时期，这些地区在经济发展、基础设施建设、城乡统筹发展等方面形成的发展方式，诸如珠三角地区的三来一补、特区建设，长三角地区的苏南模式、产业集群，京津冀地区国企央企引导的开发开放等，深深影响了中国整体发展的路径。未来这些地区发展方式的转型，也将成为整个中国转型的突破口。

京津冀地区作为中国沿海发展的第三极，作为中国的首善之区，必须在转型发展方面发挥引领和示范作用，推动粗放的生产方式和城市建设方式，向集约型、创新型、生态型的生产方式和城乡融合、区域协调的建设方式转变。

1. 寻求新的产业发展道路

协调发展实体经济与虚拟经济，增强抵御外部风险的能力，确保长期的经济安全和社会稳定。2008年金融危机以来，世界各国采取强力措施，经济发展有所复苏，但2011年的美债危机和欧债危机表明，世界经济的发展仍然具有很大的不确定性，京津冀地区经济发展的外部条件仍充满风险。为了提高抵御风险的能力，京津冀地区应充分协调好以制造业为核心的实体经济

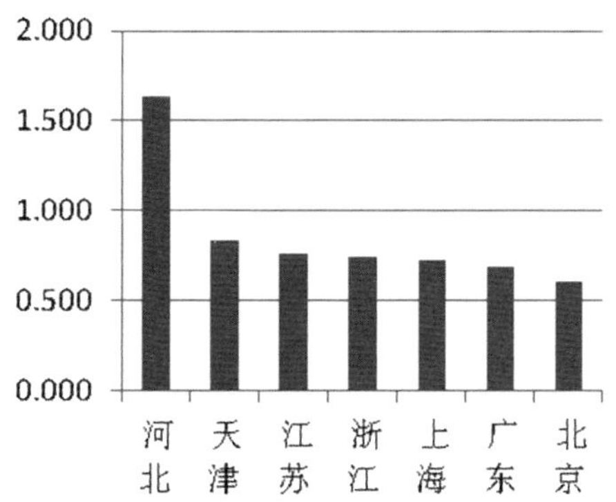

图1-9　2009年京津冀与沪苏浙、广东单位生产总值能耗比较（吨标准煤/万元）

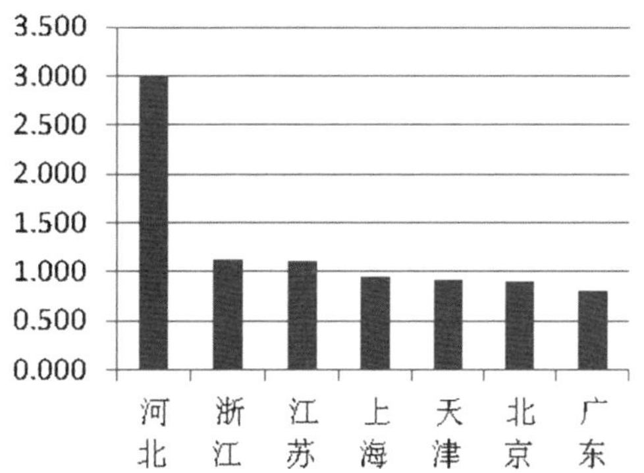

图1-10　2009年京津冀与沪苏浙、广东单位工业增加值能耗比较 （吨标准煤/万元）

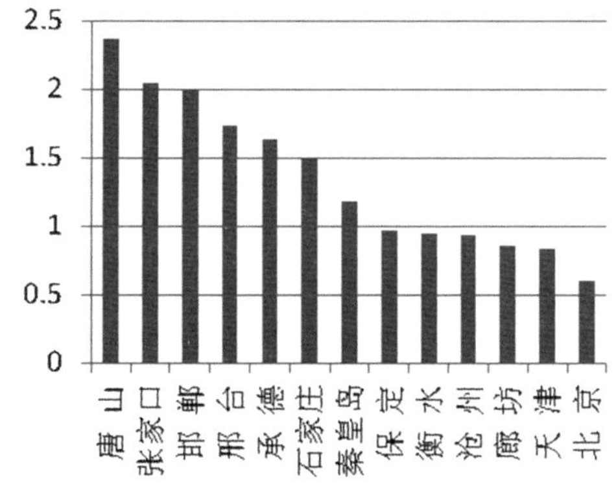

图1-11　2009年京津冀城市单位生产总值能耗比较（吨标准煤/万元）

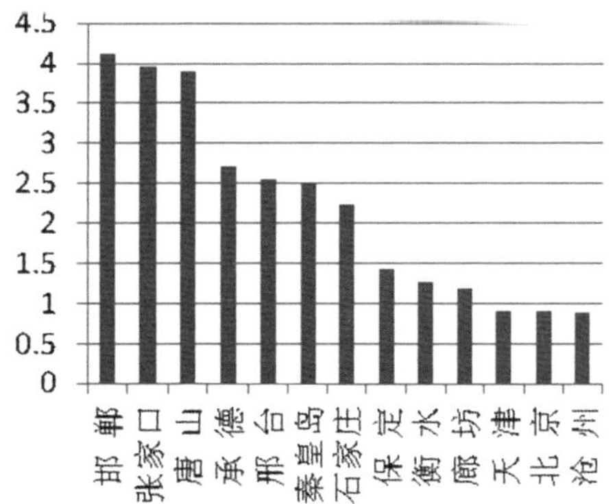

图1-12　2009年京津冀城市单位工业增加值能耗（吨标准煤/万元）

资料来源：2010年中国统计年鉴、2010年河北省经济年鉴．

和以金融、保险等为主的虚拟经济之间的关系，做强现代服务业，为实体经济的发展提供更好的资金保障，做好实体经济，以扩大就业，促进内需，为现代服务业的发展提供更为广阔的市场。

大力推动产业升级，发展低碳经济。京津冀地区尽管单位GDP能耗有所降低，能源利用效率有所提高，但与长三角、珠三角地区相比，仍存在一定差距，尤其是河北省单位 GDP 能耗是长三角、珠三角的 2 倍，单位工业增加值能耗甚至是长三角、珠三角省份的 3 倍。在河北省，唐山、邯郸、张家口、邢台、邯郸能源利用效率偏低。这与河北省产业结构密切相关，河北“煤、焦、钢”为主的产业链几乎占到全部工业的 40%，不仅给企业所在地造成严重的环境污染，严重影响了环境质量和招商引资的环境吸引力，同时消耗了大量水、能源和生态资源。河北应该强力推动这些产业的升级、改造和转移，调整高排放、高耗能为主导的工业格局，积极发展高附加价值、高技术新兴产业、装备制造业，发展低碳经济。

2. 寻求新的城镇化路径

实现兼顾效率与公平的城镇化，推动包容性增长。过去 10 年来，京津冀地区呈现出以大城市为重心的城镇化路径，北京、天津人口增长占京津冀地区人口增长的 60% 以上，而大城市的增长并未显著带动中小城市的发展，中小城市的发展相对缓慢。京津等大城市人口增长的动力，既源于市场经济发展对聚集效益的客观需要，也来自于教育、医疗等公共服务和社会保障等资源的聚集效应。效率优先的城市化路径，使得大城市人口剧增、交通拥堵、房价飞涨，造成社会总体成本上升，环境负荷上涨。未来，应在效率以外更加注重公平，提高大城市承载能力的同时，更加重视城市的区域发展，重视中小城市的发展，提高京津冀地区大、中、小城市，包括县城的基础设施、公共服务水平，建立覆盖整个地区的社会保障体系，促进人人平等获得发展机会。

同时，北京、天津不能是河北推动工业化、城市化的唯一寄托，河北省必须有自己的兼顾效率与公平、环保和可持续发展的工业化和城镇化战略，降低领导更替等因素的影响，一旦确定，持之以恒。

以区域整体的途径协调合作解决个体的局部的发展问题。京津冀地区与长三角、珠三角相比，存在较大的区域发展差异，这与京津冀两市一省互不相同的市情、省情相关，也与地区的发展阶段相关，此外，京津冀地区面积更加辽阔，山区、湿地等生态条件更加敏感，支撑区域发展的基础设施和生态环境保护需要的投入更多，发展农村的难度更大。要避免京津冀区域差距继续扩大，实现经济社会协调发展，离不开各个城市的自身发展和相互扶持。未来应努力提高北京、天津等中心城市的服务业发展水平，促进环渤海湾滨海地区的制造业聚集，提升山前城镇的地区政治、文化、旅游中心职能和品质，以提高城镇对区域经济社会发展的服务支撑能力；还应出台区域性的农业、生态、环境、交通政策，合作协调开展农业发展、交通完善、以及生态和环境保育、提高不同区域的发展水平和公共服务设施能力，提高自我积累和发展的能力。

1.4.2 “首都经济圈”纳入国家战略为京津冀地区发展提出新的要求

近年来京津冀地区发展的区内外形势发生了很大的变化，辽宁省“五点一线”沿海开发战略、山东省“蓝色经济区”战略、山西省“国家资源型经济转型综合配套改革试验区”战略、北京中关村国家自主创新示范区、天津滨海新区，河北沿海地区已从战略规划安排阶段转入积极的行动计划阶段，各个地区的发展建设如火如荼。2011 年 3 月，中央政府《国民经济和社会发展第十二个五年规划纲要》提出“打造首都经济圈”，第一次将首都地区的协调与整合发展纳入到国家战略中，将有助于统筹京津冀及其周边区域的发展。

可以认为，国家实施首都经济圈战略的根本目的是为了提升首都经济、社会、文化等的国内、世界影响力，完成国家参与国际竞争的战略任务，实施首都功能的拓展、完善与提升，推动区域协调发展，实现共同繁荣。要实现这一国家战略，就必须统筹处理资源与环境保护、能源输送与利用、重大交通基础设施、军事安全等区域性问题。因此，在清华大学参加的“首都区域空间发展战略研究”中提出首都经济圈可以由北京、天津两直辖市和河北、山西、内蒙、辽宁、山东等五个省、自治区（称之为“2+5”）组成，总面积186万平方公里，2010年常住人口3.05亿。

作为“首都经济圈”的核心地区，京津冀地区占首都经济圈总面积的1/9，总人口的1/3和经济总量的35%，是首都经济圈中人口最为密集、经济活动最为活跃、产业基础最为雄厚的地区。但在首都经济圈中，京津冀地区

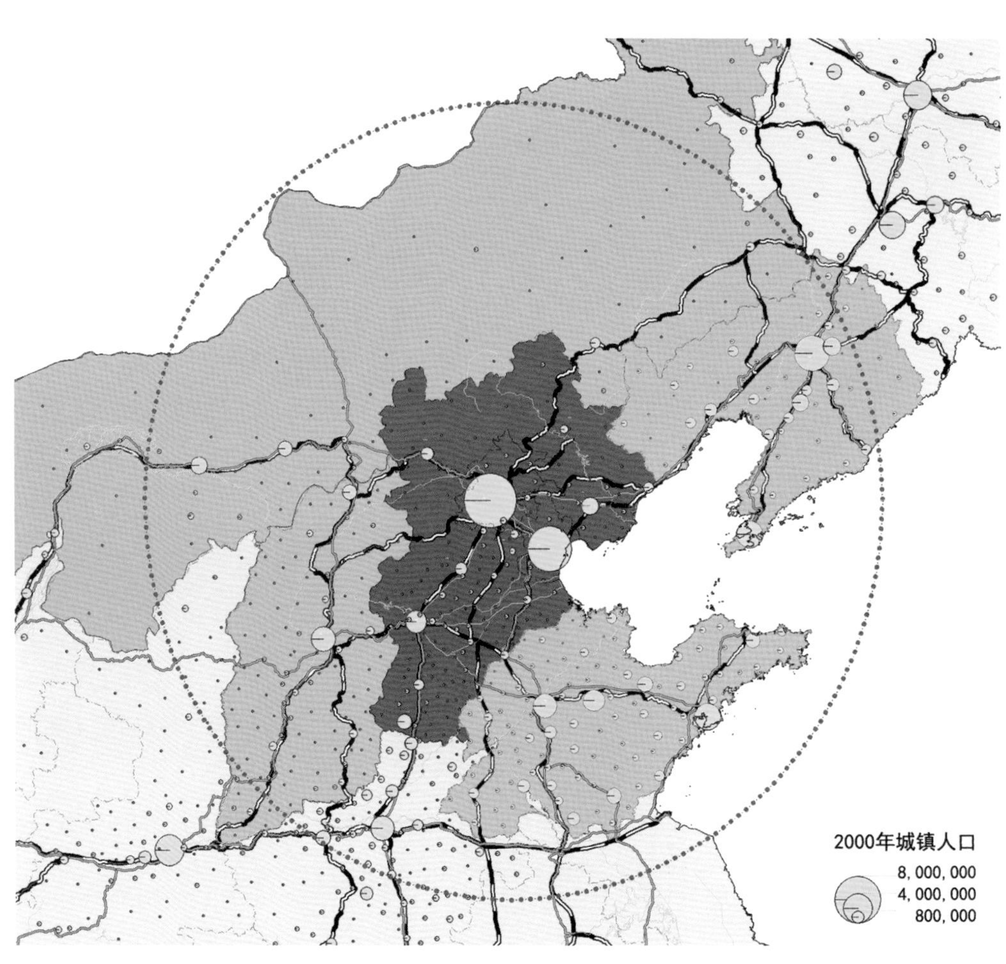

图1–13　半径600公里左右的首都经济圈地区

资料来源：清华大学建筑与城市研究所．首都区域空间发展战略研究，2012.

当前和未来可能面临的人口资源压力又是最为严峻的，京津冀两市一省人口增长速度在首都经济圈各省市中位居前茅，而人均水资源量位居末位。必须面对未来发展的资源约束，走生态文明优先的发展道路。

1.4.3 良好人居环境与和谐社会共同缔造

京津冀地区传统的以高投入来统筹城乡发展，改变城乡面貌的规划建设方式，在资源环境承载力、社会矛盾、财政状况等条件的约束下，难以为继。未来的发展中必须思考新的发展方式，即以共同的人居环境建设为载体，实现人与人之间和谐相处、人与自然和谐共生、经济社会全面进步和人民安居乐业。

当前的人居环境建设关键是要实现两个基本回归：

（1）以人为本，面向社会大众生活，促进“首善之区”的“精神文明”。人居环境的核心是人，人居环境研究以满足人类居住需要为目的。注重社会公平和社会和谐，提倡构建节约型社会，构建适宜的人居环境，构建多层次的住房保障体系，才能使我国在全球经济风云变幻下，确保社会稳定，安全健康，百业兴旺，文化科学繁荣。才能促使思想进一步解放，科技人文进一步创新，城乡进一步繁荣，广大人民群众诗意的栖居在神州大地上。

（2）在“生态文明”的指引下建设人居环境。生态文明不是机械的回归自然，而是要坚持整体协调循环的原则和机制，调整产业结构、增长模式和消费模式。对于京津冀地区，人口持续快速增长，水资源严重短缺，城乡环境整体下滑的局面，更要求人居环境建设的过程中，更加重视“生态文明”。

专栏 1–16 “美好环境与和谐社会共同缔造”：云浮共识

2010 年 6 月 5 日，由中国城市规划协会、住房和城乡建设部城乡规划司、清华大学人居环境研究中心、广东省住房和城乡建设厅与云浮市委、市人民政府联合主办了“转变发展方式，建设人居环境”研讨会。与会专家表示，云浮市遵循人居环境科学的指引，坚持“以人为本”的发展理念，实施美好环境与和谐社会共同缔造，加快经济发展方式转变，实现错位差异发展、协调统筹发展、共建共享和自主创新发展，走出了一条探索山区科学发展的新路子。

大会一致通过“美好环境与和谐社会共同缔造云浮共识”，共同倡议推进美好人居环境建设，深化细化城市规划设计，严密城市规划和土地规划管理，建立和完善与之相适应的体制机制，不断发展人居环境科学理论体系。

以下为云浮共识全文：

2010 年 6 月 5 日，我们，集中在广东云浮，讨论人居环境科学理论与实践。我们认识到：

（1）营造美好的人居环境，符合科学发展观的要求，是推动城乡规划建设指导思想转变和实践新型城镇化的现实需要，也是促进经济发展方式转变的必然选择。

（2）实现美好人居环境的共建，符合构建和谐社会的要求，是顺应民主社会发展，真正满足广大人民群众日益提升的物质和精神需要的重要举措。

（3）人居环境科学理论提倡以人为本，为人民群众营造健康、生态、和谐的生活环境与社会氛围，提倡环境、经济、社会、科技、文化统筹考虑，相互促进，协同集成，实现可持续发展，这是人居环境建设的基本目标和方向。

（4）人居环境科学理论是人居环境建设的理论基础，推动美好环境与和谐社会共同缔造行动是人居环境科学理论的具体实践。

为了共同推进美好人居环境建设，我们倡议：

（5）坚持经济、社会、政治、文化与生态文明建设的统筹推进。让发展惠及群众，让生态促进经济，让服务覆盖城乡，让参与铸就和谐。

（6）坚持“人民城市人民建”。按照政府引导、群众主体、多方参与、共建共享的原则，努力创造有利于广大人民群众的真正拥护和参与的氛围。

（7）坚持实践探索与理论创新相互促进。通过多层次、多系统的实践推动理论创新，逐步建立、完善与营造美好人居环境相适应的体制和机制，不断拓展完善人居环境科学理论体系。

（8）坚持新型城镇化方向，一切从实际出发，满足广大人民群众的基本需求。植根本土文化，从战略到行动。

“不积跬步，无以至千里”，“千里之行始于足下”，我们必须从今天做起，从当地做起。这是时代赋予我们的责任。

资料来源：清华大学建筑与城市研究所．“美好环境与和谐社会共同缔造”云浮共识，2010.

1.4.4 担负国家文化复兴的历史使命

当今世界正处在大发展大变革大调整时期，文化在综合国力竞争中的地位和作用更加凸显，文化越来越成为民族凝聚力和创造力的重要源泉、综合国力竞争的重要因素及经济社会发展的重要支撑。2011 年，中共中央作出“关于深化文化体制改革推动社会主义文化大发展大繁荣若干重大问题的决定”，提出实现中华民族的文化复兴。北京提出以“爱国、创新、包容、厚德”为主要内容的“北京精神”，全力建设和谐社会的首善之区，以人为本，日益彰显首都的人文关怀。

京津冀地区作为中国的首善之区，有着深厚的文化底蕴和丰富的文化遗产，有全国最好的文化事业团体和机构。但在城市建设中，仍存在“硬件”发展较快，而“软件”跟不上，城市文化建设滞后的突出问题。与其他世界城市相比，文化设施的规模和数量、文化遗产的保护与利用、文化创新的氛围等仍存在很大的差距。

文化的复兴是一个复杂的系统工程，要将城乡建设与地域文化相结合，在传统物质环境保护、城市文化创新、文化产业发展等方面，进行深入的观察和思考。

注　　释

[1] 2013年河北省政府工作报告。

[2] 中国统计年鉴2012。

[3] 黄兴国.天津市政府工作报告(2013年1月26日在天津市第十六届人民代表大会第一次会议)。

[4] 北京“十一五”期间保障房建设目标超额完成.人民日报 2011年01月04日。

[5] 黄兴国.天津市政府工作报告(2013年1月26日在天津市第十六届人民代表大会第一次会议)。

[6] 2004年《河北省城镇空间发展战略报告》针对区域间地理位置、资源禀赋和经济基础不同的实际，提出“加快发展中间一线，积极推进南北两厢”的区域经济发展战略，即以石家庄、保定、廊坊、唐山、秦皇岛五市为“中间一线”，建设全省经济发展的隆起带；以邯郸、邢台、衡水、沧州四市为“南厢”，加快培育新的经济增长极；以张家口、承德二市为“北厢”，努力实现经济发展的新跨越。

[7] 2009年5月，河北省政府发布《河北省人民政府关于加快壮大中心城市促进城市群快速发展的意见》，其中提出以加快产业集聚为基础，以提高城市综合承载能力为核心，把城市群作为推进城市化的主体形态，构筑以冀中南城镇群、冀东城镇群和山前传统产业带、沿海城镇发展带、北部生态保护带以及环京津卫星城市带为骨架的“两群三带一环”城镇空间布局结构。

[8] 根据魏后凯的归纳，2007年中国GDP占世界总量的5.9%，而水泥消耗占世界的47.3%（2006年数据），粗钢表观消费量占32.4%，CO_2排放量占世界总量的21%，尽管中国人均CO_2排放量与世界平均水平

持平，但单位 GDP 的 CO_2 排放强度却是世界平均水平的 3.16 倍。我国人均水资源量为 2409 立方米，仅为世界平均水平的 1/4。全国水环境状况局部虽有所好转，但总体上污染加重的趋势没有改变，九大大型淡水湖中 50% 为 V 类和劣 V 类。——魏后凯 . 论中国城市转型战略 . 城市与区域规划研究 , 2011[1]。

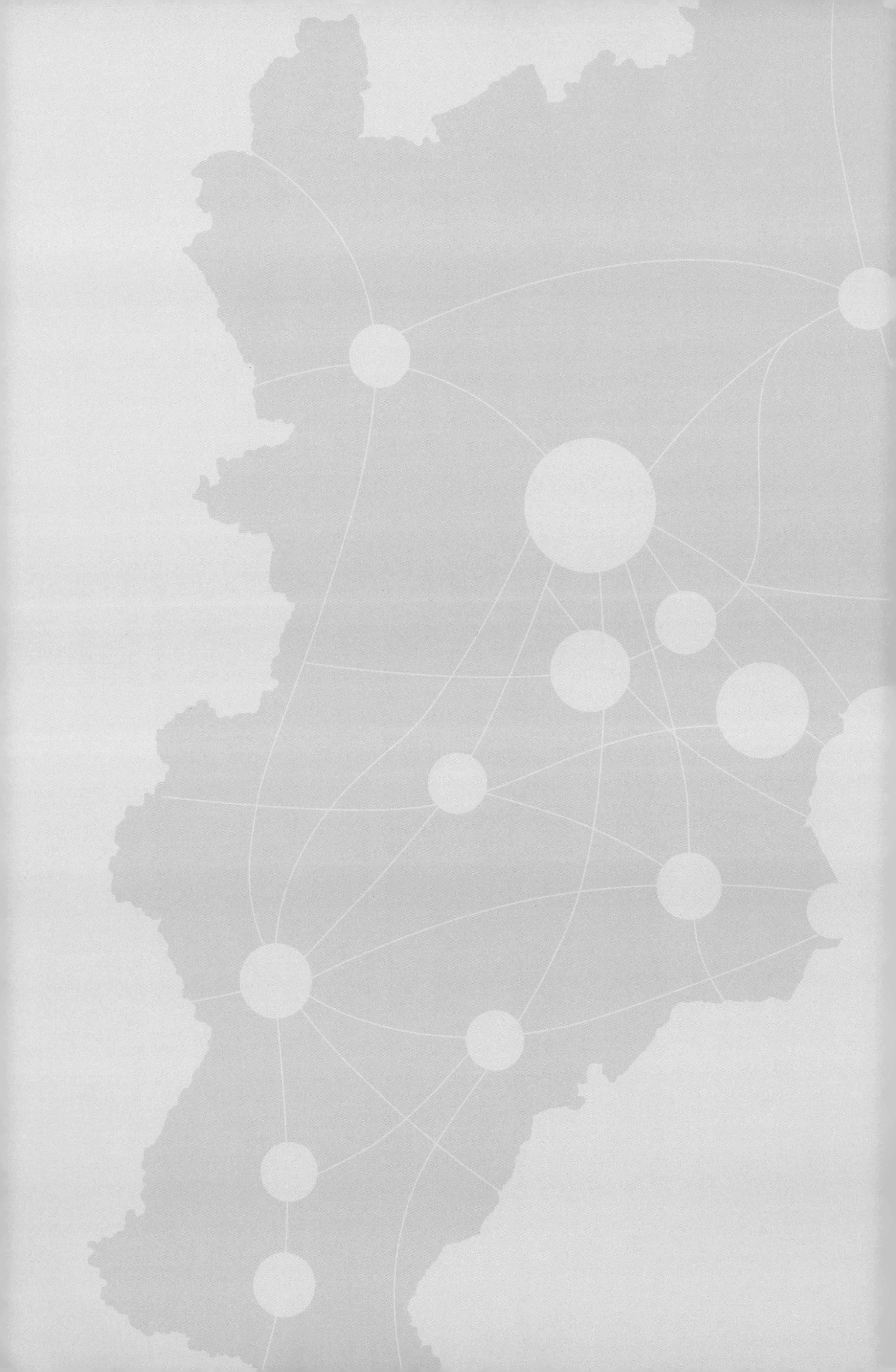

2

京津冀地区转变发展方式面临的挑战和问题

2.1 人口压力愈发显著

2.2 严峻的生态环境危机

2.3 区域发展协调不足仍未改观

过去十余年间，京津冀地区围绕发展模式的转型进行了不懈的探索，也出现了许多很好的战略想法和省市内部的实践。前者如北京市提出四大定位，为疏解中心城市，提出两轴两带多中心的发展框架；后者如天津以海河整治推动中心城区产业转型与景观改善，唐山将采煤塌陷区变为城市绿心。

但就整个地区而言，人口、资源和环境之间的矛盾，区域发展协调性不足的问题依然存在，甚至有恶化的趋势。

究其原因，是固有的发展观、建设观和发展路径，难以适应新的发展形势。重增量、轻质量，重发展、轻保护，重效率、轻公平，重竞争、轻协作的发展方式根深蒂固，依靠大企业、大项目、大投资、大拆大建，尽管在短时期内取得快速增长，但也聚集了不少矛盾和问题，交通拥堵、雾霾、房价高涨、区域发展失衡等诸多问题突出。凡此都说明已有的发展路径难以适应新的发展要求，需要加以扭转。

2.1 人口压力愈发显著

京津冀地区人口快速增长，一方面造成资源环境的压力，另一方面，由于人口增长多集中于京津两大城市，使得生态环境在特大城市表现得尤为脆弱。面对区域性的城市人口增长，京津冀其他城市已经感受到严重的资源环境压力，但是这些城市无论从经济社会发展战略上，还是空间规划上，都在扩大城市人口规模，对人口的超常规增长并未作出相应准备。

2.1.1 京津冀地区人口超常规快速增长

根据五普和六普的数据，2000—2010 年，京津冀地区常住人口由 9010 万人增加到 1.044 亿人，年均增长率为 1.48%，几乎是同期全国年人口增长率（0.57%）的 3 倍。根据《全国城镇体系规划》预计，未来 20 年京津冀地区仍将保持人口的快速增长。[1]

专栏 2-1	京津冀地区人口增长的可能预期

从国家层面来看，沿海发达地区的城镇群（或大城市地区）仍将是未来中国人口的流动与聚集的地区。因此必须从国家人口布局变迁的角度来估算未来京津冀地区人口的发展趋势。过去10年间，京津冀地区集中了全国人口增量的近五分之一，常住人口占全国的比重从7.12%增加到7.79%，年均增加0.06个百分点。按此外推至2030年，京津冀地区总人口可能达到全国人口的9.14%。根据一般测算[2]，中国人口可能在2030年达到14.5亿左右的峰值。届时京津冀地区总人口可能达到1.33亿左右的峰值。 即未来20年，京津冀地区的人口年增长率约为1.2%，略低于过去10年的增长速度。

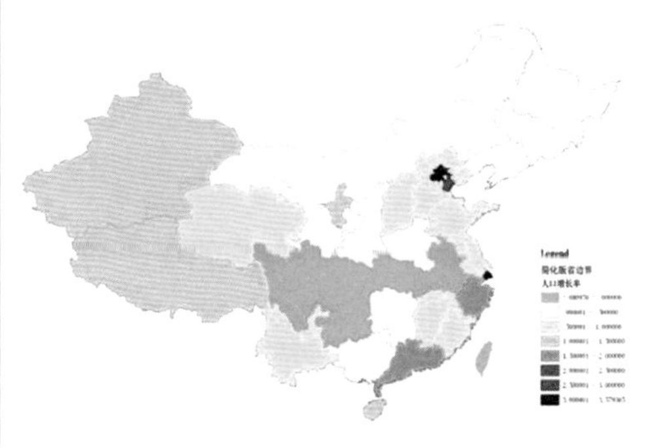

▲ 2000-2010年中国分省区常住人口增长速度

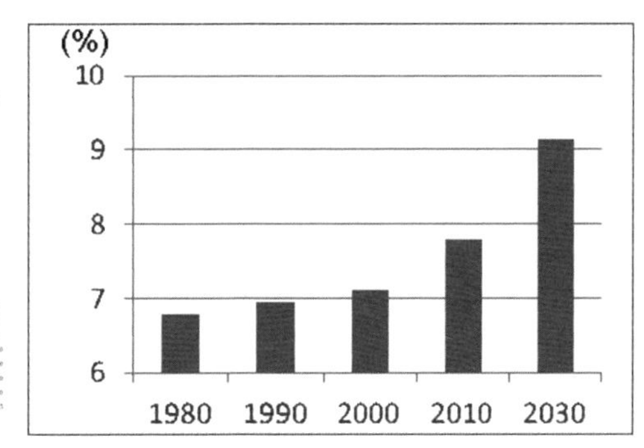

▲ 京津冀地区人口占全国人口比重的可能趋势

资料来源：清华大学建筑与城市研究所．北京总体规划实施评估，2010.

2.1.2 京津两大核心城市人口极化显著

作为京津冀地区“双核心”的北京市和天津市，人口增速显著超过京津冀其他城市。2000—2010年间，京津两市人口净增加897.2万人，占京津冀地区总人口净增量的63%，年均增长接近90万人，显示出京津两市人口增长的强劲动力。根据胡兆量的研究，在首都的特殊地位、全国的城市化过程、全国人口总规模的继续增长三个因素的作用下，未来北京人口将继续增长，而且这一增长大体还要维持40年左右时间。[3] 如京津仍持续当前的经济发展和城市化模式，人口仍然快速增长，城市基础设施和公共服务、交通出行、空间布局会面临更为巨大的挑战。

专栏 2-2　北京人口增长的问题与展望

人口快速增长给本以拥挤的两座特大城市带来众多问题，其中尤以北京为甚。

一方面，环境和资源的承载力难以满足人口的快速膨胀。2012 年北京常住人口已经达到 2069 万人，2000 年以来常住人口增加 705 万人，年均增加近 60 万人，相当于每年增加一个大城市。市人大《关于北京城市总体规划（2004 年—2020 年）实施情况评估工作的意见和建议》指出，“人口、资源、环境的矛盾依然是当前首都经济社会发展中最主要的矛盾，三者中最迫切的又是人口问题。不断增长的人口规模给首都生态环境带来极大压力，特别是水资源承载能力已经达到极限。”

另一方面，城市空间格局、交通基础设施、公共服务设施难以满足人口增长的需要。北京城六区内集中了全市 60% 以上的人口，摊大饼式的城市发展格局依然没有得到有效遏制。新城综合功能尚显不足，产业与居住脱节状况比较普遍，未能有效发挥总体规划中提出的疏解中心城人口和功能、聚集新的产业、带动区域发展的作用。

根据清华大学建筑与城市研究所在《北京城市总体规划实施评估空间趋势和战略思考》中的预测，2030 年北京常住人口可能达到 2275~2525 万人，至 2049 年北京常住人口可能达到 2700~3100 万人，届时北京将面临更为严峻的水资源和土地资源短缺。

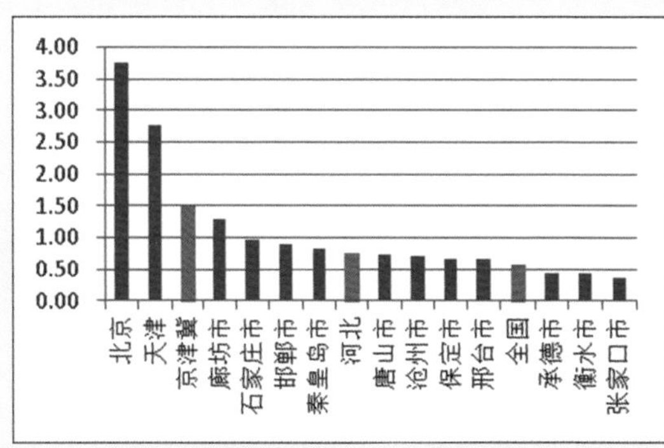

▲ 2000–2010 年京津冀城市人口年均增长率（其中紫色为平均值）

▲ 2000–2010 年京津冀各城市人口增量比重图

资料来源：北京、天津、河北五普、六普数据 .

2.1.3 流动人口高度集中造成严峻的社会问题

1. 区域人口流动不平衡，流动人口高度集中于京津两市

在京津冀地区，京津两市成为吸纳流动人口的主体。2010 年京津两市常住外来人口分别为 704.5 万人和 299.2 万人，与 10 年前相比分别增加了 447.7 万和 211.87 万人，占常住人口比重达 35.9% 和 23.1%，占全部净增人口的 73%。从人口流动的来源看，河北省长期以来是这两个城市流动人口的第一来源地，上述京津常住外来人口中来自河北的分别占到 22.1% 和 25.2%。可见，京津冀地区人口向京津集中的趋势十分明显，原因在于特大城市和区域中心城市的聚集效应，也说明京津冀地区存在严重的区域差距，河北省城市的区域带动能力不足等问题。同时也说明河北省区域发展滞后，加剧了城乡失调，导致“环首都贫困带”现象长期存在。

2. 部分流动人口寻求事实移民，流动人口转向定居的意愿逐步增强

近年来，北京市流动人口增长呈现三大特点：一是规模大，现在北京每 3 个人中就有 1 个就是外来流动人口；二是增长快，2000—2010 年十年间，常住外来人口年均增加 44.77 万人，年均增长率为 10.6%，接近常住人口增长速度（3.8%）的 3 倍；三是定居意愿逐步增强，1/5 的外来人口已离开户口登记地 6 年及以上，同时家庭化迁移明显，部分流动人口开始追求融入当地，相当一部分已经成为事实“移民”。

但是这些流动人口被排斥在城市户籍门槛之外，处于不稳定的状态，极易诱发一系列社会问题。随着户籍制度改革的深入，我国许多城市都不同程度降低城市户籍门槛。在缺乏有效的人口管理制度安排下，一旦放开京津户籍制度，可能面临更加规模巨大的流动人口快速涌入的压力，给本已不堪重负的城市公共管理和服务设施雪上加霜。

北京现有常住外来人口 704.5 万人，预计未来相当长一段时间内，这一人口输入趋势将持续快速增长。与早期外来人口多数为单身闯天下不同，近年来在京的外来人口多呈现出举家迁移的趋势，并且长期扎根、定居北京的意愿日益明显。随着这部分群体在京逐步安家、抚育子女，他们的父母多以“候鸟”形式赴京与子女共住一段时间，或帮忙照看孙儿辈。而不久的将来（约 5~10 年后），这些独生和少生子女家庭的父母逐渐从健康状态进入中龄需要看护阶段，可能出现大部分跟随子女留京“异地养老”的现象。然而，这一庞大规模的潜在养老群体，目前无论在人口统计还是养老设施和服务的供给上都是缺乏关注的。

3. 流动人口的社会融合和社会空间隔离问题

目前，“农民工”仍然是城市流动人口的主要构成，但存在受教育程度低，社会融入感较差等问题。北京 6 岁及以上外来常住人口中，大专及以上文化程度所占比重仅 24.35%，来京务工经商的人口比重达到 73.9%。较早而又长期的城市生活经历让新生代“农民工”对城市有了较高的认同感，同时对于市民身份认同、待遇平等及融入城市的追求也更为强烈。而现实中巨大的贫富反差，以及对流动人口的一系列不公正待遇，容易诱发这部分群体法外维权，或是通过群体身份认同形成与主流社会并存的边缘社会，成为社会不稳定的因素。

与工商业较为发达的长三角和珠三角地区相比，京津冀地区乡镇工业发展缓慢，缺乏传统，城乡结合部发展多数依靠中心城市的快速蔓延推进。在此过程中，农民大量扩建远超出自己需求的出租住房，和流动人口对租赁住房的需求在城乡接合部找到了结合点，形成“瓦片经济”。由于流动人口与户籍人口比例倒挂现象严重，按户籍人口比例配备的政府管理力量明显不足，环境脏乱差，基础设施不堪重负，治安和消防案件高发。在中关村国家自主创新示范区核心区周边的 8 片城乡结合部、20 个村庄中，聚集流动人口 21.18 万人，而本地户籍人口仅 2.9 万人。2011 年 4 月北京大兴旧宫镇火灾事件，造成 18 死 24 伤，实际也是城乡结合部违法建设和违法经营所致。

1992 年洛杉矶大骚乱、2005 年巴黎大骚乱和 2011 年伦敦大骚乱等事件，很大程度上都源于贫民窟的矛盾激化问题。可见，大量低收入外来人口的聚集，既造成城市社会空间的隔离，也容易诱发社会矛盾甚至大规模冲突事件。

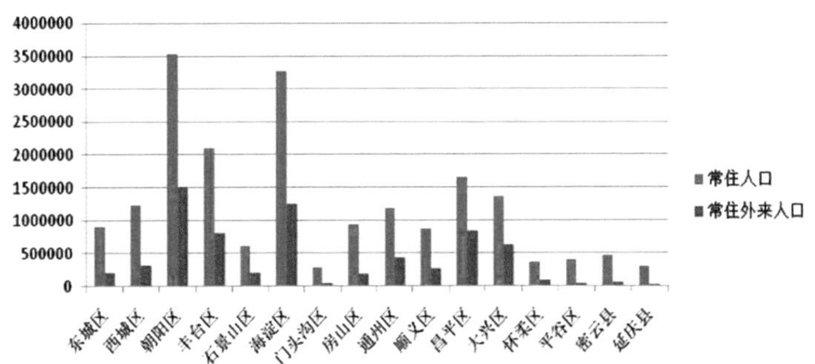

图2-1　2010年北京市各区县常住人口和常住外来人口规模

资料来源：北京市全国第六次人口普查数据．

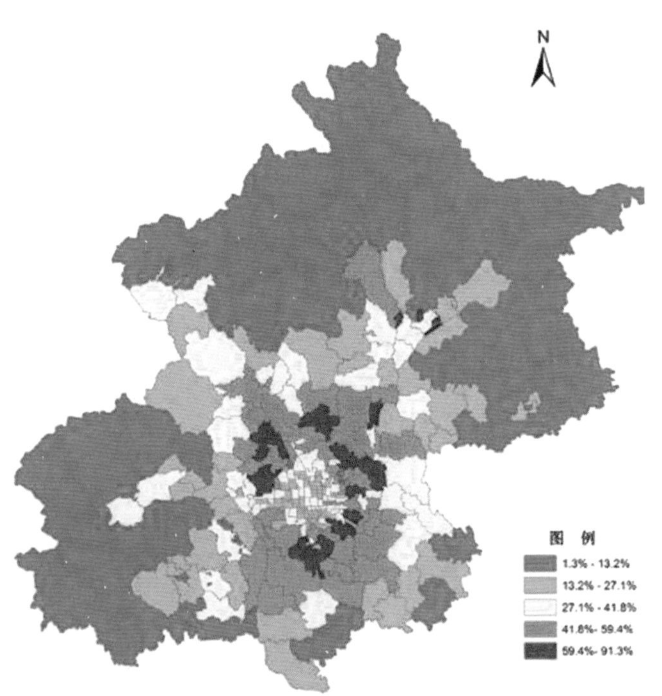

图2-2　2010年北京市各区县常住外来人口比重分布图

资料来源：北京市全国第六次人口普查数据．

专栏 2-3　走进北京“蚁族”生活现状

“蚁族”是当下对生活在“城中村”的毕业学生的一种形象描述。在中国尤以北京唐家岭村最为典型，在这个小到跑上一圈用不到一个小时的村子里，至少居住着十万左右的刚毕业或者毕业不久的学生，以大学生居多。租住房屋大到十几平方米，小到几平方米。这些房子毫无质量可言。

2010 年，北京市启动 50 个旧村的拆迁改造工作，唐家岭村整体拆迁，“蚁族”们从唐家岭搬到附近不拆迁的村庄，又出现一个个新的“唐家岭”。

▲ “蚁族城中村”—唐家岭街道。

▲ 北京旧城普通四合院现状

资料来源：清华大学建筑学院课程作业，2009 年 .

2.2 严峻的生态环境危机

2.2.1 建设用地大规模无序扩张

1. 建设用地迅速增长

根据中科院地理所对遥感影像的解析，2000—2010 年，京津冀地区建设用地（包括城乡居民点及其以外的工矿、交通等用地）总计增加 5347 平方公里（几乎相当于北京平原地区的总面积）。京津两大城市建设用地增长占京津冀地区增长的 57%，其中北京年均增长 94 平方公里，天津年均增长 74 平方公里。

京津冀地区新增建设用地的使用强度显著低于 2000 年时的状况，河北、天津表现更为突出，人均新增建设用地分别达到 241 平方米和 250 平方米，北京也超过 200 平方米，远远超过国家规范。

2. 中心城市建设用地无序蔓延

城市近郊农村土地的无序开发，使得城市建设用地无序蔓延。以北京为例，建设用地的扩张集中在主城区五六环之间的近郊地带，其间的第二道绿

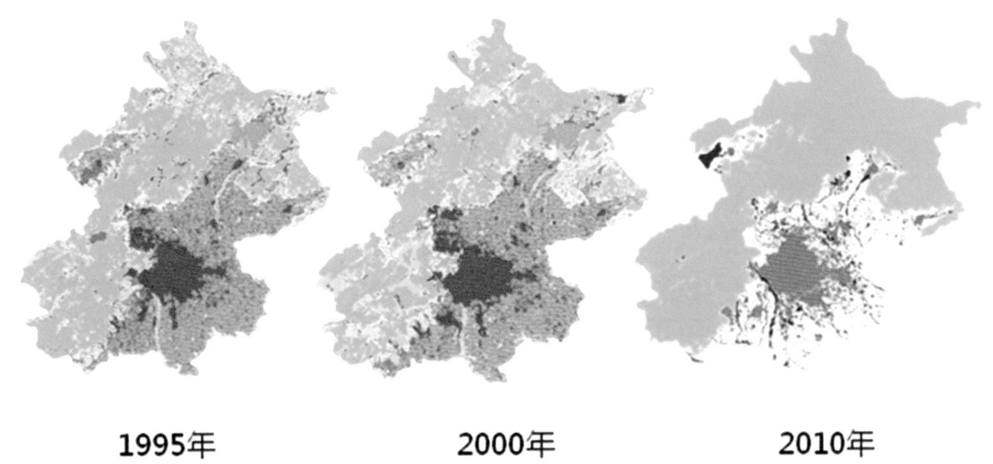

图2-3 北京城市建设用地扩张示意图

资料来源：北京市规划委员会．北京总体规划实施评估，2010.

化隔离带被不断被蚕食。《关于北京城市总体规划（2004—2020年）实施情况评估工作的意见和建议》指出，北京“中心城人口和产业过度集中的局面没有得到根本改变，摊大饼式的城市发展格局依然没有得到有效遏制。”根据卫星遥感的解译，北京平原地区6000多平方公里土地中，建设用地已经接近50%，接近伦敦、巴黎等世界城市同等范围的用地开发强度，北京的基础设施和平原地区的生态承载力难以支撑北京每年90余平方公里的建设速度。此外，天津主城区的近郊地区，主城区与滨海新区之间的地区，建设用地增长也非常显著，湿地空间遭到侵占。

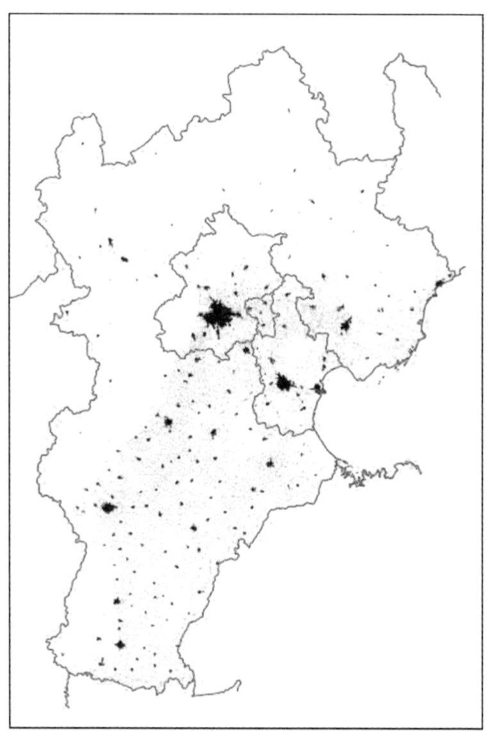

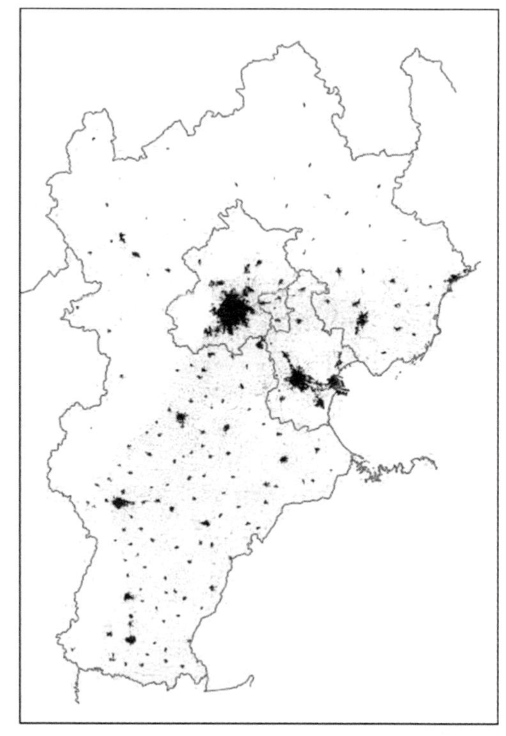

图2-4　京津冀两市一省城乡建设用地变化情况图（左：2000年，右：2010年）

资料来源：根据中科院地理所遥感数据解译．

2.2.2 水危机日益严峻

京津冀地区的生态建设一直受到高度重视。从20世纪80年代起，先后实施了“21世纪初期首都水资源可持续利用规划”、“京津风沙源治理工程”，“河北省京津周围绿化重点工程”。通过多年来的植树造林、水土保持、点源污染治理，京津冀西北部地区的生态环境有了一定改观。根据水利部卫星遥感资料，张家口永定河流域2007年水土流失面积比2000年减少24%，官厅水库泥沙淤积量由20世纪80年代末的900多万吨,下降为不足100万吨，密云水库入库水长期保持二类水质。但是京津冀地区整体生态环境仍非常脆弱，特别是水资源的危机越发突出。

1. 水资源短缺

受到全球和区域气候变化的影响，京津冀地区降水量连年减少，区域水资源总量严重下降。2007年人均水资源量仅为259立方米/人，居全国十大流域之末，仅为以色列人均水平的76%[4]。未来10~20年，根据水利部海河水利委员会的《海河流域综合规划》，京津冀地区需水量将从2010年的314.6亿立方米，增加至345.3亿立方米[5]，在地表水、地下水可供水量不出现较大变化，不考虑外调水和非传统水源情况下，京津冀地区缺口将从2010年的30.7亿立方米，增加至61.4亿立方米。

水资源短缺导致地表水环境退化，河道断流，湿地消失。京津冀地区早期水利开发以兴建山区水库为重点，至2005年海河流域已修建大型水库34座，控制山区面积85%。上游建水库，筑坝拦截，整个流域用水失衡，中下游湿地萎缩。据统计，京津冀地区常年断流（断流时间超过300天）河段占45%，自然湿地大量消失[6]，河床大面积荒芜和沙化，永定河、漳河等多沙河道已成为风沙源头。

地表水短缺，使地下水成为很多地区最为主要的水源，地下水超采引起一系列环境地质灾害，更危及人民生活安全。根据统计，海河流域平原区

2007年地下水超采量达到81.6亿立方米，其中河北省地下水超采量最大，占全流域的74%，在山前平原形成11个较大的地下水漏斗，面积达1.82万平方公里，超过区域面积的10%，其中石家庄漏斗中心埋深已超过50米，唐山、保定、衡水、石家庄、邯郸、邢台、天津、沧州等地都出现地面塌陷和沉降的现象。

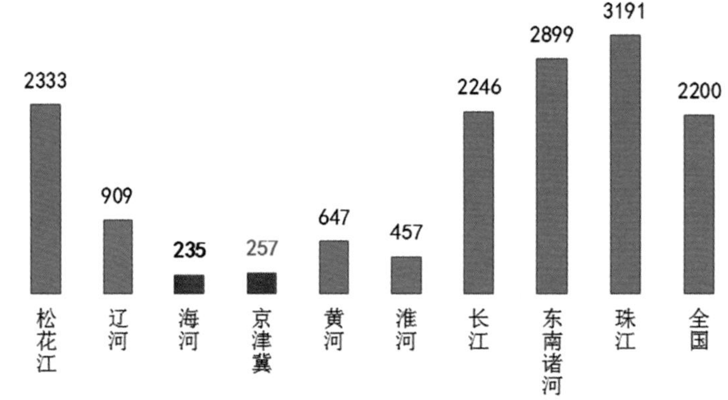

图2-5　全国和主要水资源一级区人均水资源量

资料来源：根据水利部海河水利委员会．海河流域生态环境恢复水资源保障规划整理．2005.4.

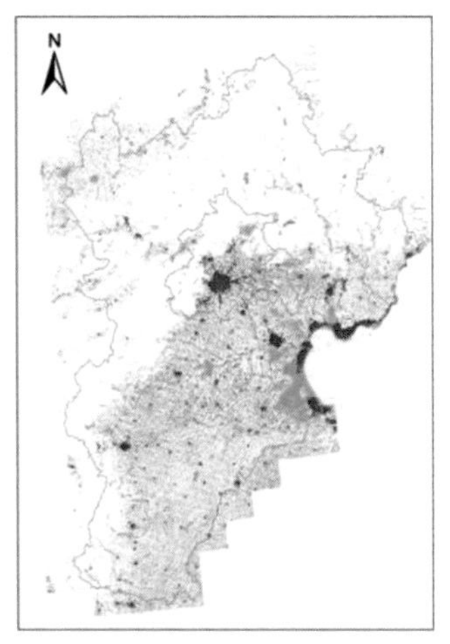

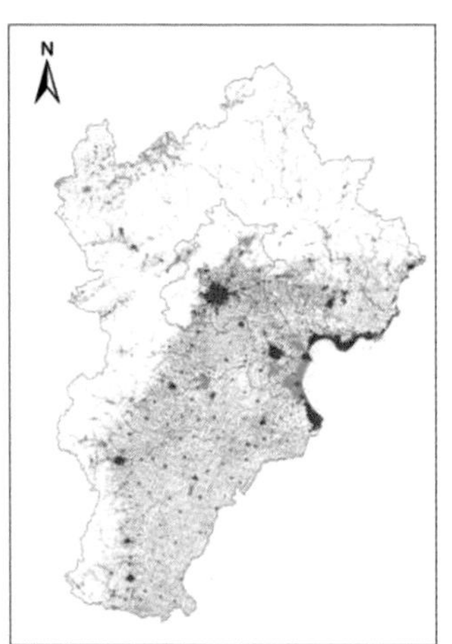

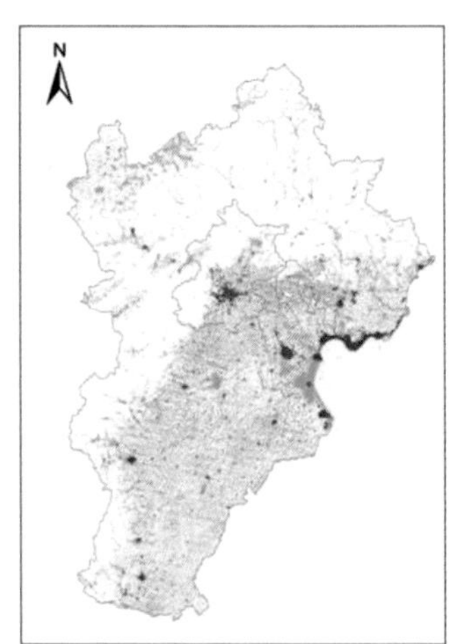

图2-6　1980-1995-2000京津冀地区湿地系统(广义)和城乡建城区分布比较

图2-7　桑干河河道断流

图2-8　河北省张家口官厅水库库区下游

资料来源：2007 年网络资料 .

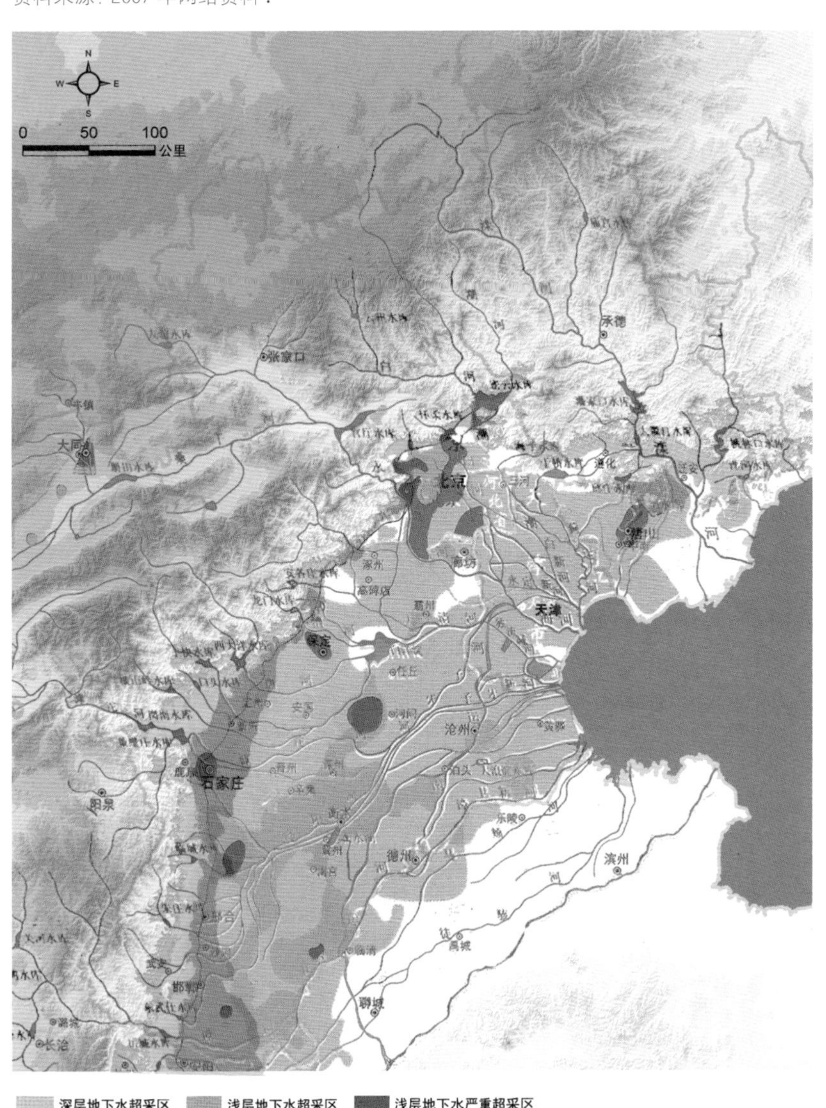

图2-9　地下水超采破坏程度图

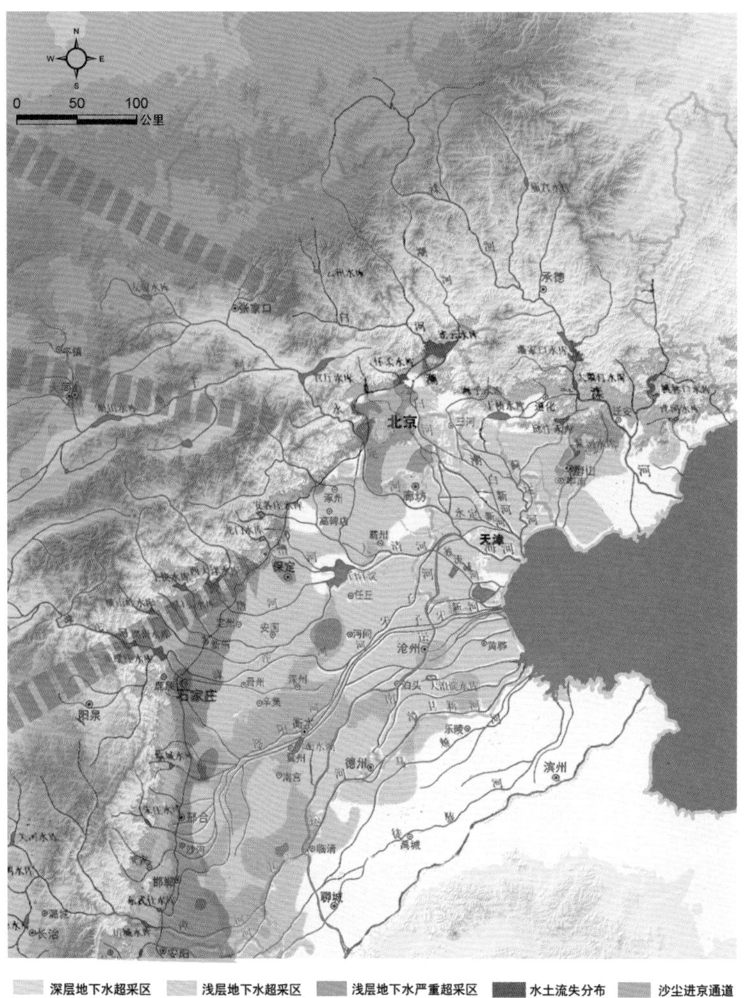

图2-10 大地环境破坏图

资料来源：根据2009年．环境质量公报、2011年海河流域水资源公报、2003年水利部海河水利委员会土地保持监测中心站 数据整理绘制．

图2-11 河北出现多处地缝

资料来源：网络资料．

2. 水污染严重

京津冀地区也是我国水污染最严重的流域。据 2007 年调查，全海河流域废污水入河量 45 亿吨，水功能区有 72% 达不到相应的功能区水质标准，国控断面中劣Ⅴ类断面占到 44.3%。地表水污染也侵害了地下水水质，根据报告，目前京津冀地区地下水处于严重污染的局面。

此外，由于陆源工业和城市污水大量排放，沿海地区重化工业发展导致渤海湾海洋环境恶化，渤海近岸海域环境污染趋势尚未得到根本遏制 [7]。近年来，环渤海规划开发沿海经济带、经济新区将进一步加大渤海环境压力。

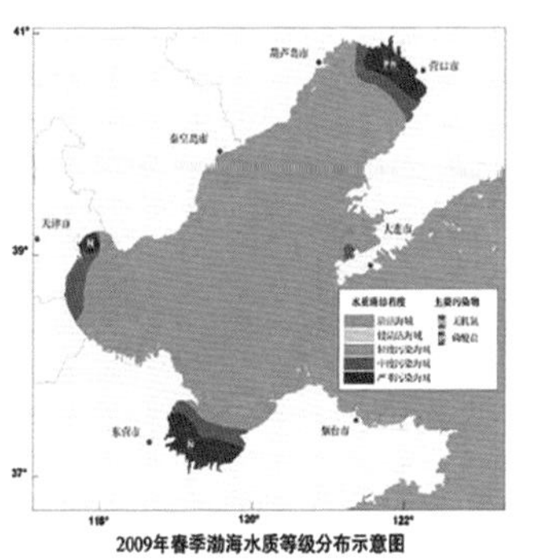

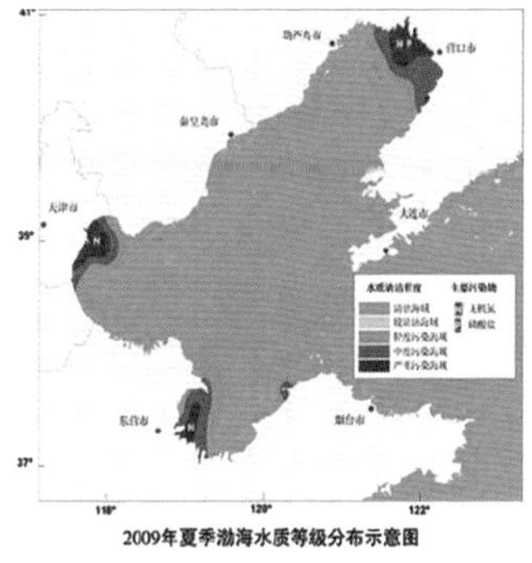

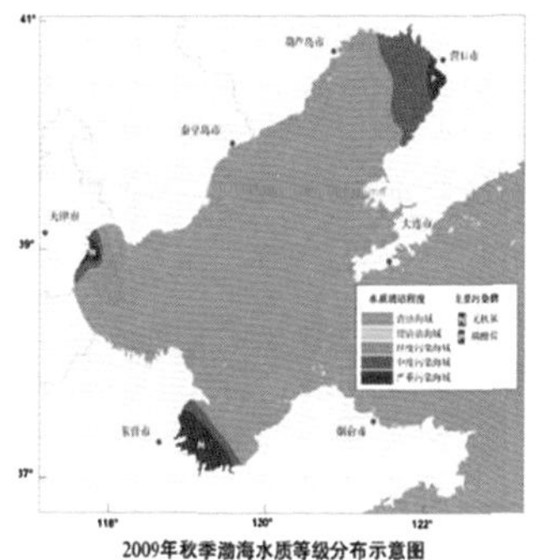

图2–12　2009年春夏秋渤海水质等级分部示意图

资料来源：2009 年渤海海洋环境公报 .

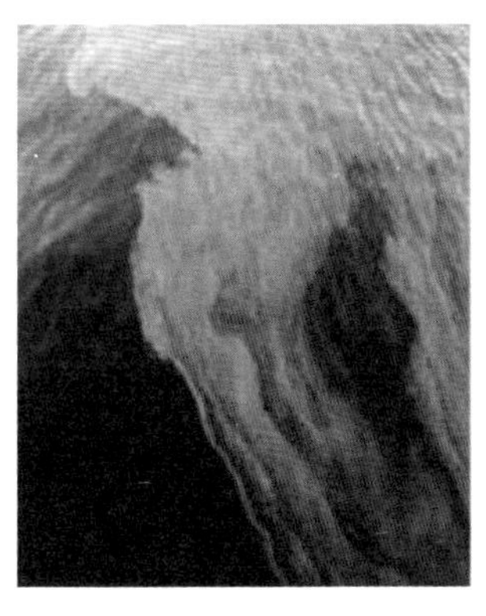

图2–13　受污染的渤海海域

资料来源：网络资料 .

3. 水灾害频生

在全球气候变化和极端天气增多的背景下，海平面上升和暴雨内涝将带给城市新的挑战。

海平面上升引起的海水入侵，对沿海地区的农业发展和城市安全造成了巨大影响。2010 年，京津冀地区主要海水入侵严重区分布于河北秦皇岛、唐山和黄骅滨海平原地区。据海洋灾害公报统计京津冀地区沿海受到海洋灾害（海浪、赤潮、海冰）造成的直接经济损失为 3.69 亿元（天津市和河北省）。[8] 根据 2010 年中国海洋灾害公报，我国沿海海平面平均上升速率为 2.6 毫米 / 年。预计未来 30 年，河北沿海海平面将比 2009 年升高 72 ~ 118 毫米，天津沿海海平面将比 2009 年升高 76 ~ 145 毫米 [9]。

此外，随着城市规模的扩大，城市热岛效应越发显著，城市暴雨和内涝的发生频率显著增加。

图 2–14　2011年6月北京市内涝情景

资料来源：网络资料 .

2.2.3 大气环境问题愈发突出

京津冀地区主要城市空气质量依然呈下降趋势。虽然常规污染有所好转，但以高浓度的细颗粒物（PM2.5）和高浓度的臭氧为特征的污染趋于恶化。受区域性地形条件的限制和静稳气候条件的影响，大气污染物在区内停滞、转移，极易形成二次污染物和复合污染。京津冀地区成为大气污染的重灾区，大气环境问题更加突出。

北京奥运期间的大气污染区域联防联控表明，区域性污染会对城市大气环境造成非常显著的影响。

（1）区域性灰霾

灰霾又称大气棕色云，中国气象局《地面气象观测规范》中灰霾被定义为“大量极细微的干尘粒等均匀地浮游在空中，使水平能见度小于 10 千米的空气普遍有混浊现象，使远处光亮物微带黄、红色，使黑暗物微带蓝色。”随着国家《环境空气质量标准（GB 3095—2012）》和《环境空气质量指数（AQI）技术规定（试行）（HJ 633—2012 ）》的颁布实施，在细颗粒物（PM2.5）为代表的新标准要求下，京津冀地区空气质量达标率急剧下降，严重污染天数迅速增加。京津冀地区空气污染源主要位于北京、天津沿海、河北中南部和东北部等地区，受制于区域性南北主导风和燕山山脉等阻隔影响，北京成为区域性灰霾污染的重灾区。随着区域内外工业化进程、汽车保有量和能源消耗的剧增，区域大气悬浮颗粒物 PM10 和 PM2.5 的浓度有较明显的上升趋势，且近年来风力大于 5m/s 的天数显著减少，京津冀地区的灰霾天气明显增加。由 1961 年的 6.5d/10 年上升到 38.7d/10 年。2000—2013 年，北京共发生近 200 次重污染天气，其中霾污染几乎占了重污染天气总数的一半。[10]

图2-15　FY-3A气象卫星雾监测图像

资料来源：中国气象局国家卫星气象中心．

图2-16　北京市灰霾天气

资料来源：中新社发，玉龙摄．

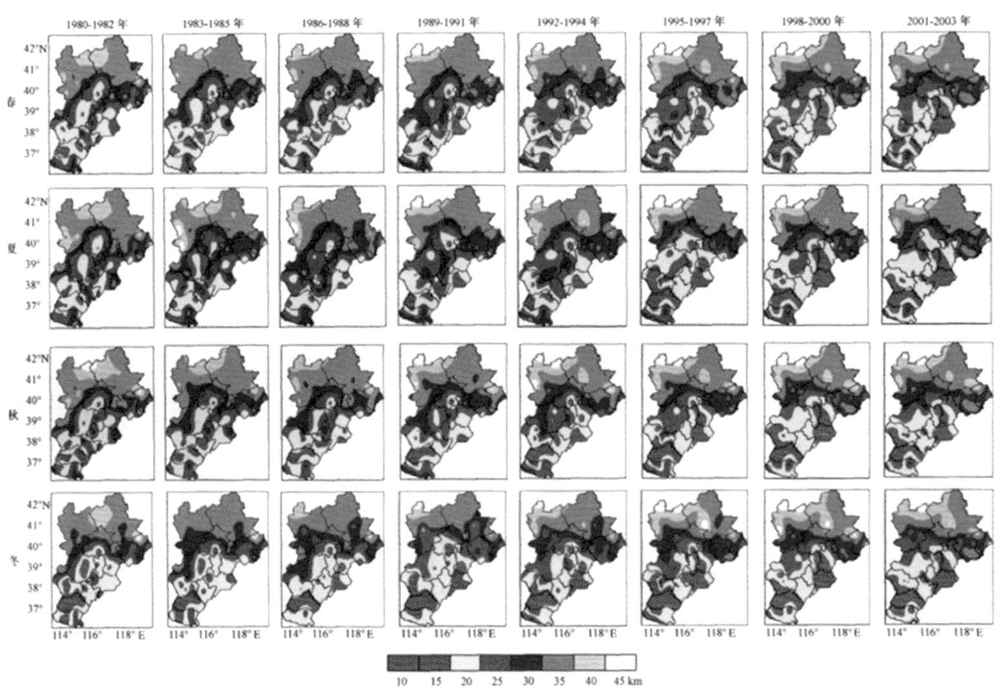

图2-17　1980-2003年京津冀地区春、夏、秋、冬四季能见度中值变化趋势

资料来源：范引琪，李春强．1980-2003 年京津冀地区大气能见度变化趋势研究 [J]．高原气象，2008，27 (6)．

2. 光化学污染

光化学烟雾指的是一系列对环境和健康有害的化学品，是氮氧化物和挥发性有机物等一次污染物及其受紫外线照射后产生的以臭氧为主的二次污染物所组成的混合污染物。臭氧是光化学烟雾的主要成分，近地臭氧与臭氧层不同，后者是阻挡紫外线的屏障，而前者却损害人体健康，危害植物生长。光化学烟雾主要发生于大城市城区，1998 年北京发生过光化学烟雾现象，近年来臭氧污染严重。

目前光化学污染并未引起京津冀的广泛重视，仅北京市进行了相关研究，对北京市和近郊区进行臭氧来源解析表明，北京市和近郊区的臭氧除了来自本地、大兴和通州以外，还来自于天津、河北省南部的保定、廊坊等地区。

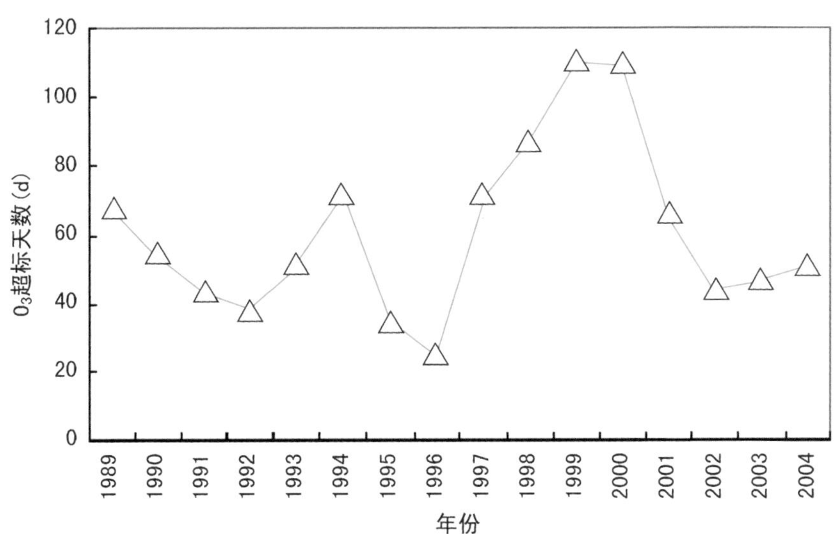

图2-18　北京市近地层O_3超标日的年际变化

资料来源：北京大学环境学院．北京市大气环境二次污染控制对策研究．北京市科技专项“北京市空气质量达标战略研究”课题，2006.

图2-19 京津冀空气污染地图

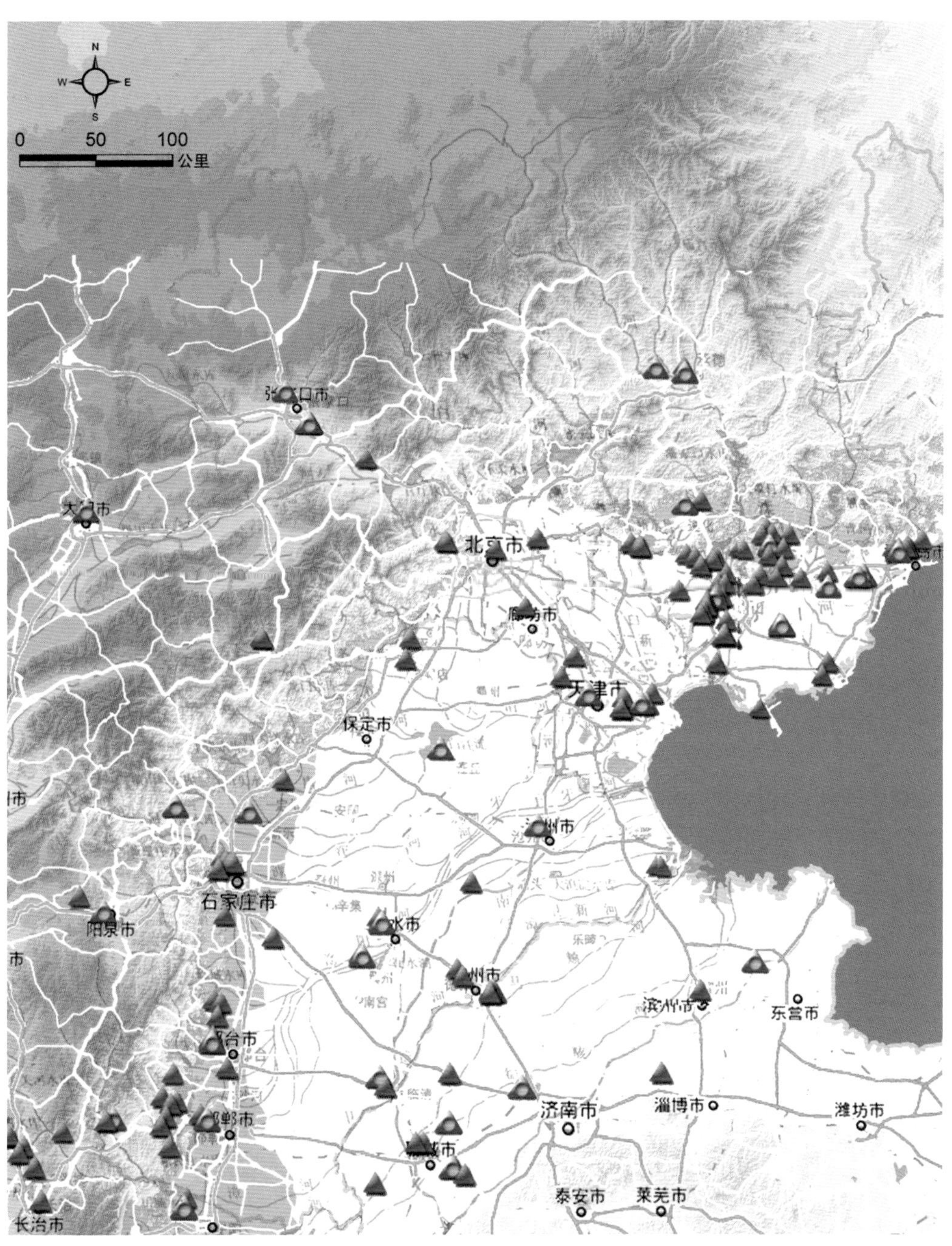

图2-20　京津冀废气重点监控企业分布图

数据参考：中国大气污染源定位报告，共众研究环境中心，2011.

专栏 2-4	人口密集地区的生态环境问题

京津冀山前地区是区域中上风上水的地区，但由于集中了过多的大气污染源，不仅严重影响了本地大气环境，对于平原地区的大气环境品质也造成不良影响。在区域大气环流和山区地形限制的共同作用下，人口和产业快速增加的山前地区大城市，发生光化学污染和灰霾的概率越来越高。

交通污染对区域环境的影响越来越大。整个京津冀区域，柴油车排放是造成区域雾霾的第二大成因；城市地区，机动车是 PM2.5 的最大来源，占北京地区 PM2.5 来源的 1/4。

与长三角地区比较，京津冀地区机动车发展过快。京津冀地区经济总量约为长角地区的 1/2，而机动车保有量则约为其 2/3，人均机动车保有率高于长三角地区。城市交通小汽车比例偏高，公交、非机动车交通服务水平低；区域运输公路货运比例偏高，铁路货运能力不足，以环渤海地区的港口集疏运交通为例，铁路集疏运比例平均比重不足 2%，而发达的国际化港口通常在 20% 以上。研究表明，在等量运输的情况下，铁路、公路、航空的能耗比为 1 ∶ 9.3 ∶ 18.6，铁路的二氧化碳排放量仅为公路运输的一半。道路机动车交通过快的发展模式带来了一系列的环境、能源、土地问题，不是可持续发展的运输模式。

京津冀和北京地区 PM2.5 的来源

京津冀		北京	
机动车	16%	机动车	22%
煤炭燃烧	34%	煤炭燃烧	17%
工业、外来输送扬尘、餐饮和其他	50%	施工扬尘	16%
		工业挥发	16%
		农村养殖、基础焚烧	5%
		外来	24%
	100%		100%

资料来源：2012 年 01 月 14 日京华时报，《北京副市长详解 PM2.5 来源 八项应对措施》，2013 年 02 月 18 日新华网，《中科院：燃煤及机动车为京津冀强霾污染元凶》。

2.3 区域发展协调不足仍未改观

近年来，京津冀地区围绕水资源、生态环境保护和交通设施建设方面，开展了较为广泛的区域合作，但区域发展不协调的局面仍未有所改观。

2.3.1 区域发展不平衡的状况依然显著

1. 河北省与北京、天津之间差距依然巨大

2000 年发表的《京津冀城乡空间发展》一期报告，就把京津冀描绘为“发达的中心城市，落后的腹地”。时隔多年，这一状态非但没有缩小，反而呈现扩大的趋势。河北省经济总量在京津冀地区占比逐步下降，从 2000 年的 55.3% 下降到 2010 年的 46.9%。与之相关的政府财政收入、人均 GDP 等指标与京津的差距也在扩大。发展落差的不断扩大既不利于解决京津两大核心城市由于人口和产业聚焦带来的资源环境问题，也使得河北省在承接产业转移、接受经济辐射方面存在明显的困难，在与京津间产业竞争与合作方面处于弱势地位。经济发展的差距也反映出人口分布的区域不平衡，2000—2010 年期间，京津冀地区城镇总人口和城镇人口分布的不均衡性显著提升，北京、天津以及周边的河北县市区，如廊坊市区、三河、宝坻区等人口进一步集聚发展，而广大的河北省，除了个别的市区等外，人口增长相当缓慢。

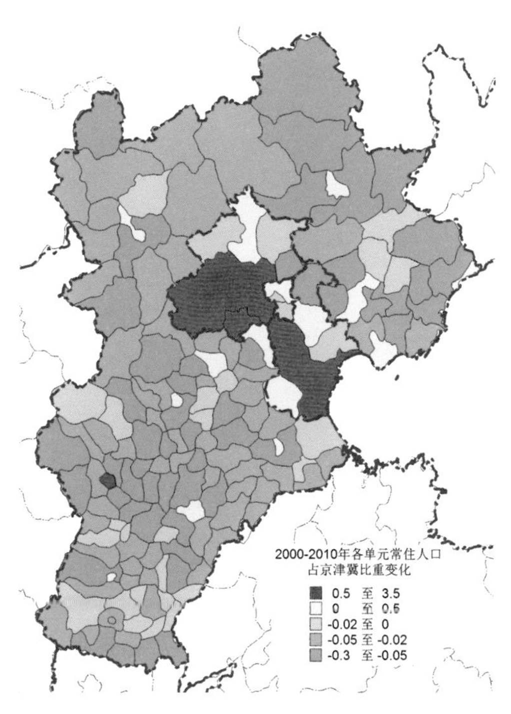

图2-21　2000-2010年京津冀各县市区常住人口占京津冀比重变化

资料来源：第五次、第六次全国人口普查数据．

表 2-1　京津冀区域城镇人口分布的均衡性变化

	2010 年总人口均值	2010 年非农人口均值	2010 年城镇人口均值
指标 1	652533	171077	366949

	2000 年总人口均值	2000 年非农人口均值	2000 年城镇人口均值
指标 2	563140	162629	219827

	总人口均衡度变化	非农人口均衡度变化	城镇人口均衡度变化
指标 3	51.30	−11.82	52.93

专栏 2-5 与京津冀地区相比，长江三角洲省际差距在逐步缩小

（1）在经济总量方面，江苏、浙江两省经济发展的速度超过上海，上海经济总量占沪苏浙两省一市的比重从 2000 年的 23.8% 下降到 2012 年 18.4%。

（2）在经济质量方面，2000 年的江苏省人均 GDP 仅为上海的 42%，2012 年却达到上海的 80.3%，浙江人均 GDP 与上海的比重也从 2000 年的 47% 增加到 2012 年的 74.4%。

（3）在政府财力方面，江苏、浙江占沪苏浙财政收入的比重逐年上升，从 2000 年的 62% 增长到 2010 年的 68%。

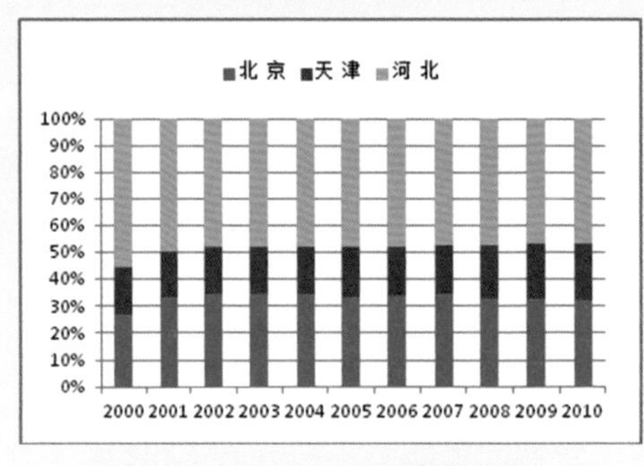

▲ 京津冀地区分省市生产总值份额

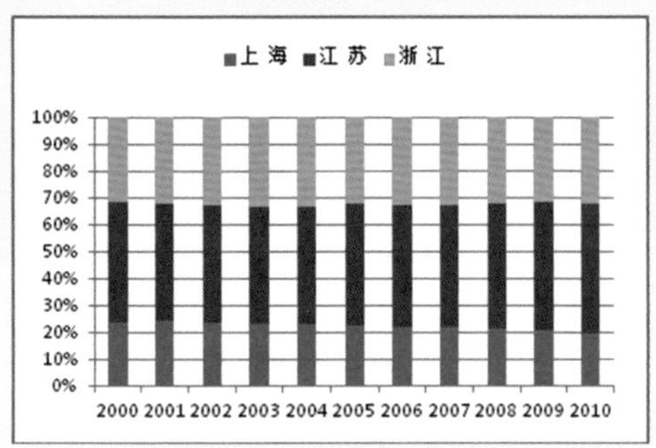

▲ 长三角地区分省市生产总值份额

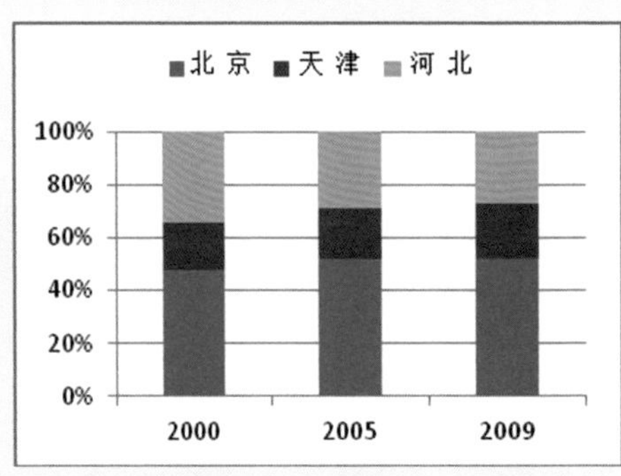

▲ 京津冀分省市财政收入份额

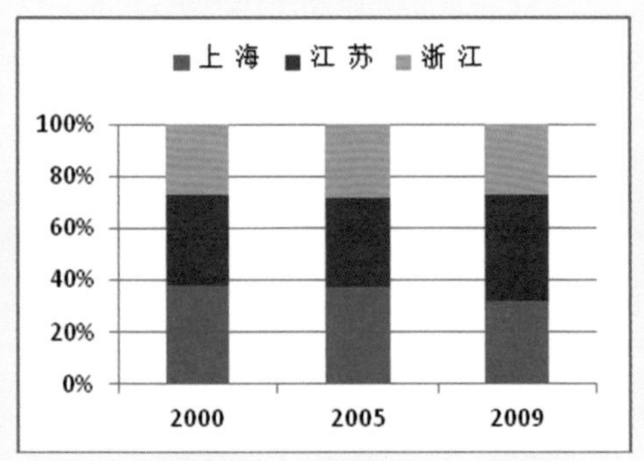

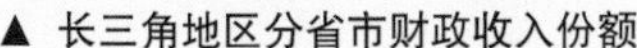

▲ 长三角地区分省市财政收入份额

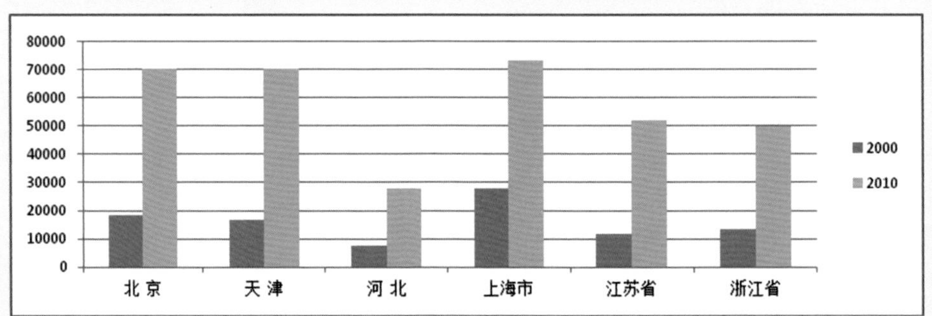

▲ 京津冀、长三角地区分省市人均 GDP（人口按照五普、六普常住人口计算）

资料来源：《中国统计年鉴》、《中国统计摘要 2013》，第五次、第六次全国人口普查数据．

2. 贫困与发展问题困扰京津冀西部、北部山区

1994 年国家实施“八七”扶贫攻坚计划以来，河北省环首都贫困带有近百万贫困人口实现了脱贫。但是，初步解决温饱的贫困人口返贫率较高，因灾、因病、因学返贫现象经常出现。根据河北省扶贫办提供的数据，2009 年河北省环京津 24 个贫困县的农民人均收入、人均 GDP、县均地方财政收入仅为京津远郊区县的 1/3、1/4 和 1/10。[11] 京津冀西部、北部山区，特别是环首都地区为改善生态环境，采取限制工业等产业发展等生态涵养措施，与改善当地贫困人口生计，促进经济发展之间存在矛盾，依靠地方政府自身力量难以解决。

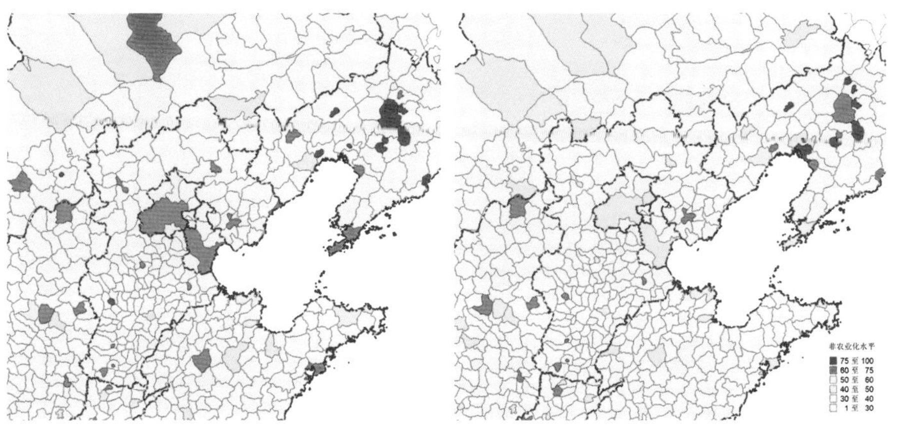

图2–22　2000–2010年大北京地区非农人口水平（左：2000年，右：2010年）

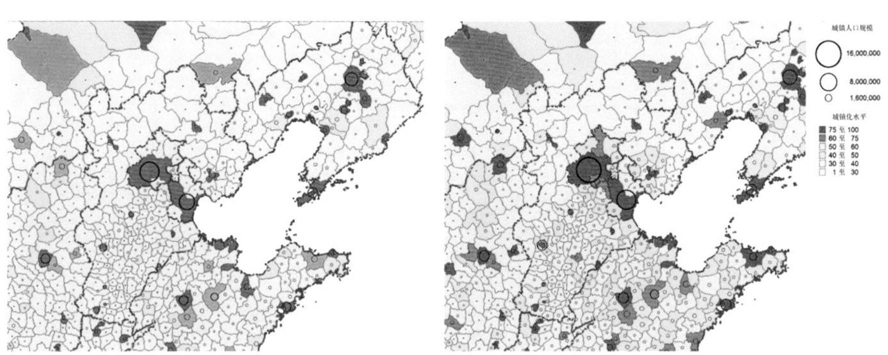

图 2–23　2000–2010 年大北京地区城镇化水平与城镇人口规模（左：2000 年，右：2010 年）

资料来源：《中国统计年鉴》、《中国统计摘要 2013》，第五次、第六次全国人口普查数据 .

3. 中小城市服务能力不足，城乡差距继续扩大

京津冀地区尽管县域经济有了较大的发展，但与特大城市相比，中小城市的发展仍显不足。城乡收入差距扩大的趋势依然存在。河北省城镇居民全年人均家庭收入与农村居民家庭人均纯收入的比值，从 2000 年的 2.28 扩大到 2009 年的 2.86。

专栏 2–6	京津冀与长三角、珠三角城镇网络比较

北京所在的京津冀与长三角和珠三角相比，区域城市的经济规模、人均状况等要低很多。在长三角地区，除了龙头城市——上海市外，南京、杭州、苏州、无锡、常州、宁波以及扬州、泰州、镇江、南通在整个区域经济中都占有重要地位，发挥重要作用，除此以外，昆山、太仓、张家港、常熟、江阴以及嘉兴、绍兴等中小城市也成为网络状城镇体系结构中的重要地理单元和节点；除了香港、广州和深圳等区域中心城市外，在珠三角地区，沿着珠江东西两岸更是有规律分布有东莞、惠州、佛山、中山、珠海、澳门以及江门、肇庆等城市，形成了都市连绵区空间形态；在京津冀地区，北京、天津“鹤立鸡群”，在特大城市北京和天津之间，缺少长三角的“南京、杭州、宁波、苏州、无锡”等级别的二级城市，更缺乏昆山、江阴、常熟等外向型经济和民营经济高度发达的中小城市，即使是与北京濒临的保定、廊坊、承德和张家口等，其经济总量和经济结构都不能与长三角、珠三角等地区的区位和交通条件类似城市相提并论。

资料来源：清华大学建筑与城市研究所．北京总体规划实施评估，2010.

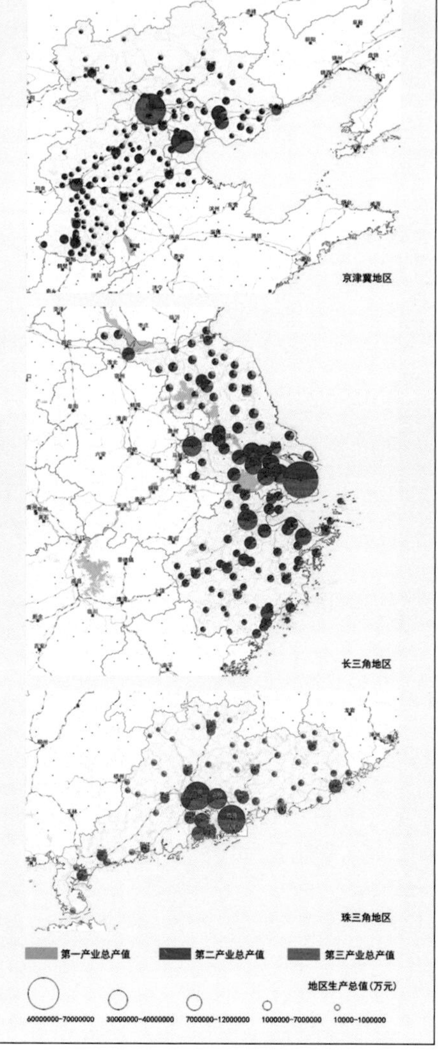

▶ **京津冀地区、长三角地区、珠三角地区生产总值及其构成情况**

资料来源：《中国区域经济统计年鉴 2008》，中国 2007 县级单位主要指标统计．

2.3.2 区域协调发展机制难以建立

京津冀地区跨流域、跨地区的协调工作，比如大气环境治理、水环境渤海海洋环境的保护等，始终没有形成有效机制，在跨区域协调层面上难以解决。两市一省出于对地方利益和当前利益的考虑，难以站在区域和长远的角度思考问题，自觉解决。北京在土地资源紧张，人口压力巨大的情况下，为了应对金融危机，要把北京建设成为全国高端制造业的重要基地[12]，其中在2015年汽车工业产值在国内省市和主要城市排名进入前列[13]；天津集中精力发展滨海新区，大力发展现代制造业，难以顾及与河北沿海地区的协调；河北发展“环首都绿色经济圈”，要紧贴北京建设三个百万人口的新区。迫切需要建立有效的合作协调机制，避免无序竞争，实现区域整体发展。

注 释

[1] 未来 20 年中国将形成京津冀、长三角、珠三角、成渝和辽中南五大城市经济区域，以及山东半岛等 10 个人口 - 产业聚集区，这些区域是未来我国城镇发展和人口流入的重点地区。——住房和城乡建设部城乡规划司，中国城市规划设计研究院编 . 全国城镇体系规划（2006—2020 年）. 商务印书馆 . 2010

[2] 人们对中国人口峰值时间和人口规模的预测也不断变化。20 世纪 90 年代普遍认为 21 世纪中叶达到 16 亿人的峰值，到本世纪初一般认为 2040 年左右达到 15 亿人口峰值。联合国《世界人口展望 2004》中估计，中国人口 2030 年达到 14.46 亿的峰值。国家人口计生委 2003 年的预测结果是，中国 2015 年人口在 14.03~14.19 亿之间，2020 年在 14.34~14.54 亿之间，2030 年在 14.51~14.83 亿之间（人口顶峰），2050 年在 13.76~14.4 亿之间。

[3] 北京作为首都有三个特殊背景 : 权力高度集中的体制 ; 强烈的首都情结 ; 庞大的全国人口规模。这三个背景是北京发展的比较优势。独具一格的比较优势使得北京具有一般城市罕见的超强集聚力，催生人口规模膨胀。北京市人口规模基本稳定有两个主要条件 : 一是全国城市化基本完成，二是全国总人口基本稳定。引自 : 胡兆量 . 北京人口规模的回顾与展望 . 城市发展研究，2011[4]。

[4] 清华大学水利系水文水资源所 . 2011.7。

[5] 水利部海河水利委员会 . 海河流域综合规划 . 2010.4:14。

[6] 邹逸麟 . 黄淮海平原历史地理 [M]. 合肥 : 安徽教育出版社，1993:176-181。

[7] 国家海洋局北海分局 . 2009 年渤海海洋环境公报，2010。

[8] 国家海洋局 . 2010 年中国海洋灾害公报，2011。

[9] 国家海洋局 . 2009 年中国海平面公报，2010。

[10] 唐傲寒等，北京地区灰霾化学特性研究进展，中国农业大学学报，2013, 18(3):185-191。

[11] 武义青，张云．环首都绿色经济圈：理念、前景与路径．中国社会科学出版社．2011。

[12] 北京市“十二五”时期工业布局规划。

[13] 北京市“十二五”时期汽车产业发展规划。

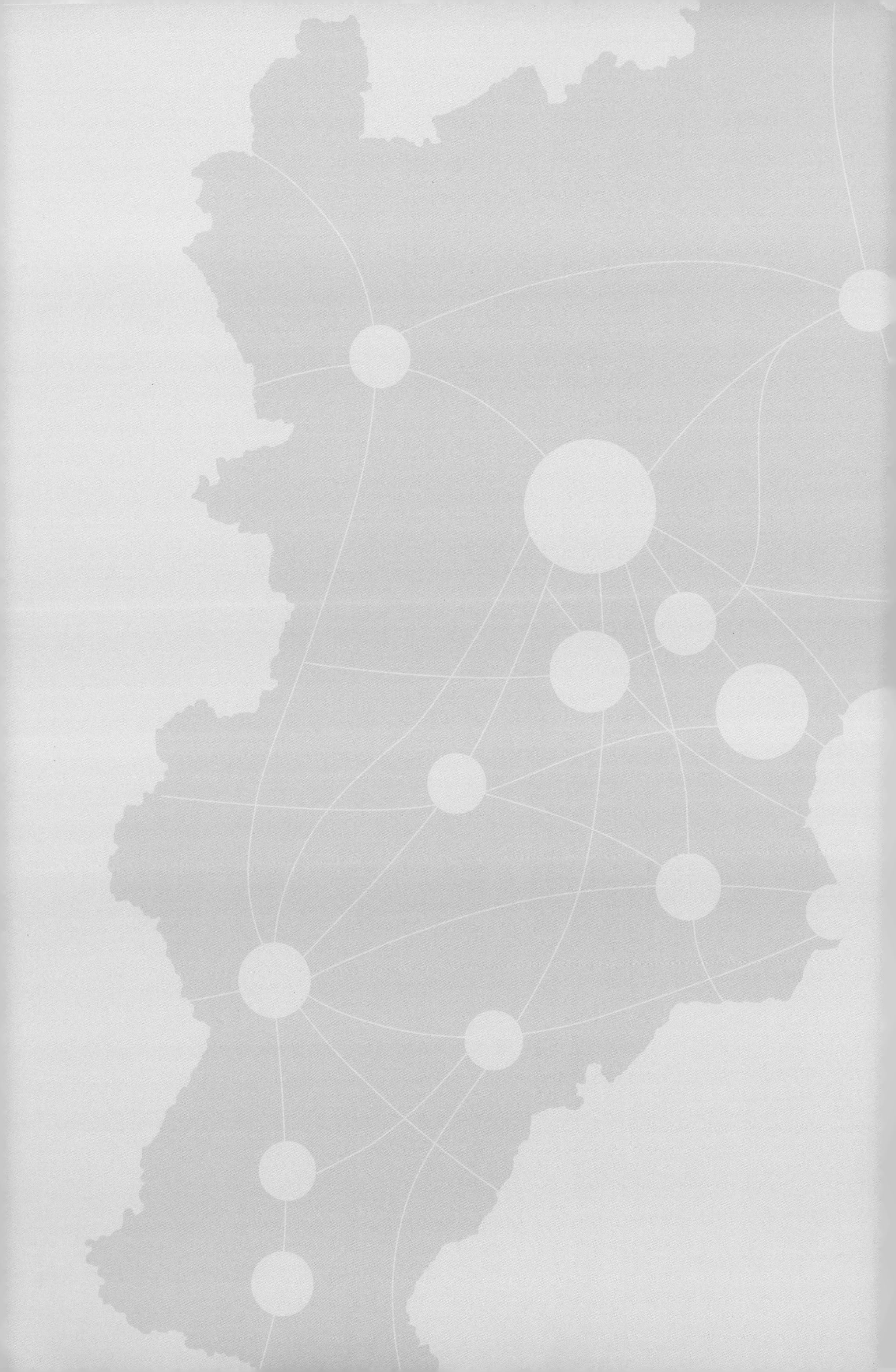

3

推动京津冀地区转型发展的共同路径

3.1 共同构建多中心的“城镇网络”

3.2 共同构建京津冀相互协调的综合交通体系

3.3 共同创造安全健康的“生态网络”，创建美丽中国的典范之区

3.4 共同维护和发展京津冀地区“文化网络”，打造引领中国文化复兴的首善之区

在产业、人口、资源、环境、交通等方面，京津冀两市一省既拥有重大的共同利益，也面临严峻的共同问题。这些问题仅靠一省一市的力量难以有效解决，必须通过区域协调合作加以整体谋划。

如果说一期报告侧重于理论和理念，二期报告侧重于空间格局，那么本期研究则着重提出推进京津冀地区转型发展的“共同政策”和“共同路径”。这一“共同路径”，即落实国家的转型发展的总体要求，根据京津冀各自的发展条件，发挥各自的优势，统筹京津冀两市一省各自的发展道路，逐步统一区域发展观，形成“共同目标”和“共同纲领”；在生态保护、交通基础设施建设、社会保障和公共服务体系建设、区域文化发展等涉及“公共利益”的方面拟定“共同政策”，并付诸于“共同行动”；逐步完善区域协调机制，组织“共同机构”，以便更好的解决那些难以解决的重大问题。

探索“共同路径”，需要建设有秩序的、多中心的、相互协调、相辅相成的“城镇网络”、“交通网络”、“生态网络”、“文化网络”。通过“四网协调”，突出人居环境建设的质量，而不是数量；促进生态文明，而不是“GDP 文明”；促进区域间、城乡间的公平和均衡发展，而不是过度重视大城市、大项目和短期的效率；突出京津冀两市一省的合作协调，而不是过度竞争。

3.1 共同构建多中心的“城镇网络”

根据第五次、第六次人口普查的数据，京津冀地区城镇人口从 2000 年的 3517 万人增加至 2010 年的 5871 万人，平均每年有约 235 万人进入城（镇）。京津冀城镇化率从 39% 提升到 56%，年均增加 1.7 个百分点。如果未来京津冀地区总人口达到 1.3 亿左右（见 2.2.1 节），城镇化率达到 70%，预计还将有约 3500 万人进入城（镇）。若依然延续当前京津两极极化的城镇体系（见 2.2.2 节），京津冀如此庞大的新增城镇人口，定将成为京津两大城市难以承受之负。

专栏 3-1	多中心大城市地区

“多中心大城市地区”（Polycentric Mega-city Region，MCR）作为一个新的现象，出现于当今世界高度城市化的地区，比如美国的10大城市地区、Peter Hall和Kathy Pain领衔研究的西北欧的八个大城市地区[1]等。这些大城市地区在形式上表现为一群形态上分离，但功能上相互联系的城镇群，聚集在一个或多个较大城市的周围，通过一系列劳动分工显示出巨大的经济力量。这些城镇既为本地居民提供较为充足的就业岗位，同时也会有大量的商务人流通过高速公路、高速铁路等与其他城市相联系。

“多中心大城市地区”既是一种地理现象，也越来越被作为国家和区域发展的政策目标。比如，在国家和跨国区域尺度上，“欧洲空间发展展望”（ESDP），提出了关于多中心化的核心政策目标——“在欧洲城市体系中进一步促进多中心”，立足于各个地区的传统优势，发挥各城市的特色，提高城市在欧洲产业分工中的参与度，带动本地区的发展，实现区域均衡和谐发展。在美国，多中心被列入美国2050远景规划的重大议题，面对人口快速增长和资源的短缺，美国2050远景规划将未来的国家发展战略集中于10个特大城市地区，提出要促进这些特大城市地区多中心结构的完善，加强内部的产业分工协作，加强城市间的交通联系，提高整体竞争力。在区域尺度上，英国东南部地区、日本首都圈、大纽约地区等，为了解决中心城市面临的增长压力，从20世纪50年代起，就提出了多中心的规划战略，其中一些新城、新区发展到今天，已经成为多中心的大城市地区的一部分。

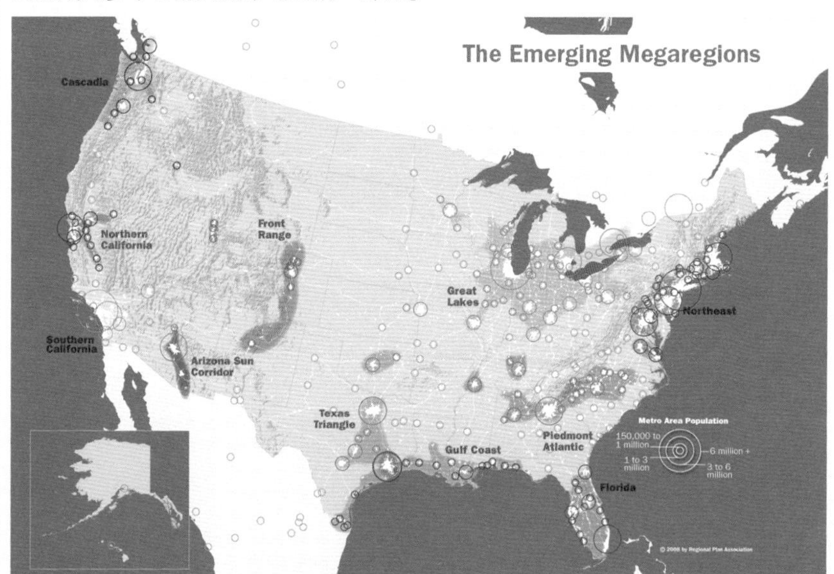

▲ 美国2050确定的10个国家“特大区域”

资料来源：(1) Peter Hall. The polycentric metropolis learning from mega-city regions in Europe Earthscan Publications Ltd.2006. (2) America 2050: A prospectus.

为此，迫切需要建立可以承载如此大规模城镇人口的“多中心城镇网络”，改变以往在政策上支持和放任特大城市、高行政级别城市快速聚集发展的传统模式，兼顾效率与公平，实现大、中、小城市和农村地区的共同繁荣，促进包容性发展。这是京津冀城镇化发展的必然选择，通过“多中心城镇网络”改善特大城市面临的交通、环境压力，给予中小城市更多的发展空间和机会，实现乡村地区与城市的统筹发展。

京津冀共同建设“多中心的城镇网络”，既要“自上而下”地引导首都政治文化功能、中关村为龙头的研发教育功能、天津滨海新区为龙头的现代制造业在京津冀区域的疏解与有序集中，提高京津两大核心城市对区域的服务和辐射作用；又要鼓励“自下而上”的发展，市场主导，政府服务，促进县域经济发展，改善农村地区人居质量，造就更具活力的中小城市，促进中小城市产业发展。

3.1.1 共同实现首都政治文化功能的多中心发展

国家首都的核心功能是政治和文化功能。政治和文化功能的有序运作，直接影响国家的政治决策力、外交影响力、经济控制力、科技创新力、文化推动力和持续发展力的有效发挥。以更长的期限，从更大的区域范围布局首都的政治、文化功能，以及其衍生出来的旅游、交通、休养等职能，不仅可以在一定程度上解决当前北京面临的人口拥挤、交通拥堵等问题，保障首都核心功能的有序运作，还可以将首都优势转化为区域优势，促进京津冀地区的整体繁荣。

为此，本期报告提出首都地区多中心的政治文化功能空间框架，根据区位条件、资源禀赋，在三个空间层次合理有序的布置首都政治文化功能。

第一层次，首都政治文化功能核心区。为北京六环路沿线以内的地区

（半径 15~30 公里）。构建以天安门广场为核心，以旧城为载体，南北中轴线和长安街轴线构成的首都核心政治文化功能布局构架，布置国家行政、经济管理部门、文化中心等，集中体现首都作为国家政治和文化中心的形象。在充实既有建成区的文化设施之外，于主城边缘选择空间相对开阔的地区（可以结合北京总体规划提出的四大公园），以国家功勋纪念、自然科学与历史、科技创新史、对外交流史等为主题，设立国家纪念地或国家游憩地。

第二层次，首都政治文化功能拓展区。为北京六环至涿密高速一线地区（半径 30~70 公里）。在这一范围内选择几处交通便利、自然生态环境较好的位置，由国家和京津冀共同建设首都政治文化功能新区，集中容纳部分首都行政办公、教育科研功能，为首都人口提供居住、游憩空间。

第三层次，首都政治文化功能延伸区。为涿密高速以外地区（半径 50~300 公里）。这一地区将在水资源、生态环境、农产品、能源、港口运输等方面为首都功能的发挥提供支撑和保障。加强北京的支持力度，充分发掘这一地区自然景观和历史文化遗产资源，在西柏坡等地设立国家纪念地，在北戴河、承德、张家口、白洋淀、蓟县等地设立国家修养、游憩地。京津冀两市一省共同编制旅游规划，保护与开发旅游资源，推介旅游线路，提高这一地区旅游度假资源、遗产保护、自然风景名胜区的环境品质和建设水平。

首都政治文化功能的拓展与空间布局调整，将是一个长期的过程。既要正视 50 多年来中央人民政府已形成的现实——行政用地既不能作重大搬迁，也不能原封不动地全部留在原地；而要及时地、有效地、有步骤地“疏解”，分期分步地重构城市整体秩序。这是一项复杂的系统工程，建议由中央成立特别战略小组先行慎重研究。

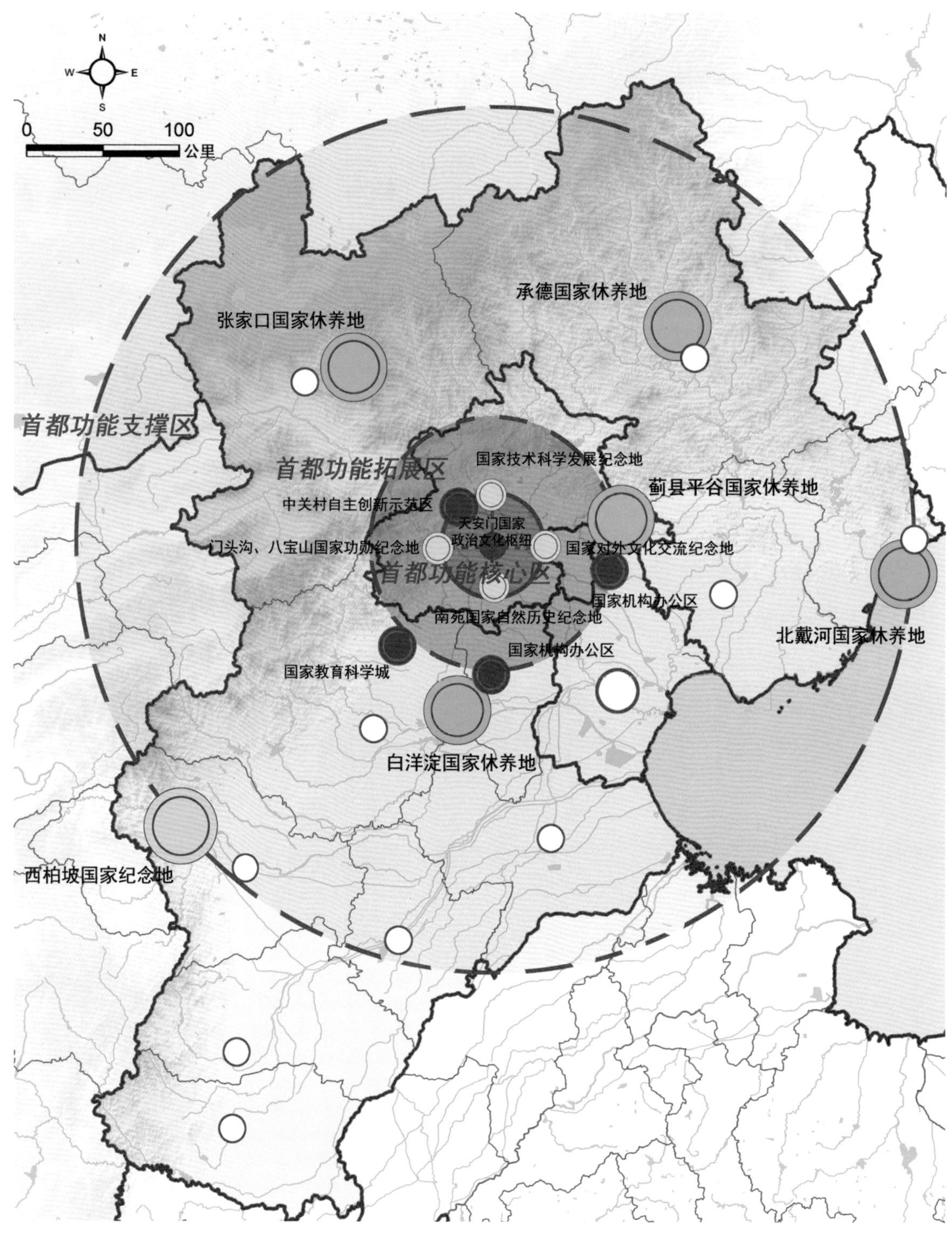

图3-1　首都政治、文化功能多中心布局示意图

3.1.2 共同推动京津冀若干战略性地区的协调发展

京津城市走廊和京津冀滨海地区是整个京津冀地区城镇化发展最有潜力的地区，也是竞争最为激烈、矛盾最为突出、合作需求也最为强烈的地区。未来应建立京津冀三方参与的长效协作机制，将京津城市走廊和京津冀滨海地区作为战略性合作地区，发展成为京津冀多中心城镇网络的核心区域，使得京津冀区域从以北京为核心的单极时代、继而京津为核心的两极时代，进入以京津走廊和滨海地区为引领的多极时代。

第一，共同强化京津走廊

（1）进一步明晰北京、天津、廊坊的产业定位，促进城市间的分工协作。北京突出四大定位，突出国家首都职能和对区域的服务职能，主要发展文化、创新、金融等职能；天津突出国家航运中心的职能，主要发展贸易、物流、现代制造等产业。京津之间的廊坊，应作为河北省发展的前沿，一方面应利用紧邻京津特大城市的区位条件，利用京津的产业辐射，积极引进高新技术企业和面向生产的服务业企业，满足京津产业区域拓展的需求；另一方面，利用已有的产业基础，比如香河、霸州、大厂等特色的产业集群，大力发展县域经济，突出自主发展。

（2）提高科技创新能力，共同建设世界级创新走廊。拓展中关村自主创新示范区，在京津走廊上划定一些地区，选择若干城镇组团，给予人力资源、融资等方面的支持，积极引进现代管理人才和机制，形成包含研发、成果转化、高新技术制造在内的发达的世界级创新走廊。

（3）进一步推进京津走廊的同城化，鼓励人流、信息流流动。研究京津第三通道、京津第二城际轨道、京津郊区铁路对接的可行性，为京津走廊地区的远郊新城、县城和外围城镇的发展提供条件；在公共交通、教育医疗、社会福利、环境建设等标准方面实现同城化要求，以实现公共服务设施的共建、共享，为未来京津冀地区实现真正的同城化进行试点。

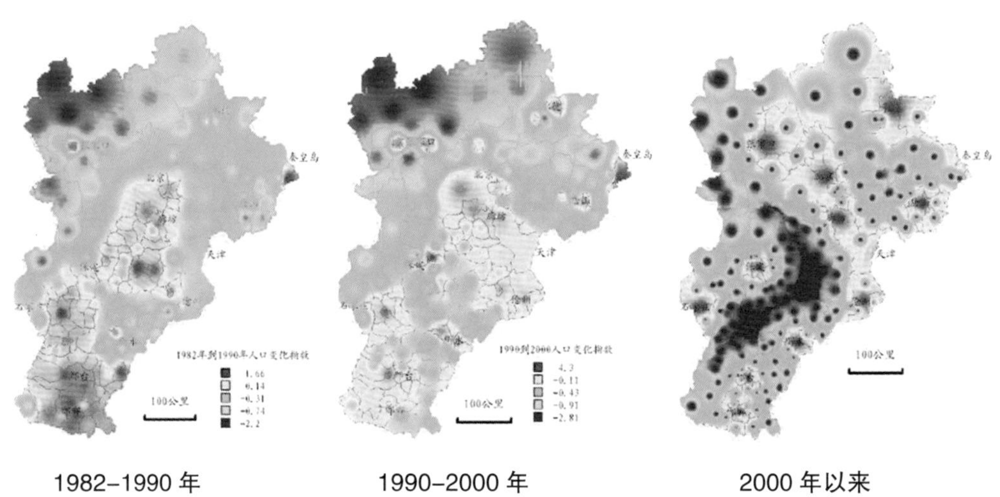

图3–2　京津冀地区人口变化情况

资料来源：清华大学建筑与城市研究所．北京 2049，2009.

说明：2000 年以来京津走廊与沿海地区表现出人口的显著快速增长．

第二，共同推动京津冀滨海地区产业和人口的有序聚集

（1）扩大天津滨海新区先行先试的示范效应，在河北省唐山、沧州、秦皇岛市沿海地区扩大天津滨海新区政策的适用范围，形成京津冀地区的“大滨海新区”。

（2）以天津滨海新区为龙头，继续加强滨海新区航运服务、现代制造业方面的龙头地位，同时在工业项目引进、土地开发等方面探索天津与河北沿海地区合作的可能方式，实现沿海地区产业的协调发展。

（3）妥善处理沿海地区工业化与城镇化的关系。京津冀沿海滩涂缺乏宜居的自然环境（或改造成本过高），客观上要求居住地适当远离海岸；而沿海地区工业发展多为重工业为主导，宜紧邻港口或岸线布局。在起步阶段，京津冀沿海地区工业化和城镇化在空间上是分离的。同时，由于京津冀沿海地区有大量工业开发区、出口加工区、保税园区、物流园区、生态城等等，极易形成分散的发展局面，导致基础设施建设、环境建设和保护的成本过高。因此，未来京津冀滨海地区应将发展集中于天津、唐山、沧州、秦皇岛沿海有限的港口和临港空间，因地制宜，重点建设，避免遍地开花。

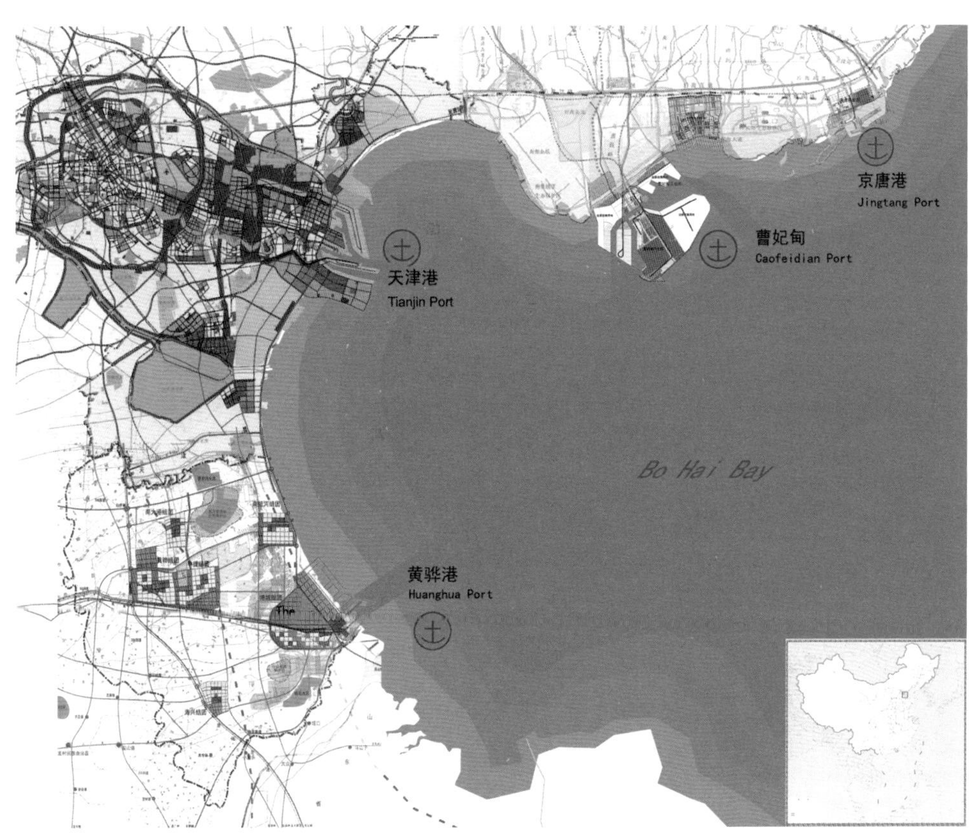

图3–3 京津冀沿海地区规划态势图

资料来源：清华大学建筑与城市研究所．北京 2049，2009．

说明：本图由 2009 年天津、唐山、沧州已批准的城市总体规划拼合而成．

3.1.3 共同推动管理体制改革，提高县域发展的自主性

积极发展京津冀次级中心城市，提高县域发展的自主性。在土地、资金、人才等方面放松对中小城市发展的政策性制约，均等配置教育、医疗、科技服务等公共服务资源，提高中小城市自主发展的能力。

继续强化发展河北省中心城市（石家庄、唐山、保定等），形成京津冀地区的次级中心城市。因地制宜，积极发展县域经济，构建县域公共服务网络，促进河北省若干县城（如冀州、任丘、定州等）的发展，形成若干发达的中等城市。

至本世纪中叶，京津冀地区形成规模级配更加合理，中小城市更加发达的城镇体系。

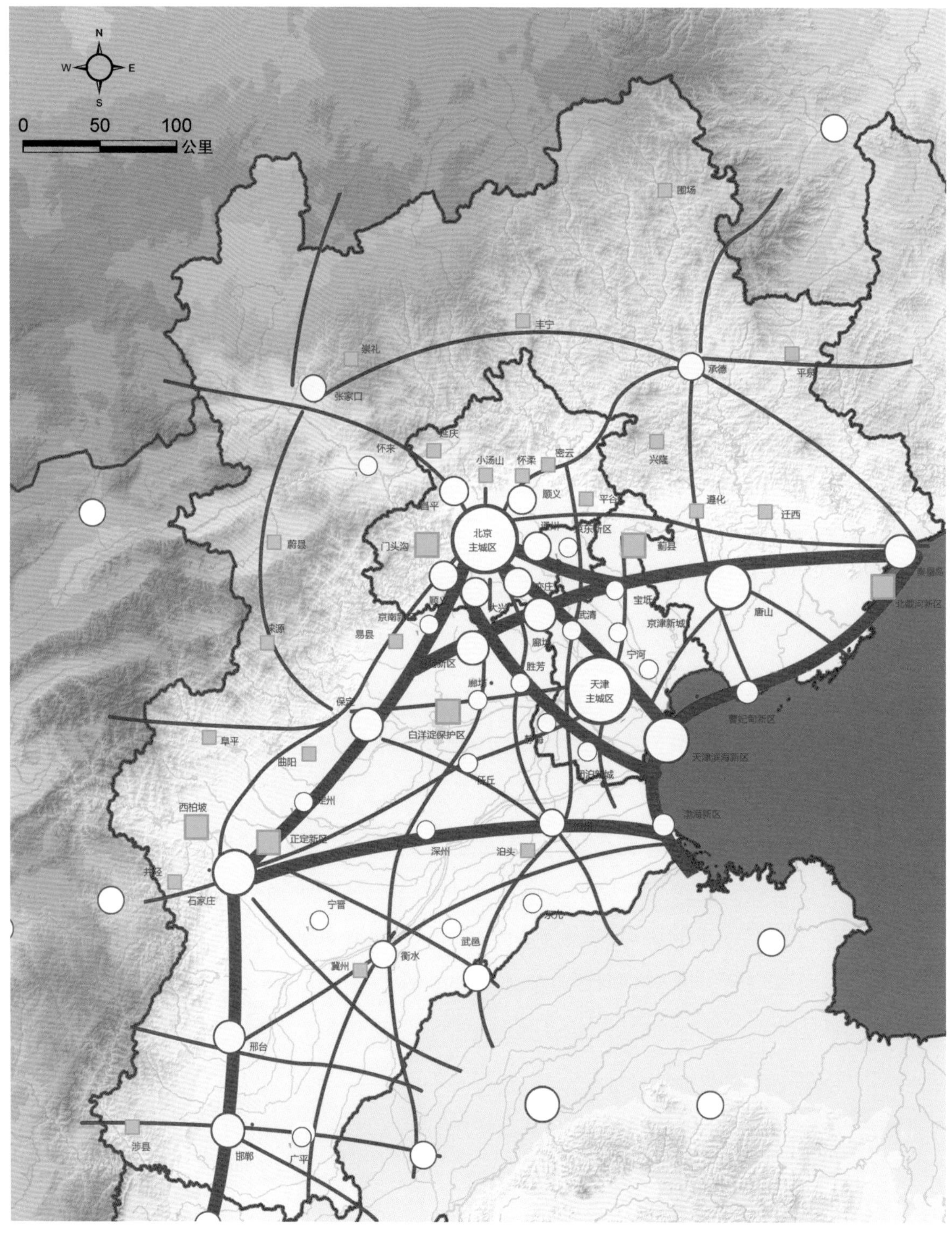

图3-4　京津冀地区多中心城镇网络示意

表 3–1　京津冀地区城镇体系构想

城市人口级别	个数	典型城市
1000 万	1	北京主城区
500 万	1	天津主城区
300 万	3	天津滨海新区、石家庄主城区、唐山主城区
200 万	4	保定市区、邯郸市区、沧州市区、廊坊市区
100 万	10	邢台市区、衡水市区、秦皇岛市区、张家口市区、承德市区、黄骅市区、通州、顺义、亦庄、河北京东新城、京南新城、畿辅新区中心区等
50 万	20	北京房山、大兴、昌平、天津武清、河北燕郊、香河、正定、任丘、鹿泉等

专栏 3–2　顺平县神南镇总体规划

顺平县是 2012 年新公布的国家扶贫开发工作重点县之一，神南镇位于顺平县西北部深山区，产业基础较差，基础设施和公共服务设施薄弱，2011 年神南镇农村人均纯收入仅 1733 元，属于较为贫困的乡镇。

神南镇拥有丰富的旅游资源、独特的村镇景观和良好的生态环境，具有太行山区独特的景观、文化特色，境内有龙潭湖自然风景区、白银坨自然风景区、唐河漂流景区等，每年吸引来自京津石等城市的 30 多万游客。

清华大学建筑学院的四年级小城镇规划教学，选择神南镇作为对象，进行教学研究工作。学生们经过现场调研、专题研究和总体规划三个阶段的学习，其中一组同学在规划中提出了建设“太行山前第一镇”的构想。

在产业方面，发挥神南镇生态优势，以旅游产业为主导，建设生态绿镇；在空间布局方面，构建“谷 – 镇 – 山 – 村”的空间结构，在分区治理下，发展和谐小镇；在农村发展方面，凝聚优势，以公共服务设施建设引导镇区和村庄的集群式发展；在发展机制方面，政府与企业合作，对村镇进行整体品牌营销，塑造旅游产品的品牌效应。

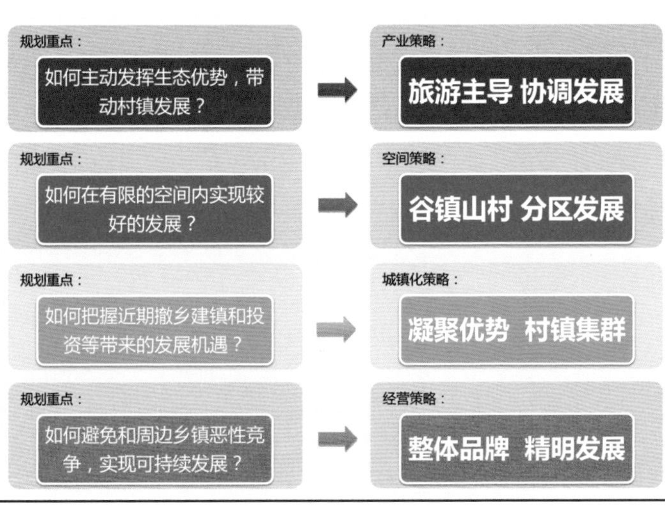

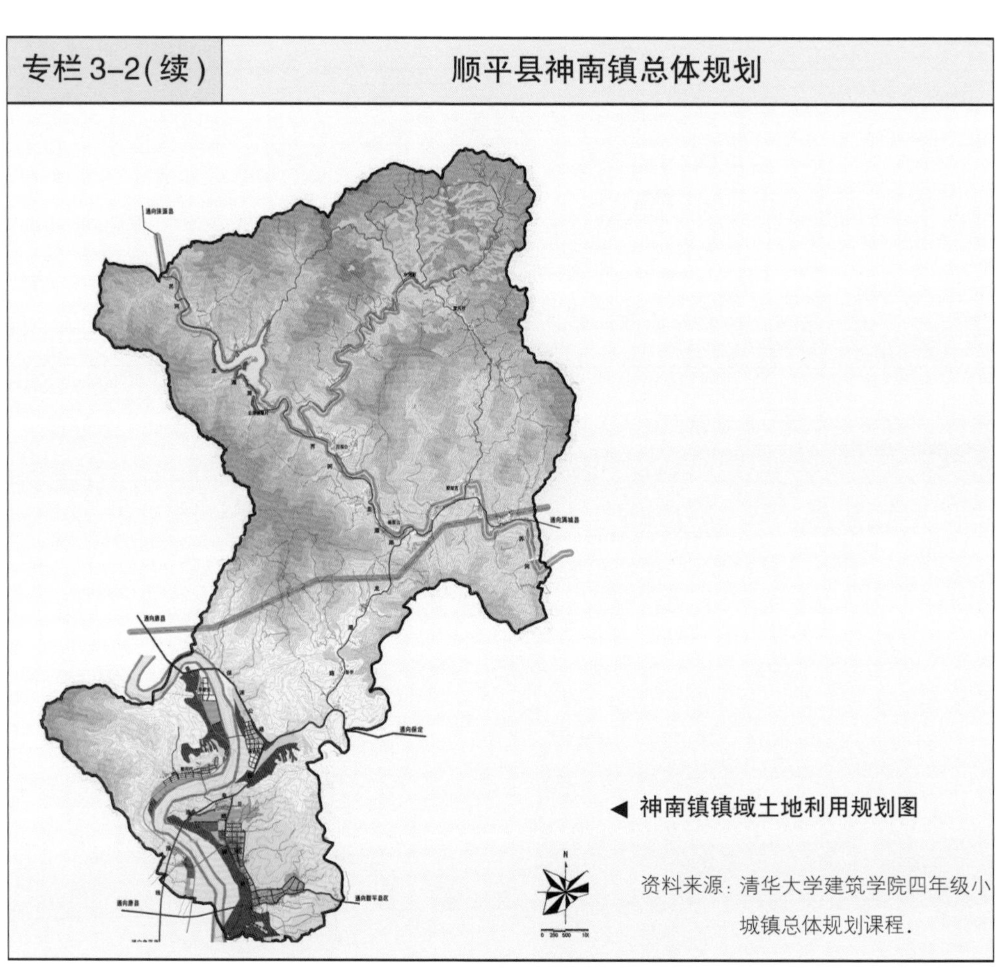

◀ 神南镇镇域土地利用规划图

资料来源：清华大学建筑学院四年级小城镇总体规划课程.

3.2 共同构建京津冀相互协调的综合交通体系

消除区域壁垒，共建共享，形成京津冀相互协调，多种运输方式整合发展的更加高效、更加便捷、更加绿色的交通网络。

3.2.1 共同规划建设京津冀地区综合交通网络

1. 完善京津冀机场体系

与长三角、珠三角机场体系相比，京津冀地区呈现出明显的“一级独大”

局面，首都机场旅客吞吐量增长迅速，地面、空中交通容量紧张，而各中小机场发展不足。为避免北京“超级集聚”的进一步恶化，该地区应该形成一个以首都机场、北京新机场为枢纽，加上天津、石家庄、唐山、保定、沧州机场，再辅以各种政务航空、警务航空、商务航空、以及专机包机为业务内容的北京西郊机场的民用机场体系，这应该是一个比较合理、现实可行的方案。在这个体系中，首都机场和北京新机场可各自承担年 1 亿左右的旅客运输量；天津滨海机场、石家庄正定机场各自承担年 4000 万的旅客运输量；唐山、保定、北京西郊、沧州机场各自承担年 1000 万左右的旅客运输量。这样，京津冀区域的机场体系就可具备约 3 亿人次的民航旅客运输能力。

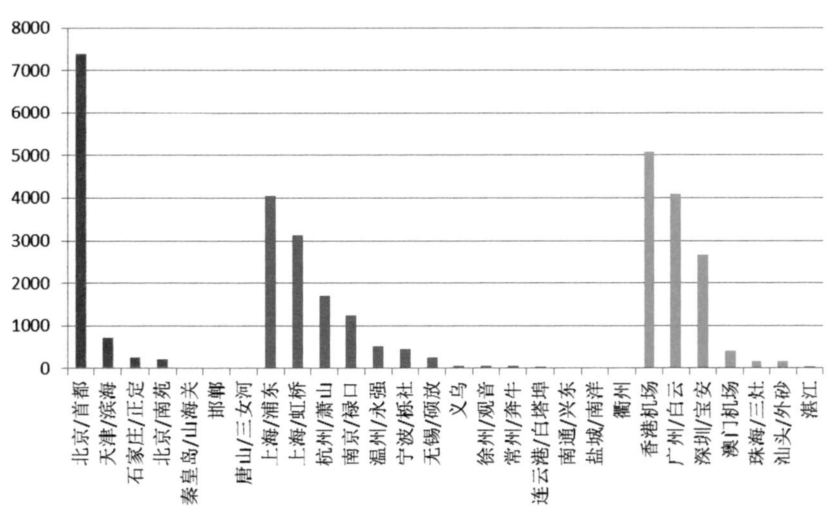

图3-5　京津冀、沪苏浙、广东与香港地区2010年民用机场旅客吞吐量比较图（万人）

资料来源：中国民用航空局发展计划司．从统计看民航[M]．北京：中国民航出版社，2011．

2. 整合京津冀港口体系

构建以天津港为龙头的渤海湾地区港口群，协调港口分工，打造港口联盟，通过港群企业的模式，强化沿海港口之间的合作。依托北京的服务优势，天津港大力发展航运金融、保税物流等航运服务业，发展附加值高的集装箱运输，不宜继续从事占地过多、疏港占用道路资源过多的大宗散货运输；秦皇岛、黄骅、唐山港等港口继续发展煤炭、矿石等大宗生产资料运输，提高机械化、自动化水平，提高运行效率，并与天津港合作，适时发展集装箱等高附加值运输。

强化京津冀沿海港口群之间的铁路集疏运系统，拓展腹地。大力发展铁路货运，建设向西部的煤炭运输通道。发展铁路集装箱运输，推进“海铁联运”，降低运输成本，从而减小高速公路的交通压力。建设邯黄、张唐铁路，改造大秦、朔黄铁路，增加石家庄、邯郸等内陆城市直通港口的通道。

深化港口物流合作，加快推进京津冀物流一体化进程，实现两市一省企业物流信息与公共服务信息的有效对接。协调港口运营发展，促进天津港集团与河北港口企业在航线开辟、经营管理等方面的合作。加强口岸通关合作，实施“属地申报、口岸验放”区域通关合作和检验检疫直通放行业务模式，发展保税港区、国际物流园区，争取跨关区、跨检区口岸直通试点，加强天津港、唐山港、黄桦港口岸与北京、石家庄等地内陆无水港之间的合作。

3. 完善区域公共交通体系

为了支撑京津冀地区多中心城镇格局，引导绿色出行，未来应促进公共交通系统的整合建设。

第一，城际（高速）铁路。城际铁路和高铁城际区段与既有国铁线路一起，作为京津冀地区城际交通的主骨架，承担20~50万人口以上县城、新城、新区与中心城市之间，及相互之间的商务、通勤出行。为促进首都功能的疏解，在北京东南部地区规划建设城际铁路半环线，沟通京石、京九、京沪、京津、京秦等高速铁路，接入北京新机场，缓解北京铁路枢纽的压力，并促进沿线城镇发展。

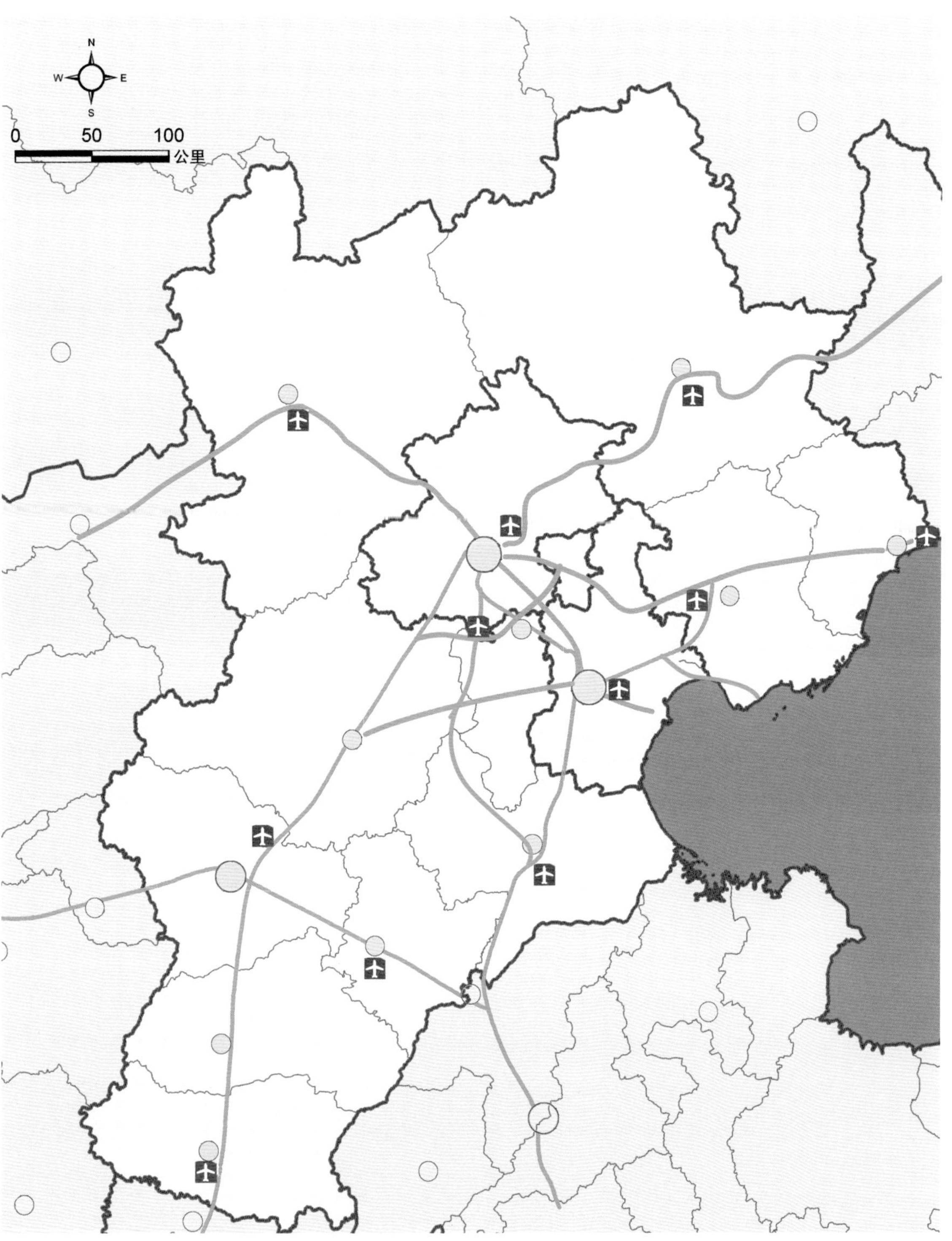

图3-6 京津冀地区高速铁路与机场示意图

第二，市郊铁路。将市郊铁路作为北京、天津及京津走廊长距离通勤出行的主要交通方式，建设联系北京、天津各新城、新区，廊坊、保定北部地区县城、10 万人口以上市（镇）之间的通勤市郊铁路主干线。市郊铁路的建设应考虑土地开发与交通建设的整合，以大站快线为主要组织方式，在可能的情况下尽可能利用既有铁路路由，降低建设和运行成本。

第三，城乡公共交通。在城际高速铁路、市郊铁路直接服务半径之外的地区，以城际客运（长途客运）、城市轨道系统、快速公交系统、公共客运支线等方式,实现对城际（高速）铁路、市郊铁路站点的喂给;并确保新城、新区、县城、10 万人口以上城镇与周边地区的服务。

3.2.2 整合多种运输方式，建设综合交通枢纽

抓住国家公路、铁路和航空行业管理部门整合的契机，整合多种运输方式，建设无缝换乘的综合交通枢纽，提升中心城市的区域服务能力，提高中小城镇出行的换乘效率，从而促进多中心城市格局的形成和完善。

根据地位和功能的不同，可以将综合交通枢纽划分为四个等级：

1. 国际门户

首都机场、北京新机场、天津滨海机场、石家庄正定机场、天津港、秦皇岛港（北戴河码头）等作为国际门户枢纽，服务国际商务、旅游人口，是京津冀地区面向世界的窗口。整合高速铁路、城际轨道交通，张家口、承德、唐山、沧州等支线机场网络，以及大连、青岛等游轮码头的海运航线，实现高速交通的无缝对接。

2. 国家枢纽

既有北京站、北京南站、北京西站、北京北站、天津站、天津西站、石家庄站等区域综合交通枢纽，是国家干线铁路网的重要节点，在枢纽规划设计上一方面设置便利的内部中转流线和相应服务设施，另一方面整合城市轨道线网使得北京、天津、石家庄三大城市出行人口能够通过枢纽迅速进入国

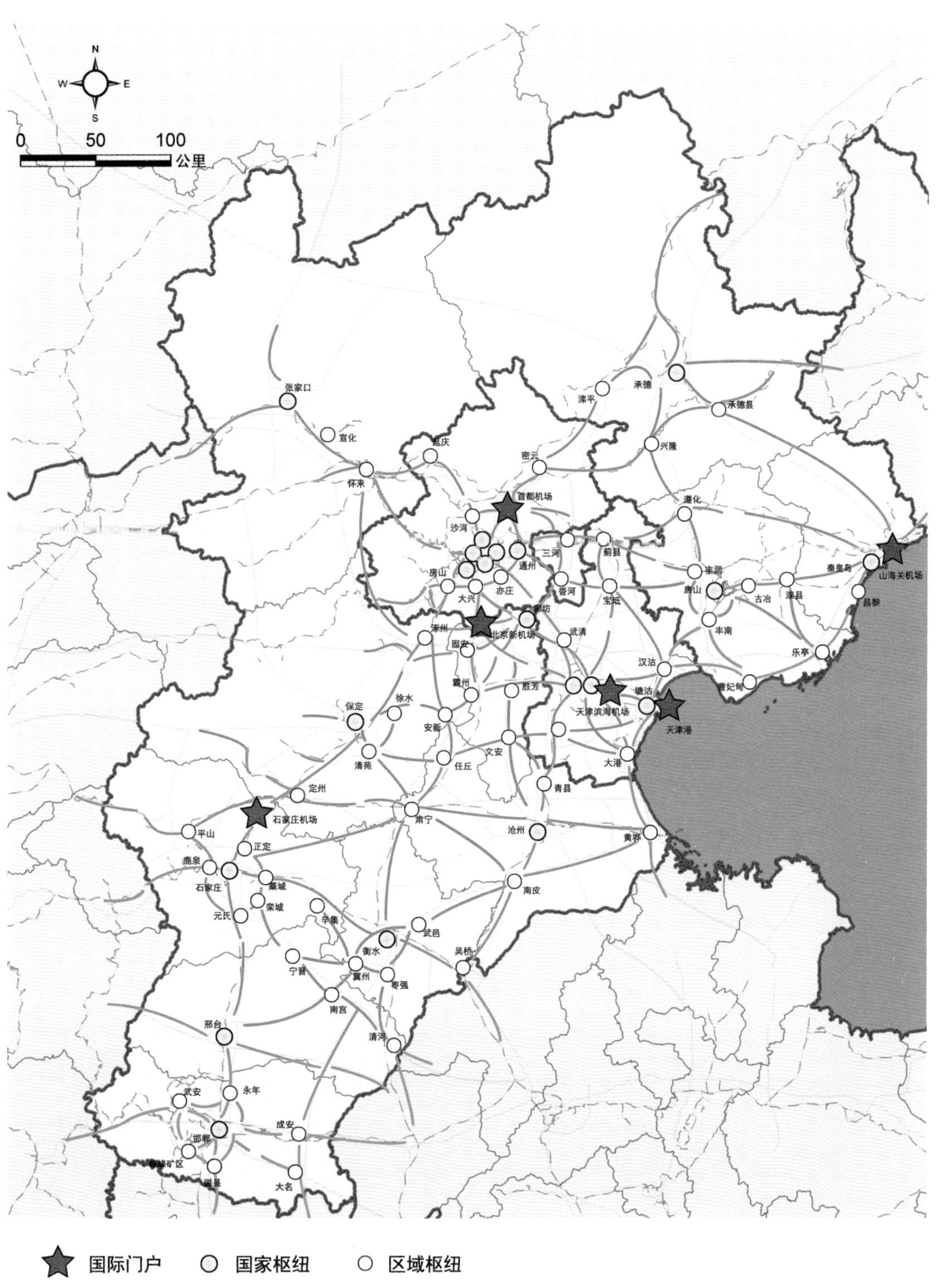

图3-7 京津冀地区多层级的交通枢纽及公共客运主通道

家铁路干线网络。

3. 区域枢纽

既包括保定、唐山等地级中心城市的铁路客站，也包括北京六环路沿线、天津外围地区、河北省的新城、新区、新兴中心城市的铁路客站，这些枢纽将整合城际铁路、市郊铁路和公路客运，既方便京津冀大部分地区城镇通过公共交通转乘城际铁路，同时也满足京津冀内部主要就业中心之间的商务和通勤出行。

4. 其他县城的客运站和换乘节点

作为城乡客运的集散中心，服务周边地区。

3.3 共同创造安全健康的“生态网络”，创建美丽中国的典范之区

制定京津冀地区共同的水环境保护和大气环境保护政策，推动形成京津冀地区更加安全、更加健康、保障性更高、品质更为优越的“生态网络”，共同走向生态文明。

3.3.1 共同设立京津冀水源涵养区，共享洁净水源

联合建设大水源涵养区是解决京津冀地区水资源短缺问题的有效途径之一，是统筹治理水资源、水环境最为紧迫的任务。

大水源涵养区应以京津冀地区十大河系上游、干支流为重点，以重要水库和水源地为主要保护目标，根据环境调查公报，针对水库、水源地和周边地区现况做出实时的保护规划。应特别重视保持密云水库水源地的水质与水量稳定，关注官厅水库以上流域的水源清洁与涵养、清河上游的水源净化、陡河的水资源保护、潘家口—大黑汀水库的水源保护等，保证流域能够享有足够的符合标准水源。

1. 建设水土保持体系

在太行山区、燕山山区设立永定河上游（2.1 万平方公里）、潮白河密云水库上游（1.3 万平方公里）、滦河潘家口水库上游（2.6 万平方公里）、太行山区（1.9 万平方公里）、滹沱河上游（2.3 万平方公里）、漳卫河上游（2.0 万平方公里）六片主要的水土保持区，将坡耕地与河湖沿线等生态环境敏感性高的区域逐步退耕还林、还草、还湿，加快宜林荒山造林绿化，对植被结构不合理、水源涵养能力低的山林进行林相改良，充分发挥北部与西部山林水源涵养、水土保持、固碳释氧、污染净化等生态服务功能。

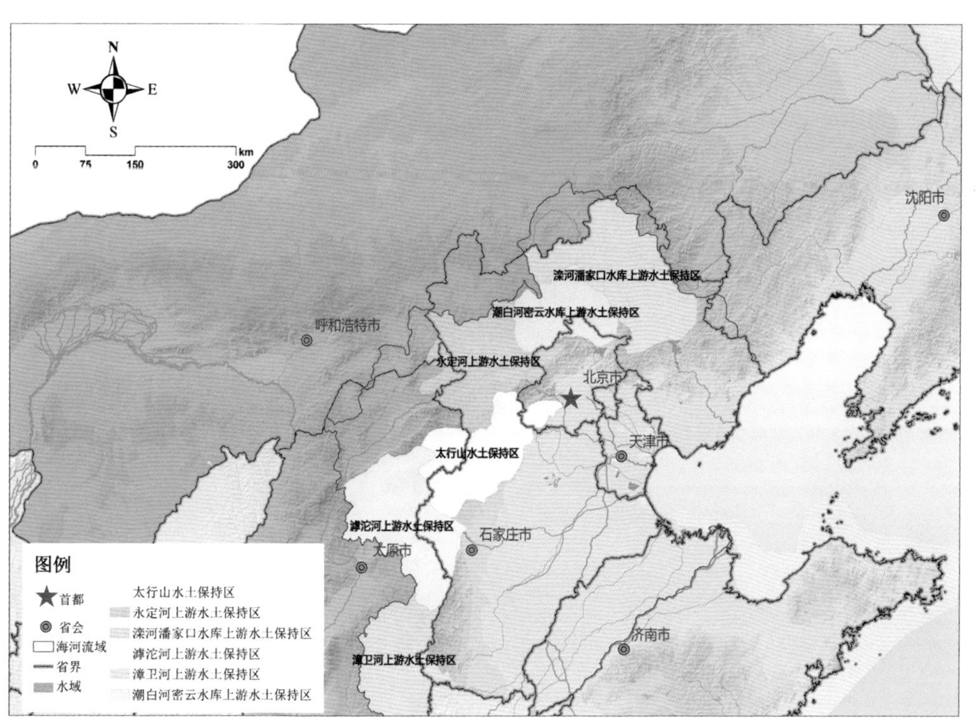

图3–8　京津冀地区水土保持区示意

2. 优化协作机制和开发模式

京津冀合作将水源涵养区内城镇逐步转向与资源环境保护相协调的生态化发展模式，优化城镇产业结构，限制高耗水、高污染产业，发展清洁生产与循环经济，调整农业种植结构，完善农田水利，削减农业耗水量，减少农药、化肥施用量，控制农业面源污染，发展无公害的生态农业。

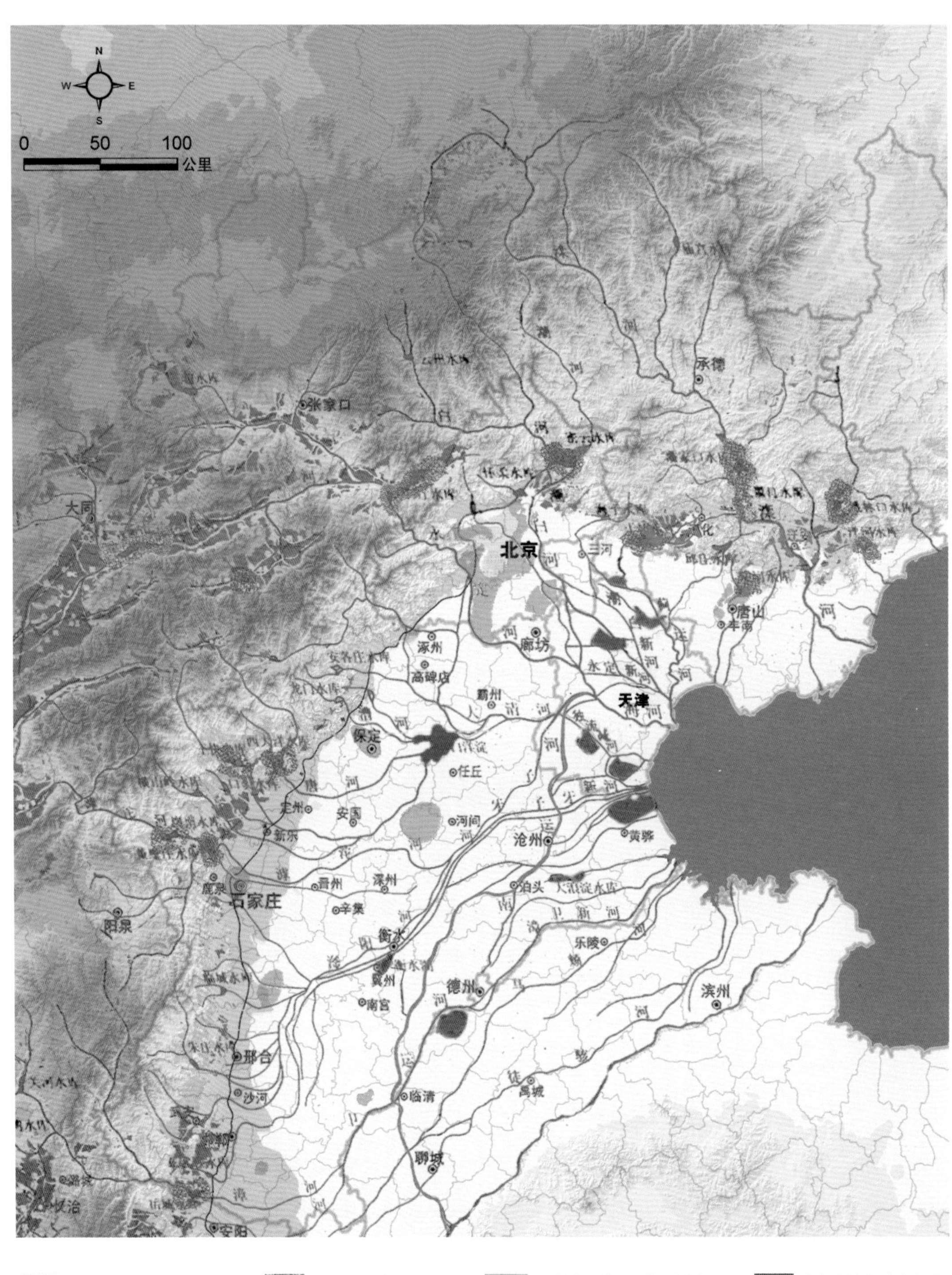

图3-9　京津冀地区重要水源保护和恢复地区

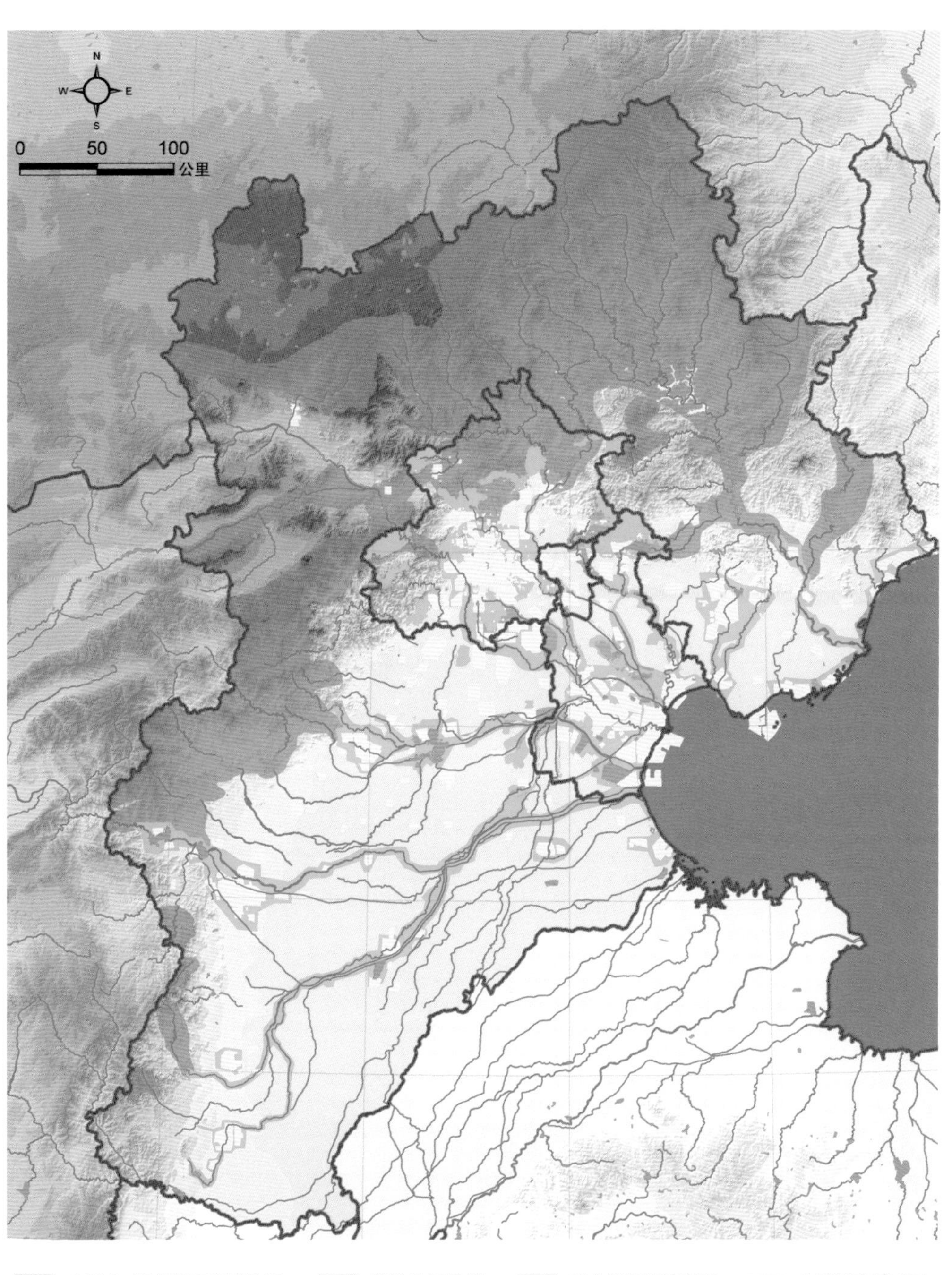

图3–10 京津冀地区生态系统示意图

说明：建立由燕山、太行山国家公园体系、滨海湿地公园体系、河流蓝道体系、大城市环城绿化隔离地区组成的京津冀生态系统。

3. 建立长效的生态补偿激励机制

探索建立全方位的上、下游城镇战略合作框架，探索以水质、水量为度衡的生态补偿机制，为水源涵养区生态环境建设提供稳定的资金保障。下游受益城镇通过政策、经济手段给上游城镇与居民充分的经济补偿，使上游城镇能够受益于区域的整体发展。

4. 设立多种方式的生态建设基金

制定系统的“生态经济援助计划”，对重要的生态地域，如自然保护区、国家生态公益林等，实施国家购买，设立生态援助基金，由京、津、石、唐等发达城市按照经济发展水平、资源使用规模等，确定开发援助标准，以补助风沙源防护区、水源涵养区等生态屏障建设和日常维护。

3.3.2 上下游协同合作，保护与恢复京津冀水生态系统

推动京津冀水系流域上、中、下游综合治理，设立滹沱河 - 子牙新河、大清河、永定河、潮白河、蓟运河 - 潮白新河、陡河 - 沙河、滦河等流域生态恢复区，每个恢复区包括上游水土保持与水源涵养区、中游洼淀河道水环境恢复区、下游滨海与河口湿地保护区等系统。为每个流域生态恢复区建立跨省市的协调机制，统筹水资源利用、污染治理、周边产业与城市发展。

表 3–2　京津冀地区重要湿地名录

序号	湿地名称	所属城市
1	密云水库湿地	北京市
2	昌黎黄金海岸湿地	河北省秦皇岛市
3	天津古海岸湿地	天津市
4	天津北大港湿地	天津市
5	滦河河口湿地	河北省秦皇岛市
6	白洋淀湿地	河北省保定市
7	北戴河沿海湿地	河北省秦皇岛市
8	沧州南大港湿地	河北省沧州市
9	张家口坝上湿地	河北省张家口市
10	衡水湖湿地	河北省衡水市

表 3-3 海河流域蓄滞洪区列表

序号	水系	名 称	面积（km²）
1	北三河水系	大黄堡洼、黄庄洼、青甸洼、盛庄洼	786
2	永定河水系	永定河泛区、三角淀	583
3	大清河水系	兰沟洼、白洋淀、东淀、文安洼、贾口洼、团泊洼、小清河分洪区	5296
4	子牙河水系	大陆泽、宁晋泊、献县泛区、永年洼	2388
5	漳卫河水系	良相坡、柳围坡、长虹渠、共渠西、白寺坡、小滩坡、任固坡、广润坡、大名泛区、恩县洼、崔家桥	1615

表 3-4 海河流域重要水源地情况列表

序号	水库名称	河流（湖库）
1	潘家口水库	滦河
2	大黑汀水库	滦河
3	陡河水库	陡河
4	洋河水库	洋河
5	桃林口水库	青龙河
6	邱庄水库	还乡河
7	密云水库	潮白河
8	于桥水库	州河
9	尔王庄水库	引滦入津渠
10	官厅水库（Ⅳ类水质）	永定河
11	册田水库（劣Ⅴ类水质）	桑干河
12	安各庄水库	中易水河
13	西大洋水库	唐河
14	王快水库	沙河
15	岗南水库	滹沱河
16	黄壁庄水库	滹沱河
17	东武仕水库	滏阳河
18	大浪淀水库	大浪淀水库
19	岳城水库	漳河
20	南海水库	安阳河
21	彰武水库	安阳河

3.3.3 多管齐下，提高水安全，修复水环境

1. 限水——限制地表水和地下水的使用

京津冀地区对地表水、地下水的过度使用，造成地表水环境退化、地下水漏斗等生态危机。为了确保水资源安全，宜切实开展对地表水、地下水使用的限制，执行国务院颁布的最严格水资源管理制度，实施用水总量控制。

对于地下水，划定地下水限采区和禁采区，恢复水环境。采取回灌方式，补救严重的深层、浅层地下水超采区，渐渐涵养地下水层。同时，扭转过度使用地下水的用水观念。对于地表水，限制对地表水的过度拦截与使用。国际上通常认为，为维持河流的正常功能，一条河流调水不能超过20%，用水不要超过40%。对于海河流域，为维持生态基本功能，可以选择若干在雨季水量相对充沛的河流，统筹上下游河道水的拦截和使用，各地设定取水、拦水的上限，尽可能保证水体的自然流动状态，逐步恢复河道生态。

2. 调水——适度调水与积极造水

开展区域合作，以跨流域调水作为补充水源。在充分考虑跨流域调水对水源区生态安全影响的前提下，考虑长江水、黄河水作为京津冀地区的补充水源，替代当前严重超采的地下水，辅助区域生态环境的修复。

但必须认识到，南水北调绝不是缓解京津冀地区水资源难题的根本措施，调水的同时，还必须严格控制用水总量，大力强化节水观念和措施，挖掘本流域水资源循环利用的潜力，科学用水。

此外，南水北调主要满足京津和河北省中南部地区的用水，而北部地区的缺水问题还难以解决。根据《环首都绿色经济圈》的相关研究，河北省张家口坝上地区缺水严重，年蒸发量是降水量的3倍，近年来几乎无地表水可用，地下水实际用量（2.3亿立方米）已经达到可用量（1.03亿立方米）的两倍。目前坝上35万人吃水困难，53万人饮水不安全，京津生态屏障面临缺水的

威胁。因此建议在充分论证生态可行性的前提下，考虑从内蒙调水的“引黄济坝”工程。[2]

积极探索海水、微咸水淡化利用的技术和产业化路径。随着京津冀沿海经济的发展，滨海地区需水量将大幅增加。然而，沿海地区是海河流域淡水资源最贫乏的地区，必须寻求海水、微咸水淡化利用的路径，在充分考虑经济成本、生态成本和生态平衡的前提下，制定相应的政策，鼓励淡化技术的创新和淡化产业的发展。

3. 蓄水——利用雨洪资源，提升生态用水效能

在区域层面，为应对当前气候变暖、海平面上升的可能性，灵活运用京津冀地区自身的环境条件，修正与创新蓄滞洪格局，以保障人居环境安全。

在城市层面，改善提升排水蓄水市政设施，提高降水资源的利用率，降低城市内涝。结合绿地景观系统，预留可供调、滞、蓄洪的绿地、湿地和河道缓冲区，形成“蓄水”空间，满足城市安全的需要。在城市设计中，将绿地景观系统结合蓄水功能，加强绿地、路面、沟、渠、井、塘收集雨水的功能，形成分布式的“蓄水系统”。回用雨水，涵养地下水，减轻城市雨洪负荷的功能。

专栏 3–3	地下调蓄水库
由于降水的时空分布不均，美国加州南部地区水资源严重短缺。为推动水资源的有效调蓄利用和合理配置，加州南部的科恩县利用广布的河道系统和地下含水层蓄水空间，以科恩河冲积扇为蓄水主体建设了 4 处地下水库，蓄水能力达到 3 亿立方米，同时设立了水银行。水银行在丰水期购买低价水回灌到地下，利用地下水库蓄水。当干旱期缺水时，抽出使用或以高价出售（水价由政府调控，以保护公共利益）。科恩县水银行 1995—1998 年间共回灌地下水量 17.76 亿立方米，回灌水价为 0.058 美元 / 立方米，抽取水价为 0.081 美元 / 立方米。通过地下水库的调蓄和水银行的交易，实现了以丰补歉、互通有无、水资源优化配置，提高了供水保证率，大大缓解了当地水资源供需矛盾。	

专栏 3-3(续)	地下调蓄水库

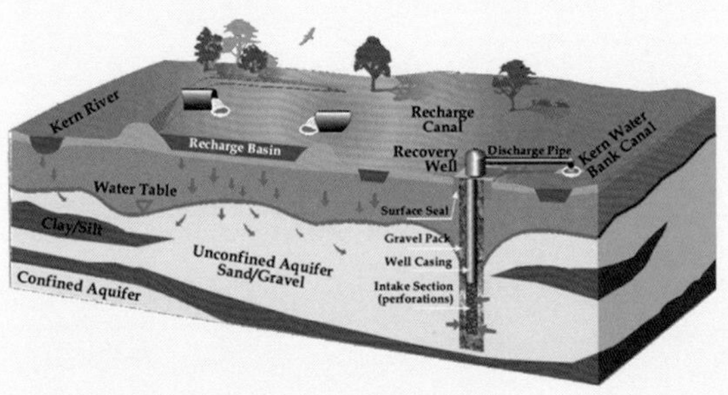

▲ 科恩县水银行地下水库蓄水示意图

2014 年南水北调中线将建成通水，对解决华北地区水资源危机具有重要意义。但由于引水线路沿线缺乏大中型水库，南水北调水的调蓄利用仍存在困难。两院院士潘家铮认为："丹江口水库难以进行多年调节，当南北同丰同枯时，运作上有困难，年内供水也不能持续"。大型调蓄水库移民负担沉重，投资巨大。利用地下巨大的储存空间建设地下水库，将成为较为经济的技术选择之一。北京市地勘局研究论证了北京市可建设永定河地下水库、潮白河地下水库、泃河地下水库、温榆河地下水库及大石河地下水库等五大地下水库，总库容达 47 亿立方米，可作为水资源应急储备和战略储备的空间。南水北调进京后，应进行地下水蓄养，丰水年储存外来水和地表水，遇连续干旱、突发事件时取出利用，弥补供水不足，提高北京的供水保障程度。

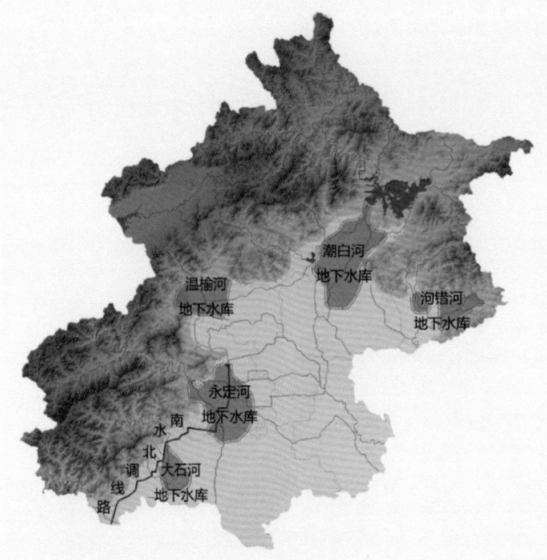

▲ 北京市地下水库建议示意图

资料来源：Kern Water Bank Authority. http://www.kwb.org.

北京市地质矿产勘察开发局．南水北调进京后地下水蓄养战略研究．"北京市重大地质问题战略研究"课题，2006.

3.3.4 区域联防联控，改善空气质量

京津冀区域性的大气污染，需要在区域层面协同防治。为此需要建立区域联防联控防治体系，划分污染物排放管制分区，明确各区的防治要求和相应防治措施。从区域内局部城市入手，减少污染源、减少排放量，从而改善局部地区和区域整体的空气质量。

1. 建立区域联防联控管制分区

北京市为一级防治区；邯郸、邢台、石家庄、保定，以及天津、廊坊北部等为二级防治区；三级防治区包括大同、太原、阳泉、唐山、沧州、廊坊南部地区、衡水、邢台、邯郸、滨州、东营和潍坊；四级防治区包括锡林郭勒盟、乌兰察布、赤峰、呼和浩特、包头、鄂尔多斯、巴彦淖尔、乌海、朔州、沂州、张家口和承德。

一级防治区首先应控制流动源大气污染物排放，严格控制机动车保有量增速，鼓励发展公共交通，加速淘汰黄标车，优先提升油品质量。五环内严格实行禁煤管控，采暖全部采用天然气等清洁能源，并根据实际条件逐步扩大禁煤区范围。严格控制城市餐饮服务业油烟排放。建议率先开展挥发性有机物污染防治，从事喷漆、石化、制鞋、印刷、电子、服装干洗等排放挥发性有机污染物的生产作业，应当按照有关技术规范进行污染治理。

二级防治区以产业结构升级和布局调整为核心。建议严格控制石家庄市新增钢铁和石化工业产能，淘汰现状小型钢铁和石化企业，大型企业实行搬迁；限制电力、建材行业发展规模和速度。保定市五大主导产业中的建材行业，以及前端非金属矿采选业增速远远高于主导产业平均水平，应严格控制建材行业的进一步规模扩张。石家庄、保定、天津和廊坊的北三县还应努力降低机动车尾气排放，加强油气储运管理减少泄漏和挥发。同时，逐步划定禁煤区，采暖采用天然气等清洁能源。广大农村地区鼓励采用生

物质能。

三级防治区中的大同、太原和阳泉须采取措施防止采矿和坑口电厂造成大气污染。控制煤炭生产、储存、运输过程的扬尘污染，采取措施防止矸石自燃。坑口电厂应采用先进的工艺设备，配备脱硫脱氮和除尘设施，末端处理率达到国内先进水平。三级防治区中的环渤海城市应针对石油化工行业的大气污染采取必要措施。

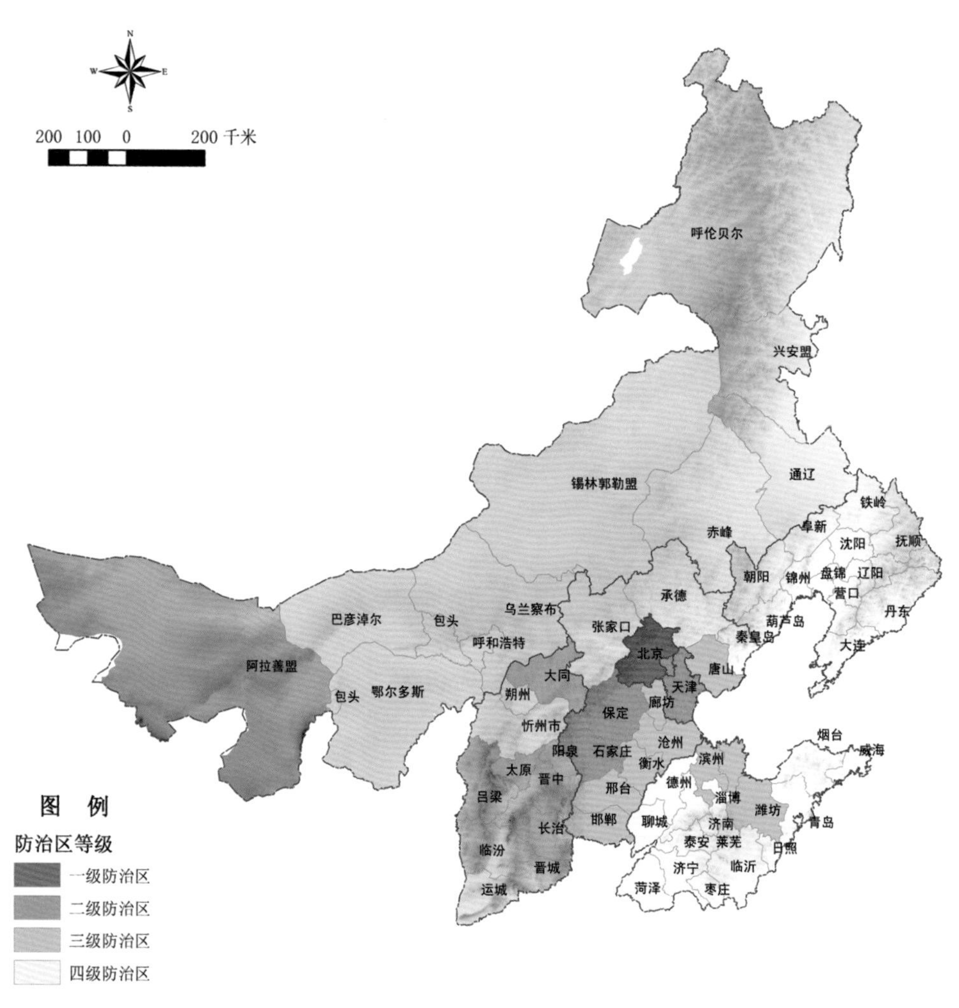

图3-11　首都区域联防联控管制分区

2. 调整产业空间布局，减小区域性污染源

京津冀地区城市的大气污染，特别是PM2.5的污染，具有显著的区域特征。除了城市自身产业、交通排放的污染物，受大气环流和地形的影响，由于西南风带、东南风带和东风风带3个输送风带的输入，来自京津冀南部、东南部平原地区的污染物在燕山、太行山山前汇集，成为京津冀地区大气污染的另一个主要原因。

因此，建议京津冀地区进行产业布局调整和优化，通过制定更为严格的排放标准、更为有效的监督惩罚机制，和更具吸引力的区域大气治理和产业转移的补偿办法，限制京津冀南部地区、大城市周边地区炼油、水泥、钢铁、铸造、平板玻璃、陶瓷、沥青防水卷材和人造板等高污染行业的发展，将其改造、升级，向滨海地区转移。天津、河北沿海地区与内陆地区合作设立若干循环产业园区和协作园区，发展战略意义更高、技术水平更好的龙头企业。

专栏 3-4	京津冀地区污染物输入风带

根据相关研究可将区域污染物输入的风带分为3 种类型，即东风带、西南风带及东南风带输送通道汇。其中西南风带汇频率占45%，东南风带汇频率占36%，东风风带汇占19%。3个风带经过的地区是北京周边的3个主要污染物排放源群区，分别是:（1）太行山前，邯郸、邢台、石家庄、保定等西南风带控制区;（2）华北平原区，山东中北部、天津南部、廊坊南部等东南风带控制区。（3）燕山山前，秦皇岛，唐山，天津北部，廊坊北部的三河、大厂、香河等东风带控制区。

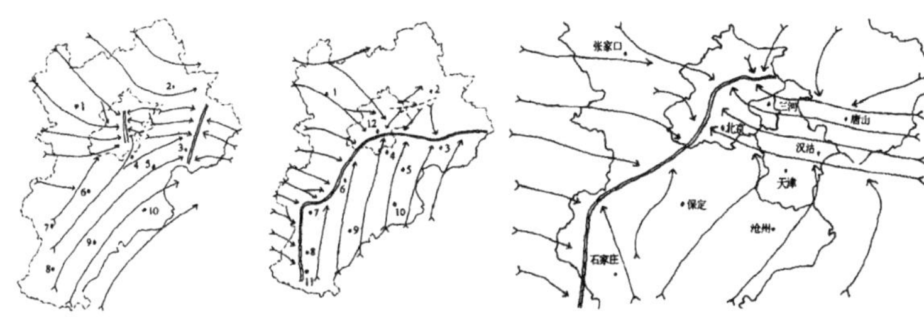

▲ 华北平原地面流场图（西南输送通道，东南输送通道，东风输送通道）

资料来源:苏福庆，高庆先，张志刚等．北京边界层外来污染物输送通道[J]. 环境科学研究，2004,17（1）.

3. 减少一次污染排放，控制复合污染

有效降低工业、机动车、生活、扬尘等污染源的排放量，减少烟粉尘、二氧化硫、氮氧化物、一氧化碳和挥发性有机物等大气污染物的一次排放。

节约工业用能，提高天然气等清洁能源在能源结构中的比重，减少煤炭消费量，进而减少燃煤污染。

开展挥发性有机物污染防治，采用先进的生产工艺并配套高效的末端处理设施，制定更为严格的关技术规范进行污染治理。

提高公共交通出行比例。提高新车排放标准，提升油品质量。城市车辆实行标志化管理，进一步淘汰特大城市的老旧机动车。推进加油站油气污染治理，按期完成重点区域内现有油库、加油站和油罐车的油气回收改造工作，并确保达标运行；新增油库、加油站和油罐车应在安装油气回收系统后才能投入使用。

4. 加强绿化建设，缓解空气污染

加强绿化是治理和缓解大气污染的重要手段。通过多层次的绿化建设，在静稳气候条件下，逐步消解污染物，缓解空气污染。

建设区域大型绿化带。在省市之间、各市之间、河流两侧建设大型、宽阔的绿化带，阻滞京津冀的区域内部污染物转移，并逐步消解。

建设环城绿化带并楔状延伸进入市区。在城市建成区外围、城市组团之间，建设环型绿化带和楔形绿化带，加强城市道路绿化带建设，有利于建成区与绿化带之间、建成区内部的空气流通，降低局部地区的污染物富集水平。

提高社区绿化水平。在公建小区、住宅小区建筑周边，在建筑物屋顶，提高绿化水平，提高植被复层结构厚度，进行立体绿化。利用植物的吸收、滞尘效应，消解污染物的局部浓度。

5. 统一环保标准

首都联防联控区域首先应联合制定符合实际的地方环境空气质量标准、总量控制目标和监测体系等。

完善京津冀地区环境空气质量标准和评价体系，在同步实施环境空气质量新标准的基础上，建议纳入挥发性有机污染物 VOC 相关指标。总量控制目标除国家规定的 SO_2 和 NO_x，一级、二级和三级防治区建议逐步将一次排放的 PM2.5 和 VOC 纳入总量控制规划，制定分阶段的控制目标，并严格进行管理和考核。

逐步统一机动车尾气排放、工业炉窑大气污染排放的相关标准。

6. 建立区域环境合作支撑体系

建立京津冀地区区域大气复合污染立体监测网络体系和重点污染源在线监测体系。区域大气复合污染防治的技术体系应首先建立区域环境空气质量立体监测网络，从区域尺度考虑监测点位的布设；不仅应监测一次污染物，而且应监测环境空气的二次污染物。实现京津冀地区监测信息共享。同时，加强区域重点污染源在线监测系统建设，加大区域环境执法力度。

完善区域环境监测网络，建立统一的区域大气、水环境监测合作机制，为各方环境质量监管提供统一的工作平台。

由北京市环境监测中心、天津市环境监测中心及河北省环境监测中心合作负责监控网络的协调、管理和运作。充分利用现有河流跨界监测断面与各省市监测断面，并考虑低空大气流场状况，增设大气环境监测站点，加强对大气中 VOC 及相关特征污染物的监测，形成一体化监控网络。整合实现各监测机构、各业务信息系统的数据融合和业务综合联动分析，为区域环境合作提供数据服务支持。开发大气多污染物协同控制技术。京津冀地区一直在实施单一污染物的控制策略，经历了消烟除尘、二氧化硫控制等过程。经过多年的努力，烟尘和二氧化硫排放总量的增长趋势已得到了有效遏制。目前应同时兼顾氮氧化物，臭氧，挥发性有机物等的协同控制，以达到改善环境质量和降低污染减排成本的目的。

表 3–5　环首都区域环境合作支撑体系

类别	内　容
产业支撑体系	发展生态产业，调整产业结构，合理布局，减少结构性污染，上风向地区就控制水泥、冶炼、电力等大气污染行业的发展，上游地区应控制造纸、印染、化工等产业发展规模
科技支撑体系	（1）加强污染治理和清洁生产技术的研究，尤其是垃圾焚烧污染控制技术、机动车尾气污染控制技术等的研究 （2）研究适应性环境管理与生态管理新技术
资金支撑体系	开展“绿色信贷”解决各行政区的成本分担问题
基础设施支撑体系	（1）统筹安排区域污染物处理设施 （2）改进生产设备，从源头减少污染物排放

资料来源：北京师范大学，北京市环境保护科学研究院．区域合作与流域管理机制研究．首都经济圈节能减排与环境保护合作机制研究，2012 年．

3.3.5　在更大的空间范围构建生态安全格局

共同构建京津冀地区“山、水、田、城、海”和谐相容，“绿屏＋绿廊＋绿环＋绿心”绿网相通的生态安全格局。

生态屏障：包括荒漠草原绿屏、燕山山脉绿屏、太行山山脉绿屏、省（直辖市）外围绿化屏、城市 / 乡镇 / 农村外围绿化屏障。

生态廊道：河流绿化带、风沙通道绿化带、沿海绿化带、交通绿化带。

生态绿环：环首都东南部地区的绿环、城市建成区外围的绿环。

生态绿心：白洋淀湿地、衡水湖湿地、团泊洼—北大港水库湿地连绵带、七里海—大黄堡洼湿地连绵带、各水源保护区、各水源涵养区、各类保护区、大型城市公园绿心。

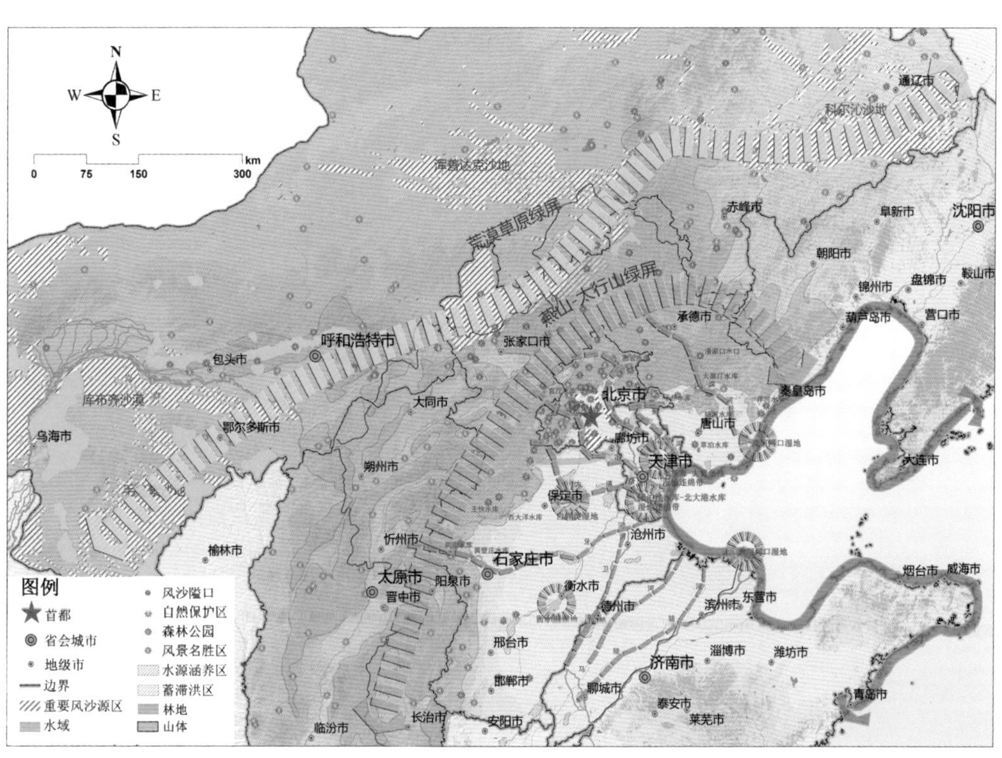

图3–12　京津冀及更大范围的生态安全格局

表 3–6　京津冀及更大范围的生态建设重点

省市	生态建设重点
内蒙古	浑善达克沙地治理、科尔沁沙地治理
山西	太行山绿化；官厅水库上游水土流失治理、水源涵养区建设、流域污染治理
河北	永定河上游、密云水库上游和潘家口水库上游水土流失治理；官厅水库、密云水库、潘家口水库、王快水库、岗南水库、黄壁庄水库等水源地上游水源涵养区建设；坝上高原风沙区治理；潮白河、永定河上游污染控制、怀安马市口、万全新河口、张北黑风口、崇礼三龙口、赤城独石口和丰宁小坝子六大天然隘口以及洋河、桑干河、壶流河、清水河、潮河、白河、黑河、天河、汤河谷地的绿化和风沙治理；大苏山－盘山平原绿化带建设；永定河泛区等蓄滞洪区整治；白洋淀湿地、衡水湖湿地保护与恢复
天津	蓟县山地、“七里海—大黄堡洼”湿地、“团泊洼水库—北大港水库”湿地建设；河流廊道建设；津西防风固沙带建设
北京	延庆康庄地区、怀柔密云大沙河地区、潮白河两岸、昌平南口地区、永定河两岸等五大风沙治理；永定河、潮白河生态廊道建设；山区水源涵养、水土保持林建设、自然保护区、风景名胜区、森林公园建设；湿地公园、城市绿地公园建设、交通绿化带建设、农田林网建设

3.4 共同维护和发展京津冀地区“文化网络”，打造引领中国文化复兴的首善之区

努力推动兼容并包的社会氛围，形成京津冀地区历史文化与现代文明交相辉映、地域文化与国际文化和谐共存的“文化网络”。

3.4.1 京津冀共同努力，建设中华文化枢纽

1. 设立文化精华地区

以世界文化遗产、各级文物保护单位和历史文化保护区为依托，将中华文化的精华部分与城市功能有机结合，划定特定区域，建设文化精华地区。这并非要取消世界文化遗产、文物保护单位和历史文化保护区，而是要进一步加强对这些历史文化遗产的保护，加强历史文化保护区的保护与修缮，在此基础上优化提升城市人文特色。

根据城市发展的历史脉络，文化历史资源成组成团进行组合，逐步形成城市的文化精华地区，依据区域发展的历史脉络，进一步将文化精华地区拓展至京津冀区域，形成京津冀地区的文化网络。这一文化网络包括世界文化遗产、国家级文物保护单位以及重要的历史文化名城、名镇、名村，包括许多近现代优秀文化遗产，以及著名的爱国主义教育基地。

京津冀文化网络中包含四条主要的线路，串接各个文化精华地区。包括蓟县盘山－遵化清东陵（世界文化遗产）－承德避暑山庄及外八庙（世界文化遗产）－秦皇岛长城山海关（世界文化遗产）东部历史文化轴线，怀来鸡鸣驿－张家口－张北元中都－万全长城边镇（与北京京西古道相连）的西北边塞轴线，涿州－易县清西陵（世界文化遗产）－高碑店－定兴－保定－满城汉墓－清苑冉庄地道战遗址（爱国主义教育基地）－曲阳－定州－石家庄－正定－平山西柏坡（爱国主义教育基地）－邢台－邯郸的西南轴线，北京－运河－天津（与北京东西横轴和大运河北京段衔接）的东南轴线。

京津冀共同采取行动，建设区域文化网络，包括：

（1）设立联合基金，为文化网络中缺失的环节提供资金支持。主要包括

那些国家文化发展、文物保护专项资金近期内难以覆盖，而又面临灭失危险的文化遗存、非物质文化遗产等。

（2）设立联合机构，对跨省域的文化线路进行整合规划，统筹安排文化保护、旅游开发、生态保护，彰显文化特色，改善民生。

（3）鼓励社会机构和民间资金参与到文化网络的建设中。

专栏 3–5	北京文化精华地区

北京旧城整体保护中，建设文化精华地区的目的在于，通过选择具有突出的历史价值和文化价值的重点地段，按照历史联系和空间关系进行整体生成的综合集成，保护与创新相结合，塑造与北京国家首都、世界城市、历史名城、宜居城市等国家和世界地位相适应的人文景观特色，以突出北京的首都职能和文化职能，传承 800 年的都城历史，参与全球城市竞争，弘扬国家和民族的世界地位。

在旧城内以及市域范围内选择文化精华地区，形成北京旧城积极保护与整体创造的人文景观格局，并根据每个文化精华地区的特点提升其历史文化品质，加强风貌整合，形成建筑风貌好、环境品质高、文化功能强的区域，以代表北京历史文化名城与世界城市的形象。

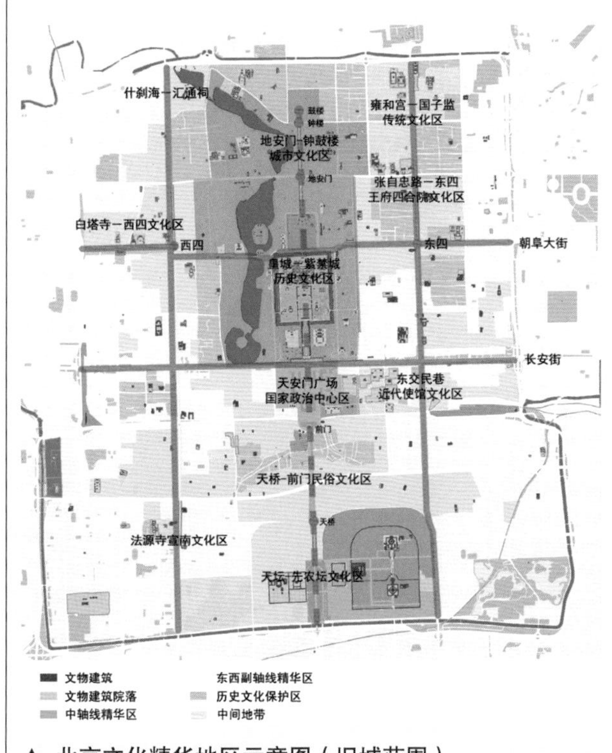

▲ 北京文化精华地区示意图（旧城范围）

专栏 3-5（续）	北京文化精华地区

在历史街区与新建成区之间的新旧建设混杂的“中间地带”，努力探索“新四合院”体系（如菊儿胡同），继承和发展传统文脉，适应首都职能的调整，使北京的城市形态和都城辉煌得以延续，在保护与发展中得到弘扬。

为达到上述目标，初步划定如下文化精华体系，每一体系包含若干文化精华地区：1. 首都中轴线；2. 东西轴线；3. 东四大街、西四大街与朝阜大街；4. 西北山水文化景观区；5. 西南历史文化长廊；6. 燕山文化精华地区；7. 万里长城北京段。

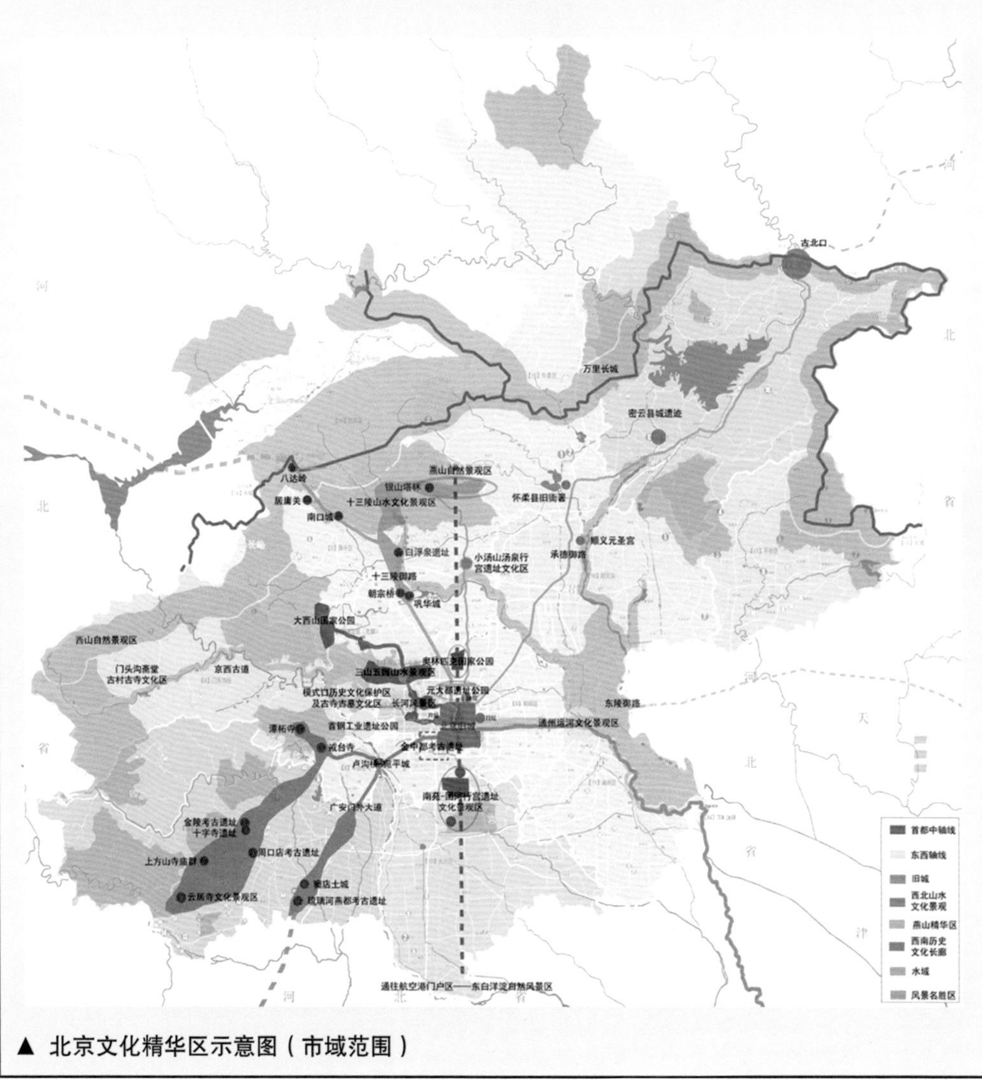

▲ 北京文化精华区示意图（市域范围）

专栏 3-6 传统街区商业复兴模式——大栅栏西街保护整治工程

大栅栏西街东西长 323 米，街宽平均 6 米，位于大栅栏历史文化保护区的风貌重点保护区，社会关注度极高。大栅栏西街保护整治复兴工程中，保护修缮范围共涉及门牌 124 个，居民和单位 411 家，重点改造范围内约 84% 现状为经营用房。

规划遵循整体保护、有机更新和动态循环的原则，在改善民生、优化环境的目标下提倡业态的提升，由重塑街区风貌走向重塑街区活力。街道形态以上世纪二、三十年代的建筑风格作为西街的历史风貌基调，形成传统中式建筑与民国式建筑相协调的整体风貌格局的现代文化历史街区。

街道的改造建立在不迁人、不拆房的基础之上，尊重历史文化、尊重人权物权。改造以政府为主导，使用方、管理方、建设方、设计方、策划方、施工方等多方共同参与，确保了项目的可实施性。

大栅栏西街保护整治复兴工程的实施，是责任规划师制度探索与实践的典型案例，取得很好的社会效益和经济效益，对整个大栅栏地区产生了较好的的辐射和催化作用。

▲ 前门外西侧的大栅栏西街

专栏 3–6(续)	传统街区商业复兴模式——大栅栏西街保护整治工程

▲ 大栅栏西街整治改造前后街景对比图

资料来源：北京市建筑设计研究院有限公司，2009.

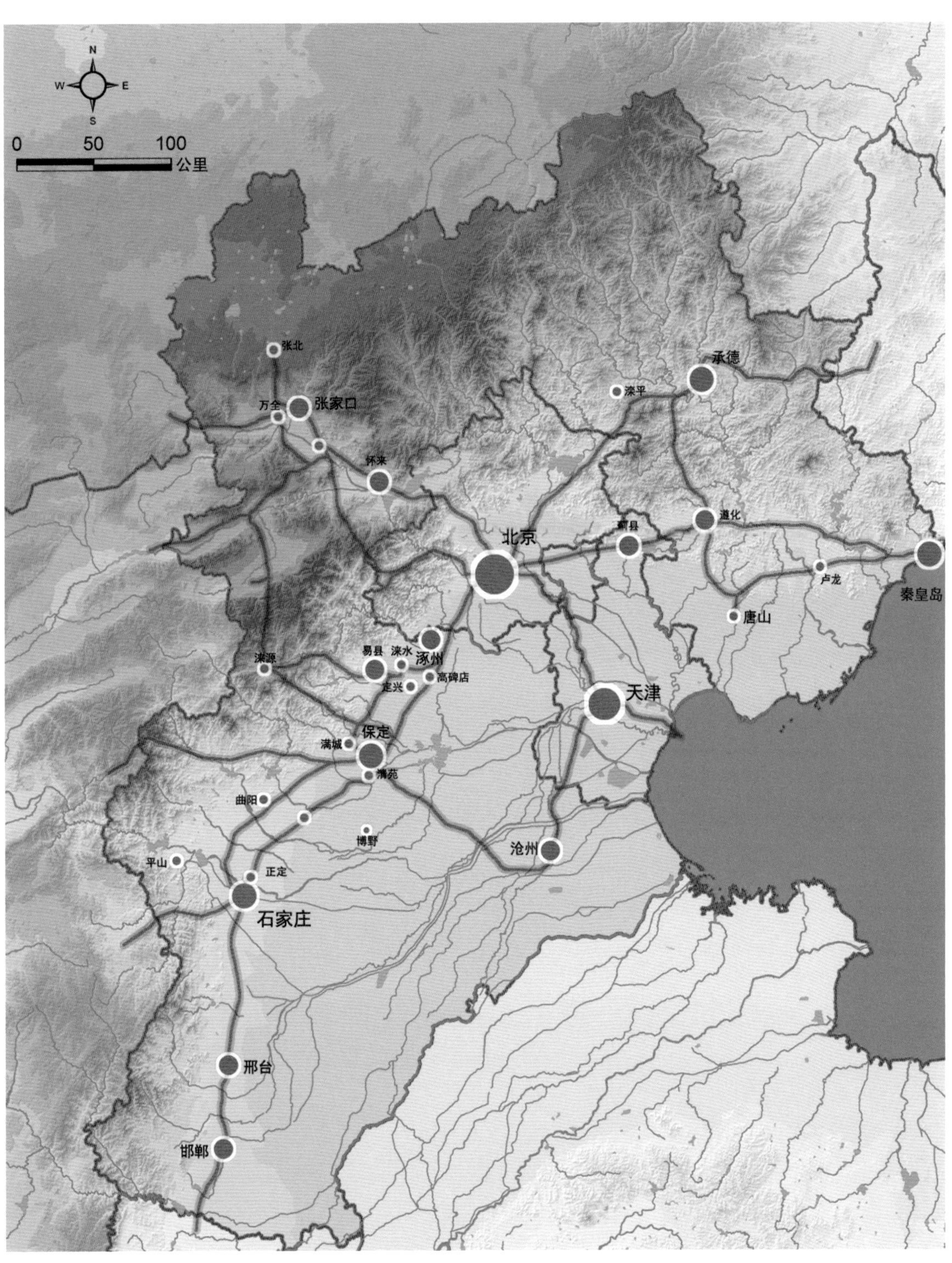

图3-13　京津冀地区文化网络示意

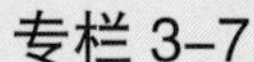

专栏 3–7	畿辅文化脉络

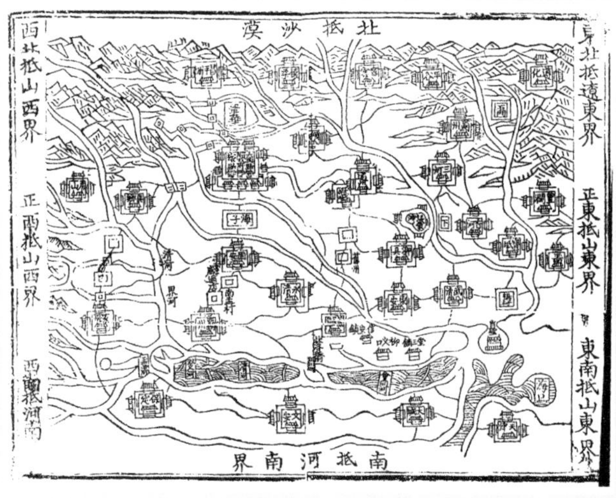

◀ 万历《顺天府志》之《畿辅图》

上图引自万历《顺天府志》，所绘范围包括京师及所领各州县。图幅四方分书“南抵河南界”、“北抵沙漠”、“东北抵辽东界”、“正东抵山东界”、“东南抵山东界”、“西北抵山西界”、“正西抵山西界”、“西南地河南界”。明北京京城即今天的北京旧城（二环路以内部分）位于图面左上方，绘“凸”字形城廓，内书“顺天府”、“大兴县”、“宛平县”字样。京城西北绘山脉，北部绘昌平州、巩华城、怀柔、顺义、密云、平谷，东北延伸至蓟州、石门、遵化。西部绘良乡、房山，并向西南延伸至涿州、保定。南部绘南海子、固安、永清、霸州、文安。东部绘通州、新城、三河，并东南延伸至张家湾、香河、丰润、宝坻、玉田、东安、武清、大城、天津。

2. 设立内涵丰富的国家纪念地

京津冀地区拥有多项世界文化遗产、大批国家级文物建筑，又有以天安门广场为中心的大量爱国主义教育基地；河北省和天津市也分布着许多世界文化遗产、国家级文物建筑、历史文化名城、名镇、名村和诸如平山西柏坡这样的重要爱国主义教育基地。这些历史文化资源应该加以认真整合，精心规划，设立起内涵极为丰富的国家纪念地，既有助于提高国家的凝聚力，促进首都文化软实力的提升，也有助于在更大的范围促进河北省旅游、度假等绿色产业的发展。

上述国家纪念地的规划设计和建设，应以立足于中国传统山水城格局的地区设计来指导，并坚定长期发展建设的决心，作为中华民族永久的纪念不断完善发展下去。

3. 繁荣地区文化，促进文化创新

从区域角度而言，京津冀地区在文化创意产业方面具备较为突出的优势，北京的文化创意产业占到城市 GDP 的 10% 以上，呈现出支柱产业的势态；

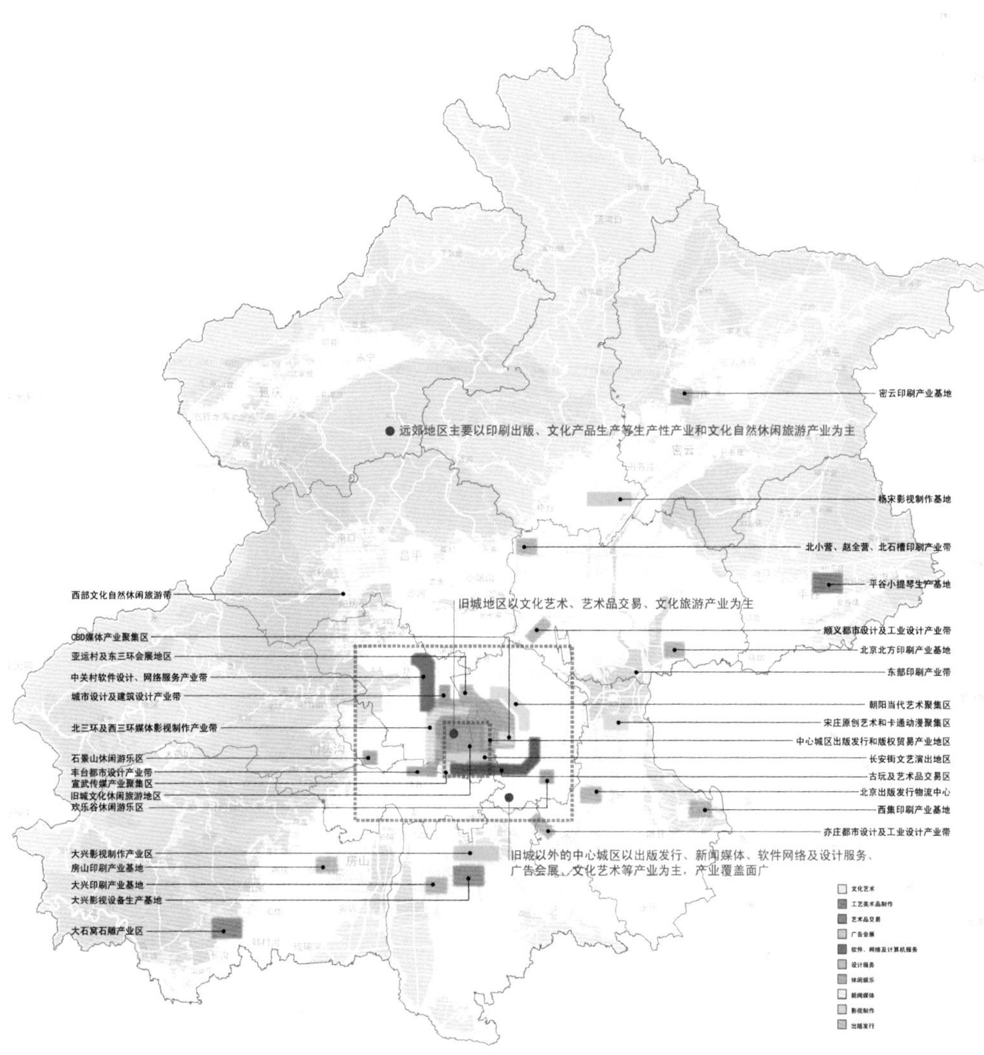

图3-14　北京文化产业布局示意

资料来源：黄鹤. 北京文化创意产业发展及空间布局研究，2006.

天津及河北地区文创产业也在持续发展之中。文化创意产业开始在城市发展中扮演着越来越重要的作用，对于城市产业升级、提升城市环境，在国际性的城市地区竞争中吸引资金人才技术等方面起着积极作用。

发挥北京在文化产业方面的辐射作用，充分利用天津、河北的文化资源，在非物质文化遗产的发掘整理传承、文化旅游、影视制作、新闻出版等方面进行协调合作，共同繁荣地区文化，引领文化创新。

3.4.2 开展地区设计，创造区域美与秩序

地区设计是指植根于地方的空间规划设计，重在结合地方的经济、社会、政治、生态、文化等特定环境，通过空间规划手段，营造整体的体形环境秩序（physical order），从而提高人居环境质量，激发地方活力，建设美好家园。

1. 构建“体形环境秩序”，开展首都中轴线地区设计

引入地区设计的理念，规划京津冀地区共同的体形环境秩序，塑造具有中国特色的区域发展格局和山水城格局。

在北京范围内，以北京城为中心，形成东、南、西、北四个特色地区。北部为温榆河以北，燕山以南，由汤泉行宫、银山塔林、明十三陵构成的组团；西部为以西山为中心，由三山五园、八宝山、妙峰山构成的组团；南部为以南苑为核心，延伸至永定河的组团；东部为以温榆河、潮白河构成的组团，包括通州、张家湾、河西务。

重点营造位于南北中轴线上的两个特色地区。北部特色地区，位于北京的北中轴线上，地处燕山山前、温榆河以北的小汤山一带，可以结合汤泉行宫、银山塔林等历史遗迹，营造以山前历史文化为特色的养生休闲区。南部特色地区，位于北京的南中轴线上，地处南苑南部、首都第二机场以北的区域，

可以结合南苑的自然景观和历史文化景观，营造以平原湿地为特色的休闲游憩区。

专栏 3–8	地区设计概念的由来

20 世纪早期，沙里宁即提出城市设计（urban design）概念，20 世纪 60 年代哈佛大学开始进行城市设计教育，到今天已经十分普及。从西方城市设计发展的历程来看，城市设计有建筑设计的传统，关注人工环境的营造，也被称为“建筑艺术设计”（civic design）、“市镇设计”（town design）等。

与西方城市设计有所不同的是，中国古代从大范围的自然环境出发进行人居环境的选址和营造。实际上是一种“地区设计”（regional design）。

地区设计是中国古代规划设计理论和实践的一个重要传统，通过将人居环境置于大尺度的自然山水之中，进行山水城的整体布局，并在山水的关键节点设置重要建筑物，从而营造人与天地、人与山水的宏阔秩序。地区设计休现了中国传统“人与天调然后天下之美生”的生存观念和“网罗天地于门户、饮吸山川于胸怀”的空间意识[3]。中国历史上有很多杰出的地区设计，如秦咸阳的阿房宫“自殿下直抵中南山，表终南山之巅以为阙”[4]，汉长安“北负渭水，南直终南山子午谷”[5]，以至于隋大兴、唐长安，都十分注重与终南山的关系。[6] 又如隋唐洛阳，“南直伊阙之口，北倚邙山之塞”[7]，等等。在中国传统城市的营建过程中，从城市选址对山川形胜的考量，到城市、宫苑与山水的轴线序列关系，以及重要建筑物对山水的控制，还有通过对景、借景等方式将山水纳入城中等诸多山水城关系，都是地区设计的表现。

今天，在区域规划和城市规划过程中开展地区设计，可以从以下几方面考虑：（1）从地区的自然环境出发，因地制宜加以创造。历史上，江南地区水网纵横，形成了以运河为轴线、沿水系上下游辐射的城镇聚落，华北地区平原万里，则形成了以太行山 - 燕山山前交通廊道和大运河为骨架的城镇体系。（2）地区设计有不同的尺度和视野。都城的地区设计着眼于全国的山川形胜，地方城市的地区设计则着眼于地方的范围。（3）地区设计包括多尺度的营造，并注重不同尺度之间的融合。以绍兴为例，既讲究大尺度对三山的因借，又注重小尺度建筑群的严整与变化。[8]（4）地区设计体现地方的人文特色。每个城市和地区，都有各自不同的土俗民风，经过历代的不断经营，形成独具特色的地方文化，地区设计中当尊重和发扬地方文化，突出体现在城镇、园林、建筑等人居环境之中。在《广义建筑学》“序言”中曾指出：“人们应当以地区的概念指导城市的规划与设计，以城市设计的概念指导建筑与园林的规划设计。”[9]

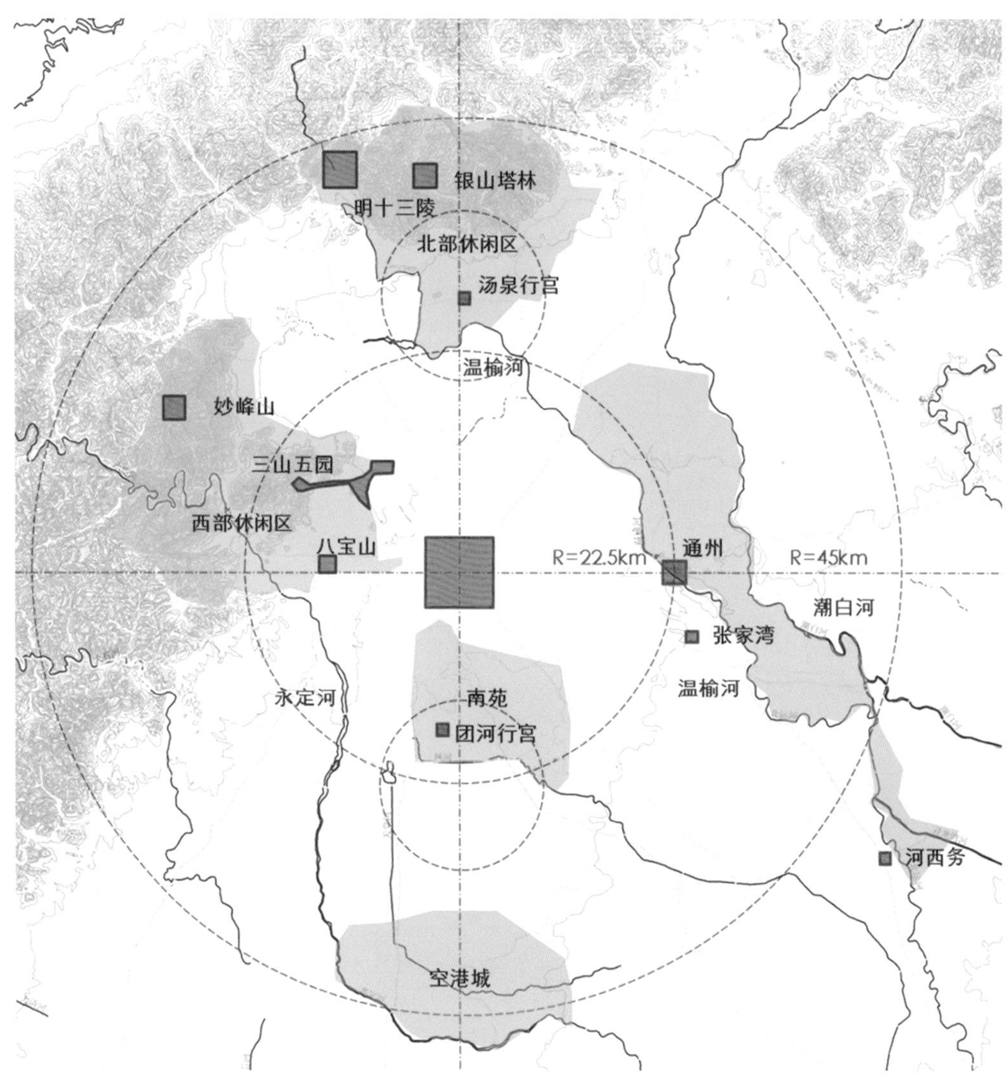

图3-15　以北京城为中心，形成东南西北四个特色地区

专栏 3–9	北京中轴南延城市空间规划研究

2009 年 1 月国务院原则确定首都第二机场选址于北京市大兴区，机场一期建设用地跨越北京市大兴区和河北省廊坊市，建成后，将加快北京南部地区发展，对首都未来整体发展，乃至京津冀地区的城镇体系、空间布局、产业发展、基础设施建设等方面产生重大影响。

根据北京南中轴的区域定位以及首都第二机场的交通地位和京津冀三地交界区位等基本条件，提出结合新机场建设“京畿新区”的规划设想——利用新机场及其周边地区的有利条件，地跨北京、河北的地域内，形成“首都特区”，集中安排首都功能的新增部分，建设成为首都功能区向南拓展空间秩序的重要内容，同时突出北京中轴南延地区在首都地区大山水格局中的重要地位，进一步建设成为京畿尺度的首都中轴线。

北京中轴线由旧城向南向北延伸，由实轴和虚轴两个部分组成：

（1）实轴部分：南达南苑，北至奥林匹克公园，以北京中轴线 8 公里的节奏，探索了中等、较强和弱三种开发强度的规划远景。

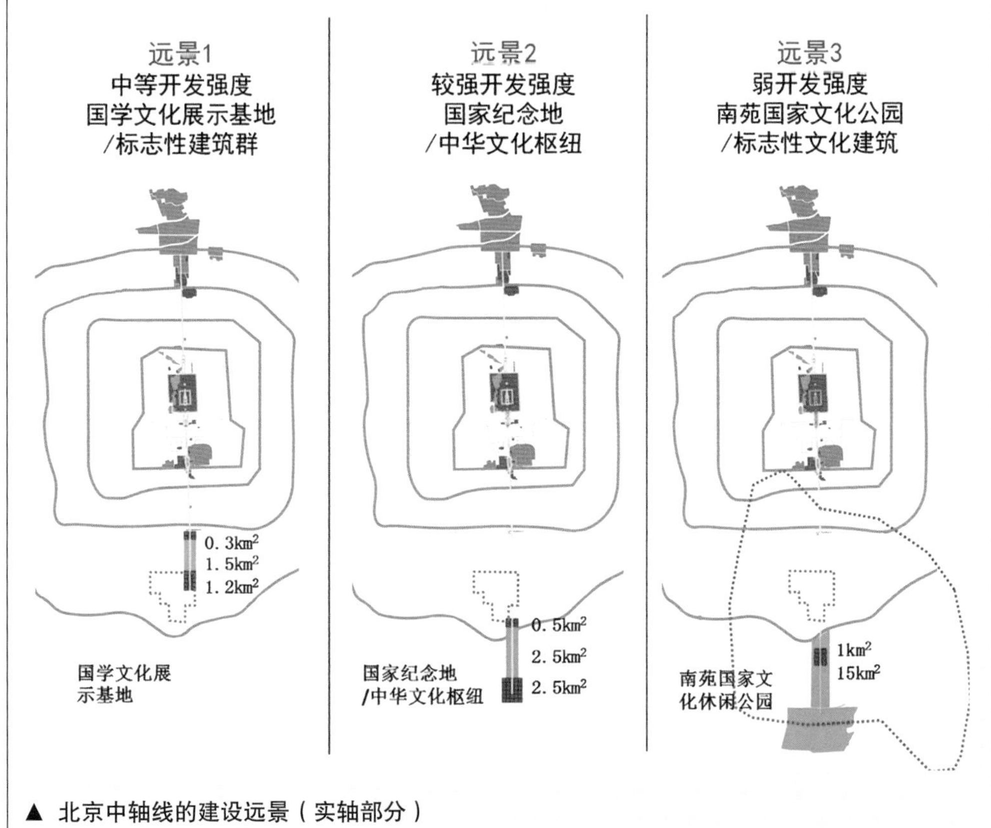

▲ 北京中轴线的建设远景（实轴部分）

专栏 3–9(续)	北京中轴南延城市空间规划研究

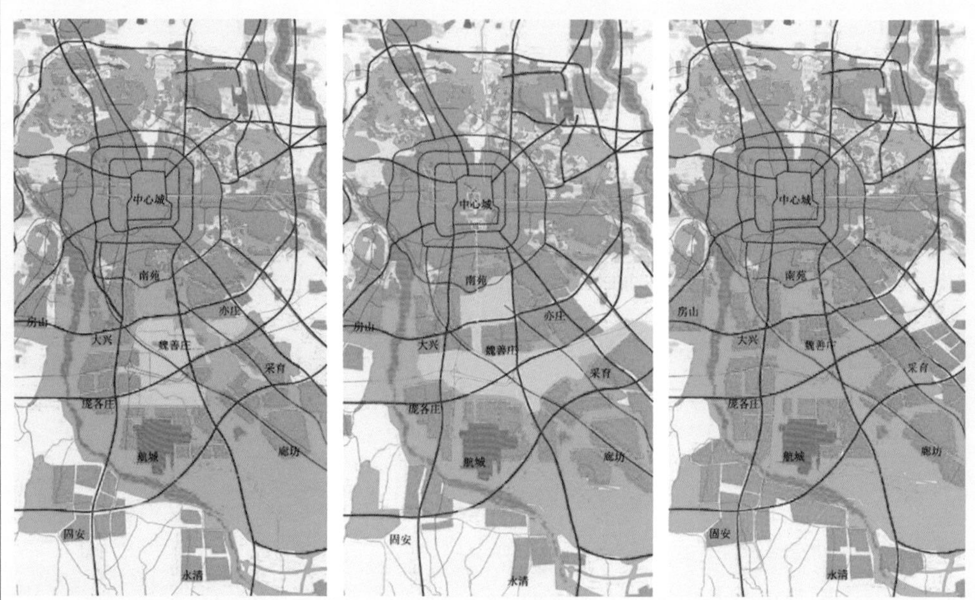

▲ 北京中轴线的建设远景（虚轴部分）
左：绿心模式；中：两组团模式；右：综合模式

（2）虚轴部分：从区域空间格局进行整体考虑，结合山水关系、城镇群形成“山－水－城”虚轴，探索了绿心模式、两组团模式和综合模式三种远景：

远景一：绿心模式。沿京开高速和京津走廊进行组团式的开发建设；形成从南苑至第二机场的国家公园，成为区域发展的绿心；机场周边形成庞各庄、廊坊、固安、永清等组团，以绿化带与第二机场相隔，形成区域性的组团群落。

远景二：两组团模式。基于庞各庄、采育等乡镇进行开发建设，紧邻机场，有利于物流园区发展；有效组织交通及换乘，进一步发挥交通枢纽优势；六环一侧围绕魏善庄进行适当开发建设，为大兴亦庄的发展预留潜力空间；沿廊涿高速形成“涿州——固安——新航城——廊坊——永乐店”发展带，形成京津冀区域联动开发。

远景三：综合模式。沿京开高速和京津走廊进行组团式的开发建设，并且将魏善庄建设范围加大；形成两个中心绿地。

资料来源：清华大学建筑与城市研究所. 北京城市中轴南沿地区空间发展战略（中期报告），2013.

2. 从地区设计的角度进行首都政治文化功能新区选址

为了实现首都政治文化功能的多中心，建议在环北京 80~100 公里范围内，设立以教育科研、文化创新、国家对外交往等功能为主的首都功能新区。根据山水格局和历史文化遗存，结合土地利用现状，提出 3 个可能的选址。

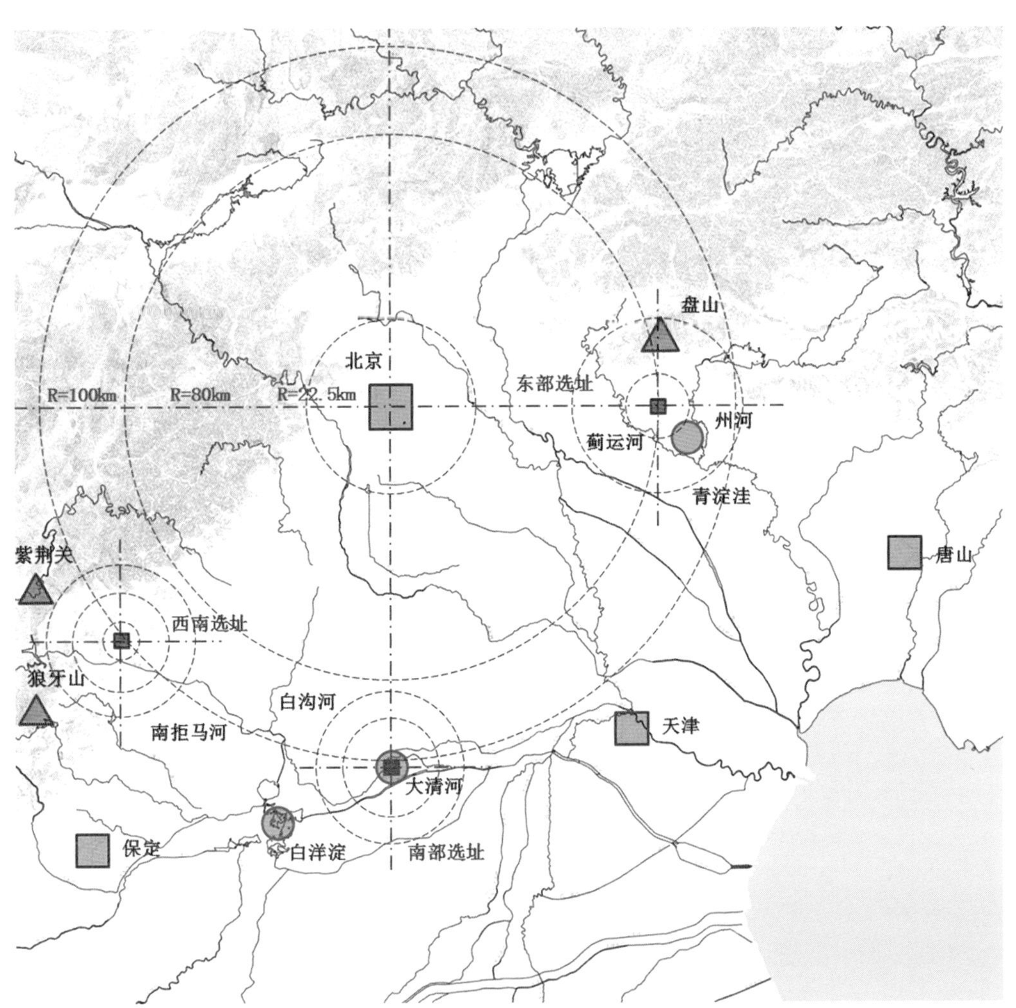

图3-16　首都功能新区选址建议

东部：选址于盘山以南平原地区，北望盘山，南瞰青淀洼，东西两侧有蓟运河、州河环绕。周边有静寄山庄、清东陵等历史景观。

西南：选址于易县、定兴、涞水之间，位于北易水和中易水之间，易县古城以南，太行山余脉从北、西、南三面环绕。选址是通往易县古城、紫荆关长城的重要通道，山环水绕，环境优美。

南部：选址于霸州和保定之间，西望狼牙山，南绕大清河，所在地区水网密集，上接白洋淀，下连天津诸多湿地。

专栏 3–10	历史上北京的人居环境格局与地区设计特色

北京城经过历代建设，至明清时期，形成了以北京城为中心，向东南西北四个方向拓展，依托永定河、温榆河、西山、燕山等山水骨架，由“城郭——近郊——远郊”三个层次构成的人居体系。

（1）核心层次是城郭，包括北京内城和外城两个圈层。内部圈层是以景山为中心、东西城墙为边界的“内城”，其半径实测约为 3500 米，清代 1 里合今 576 米，此圈层半径约为 6 清里。拓展南城之后，景山到外城城墙最远点——外城西南角的距离约 7.6 公里，此圈层半径约为 13 清里。

（2）中间层次是近郊，以北京城周边的山水环境为界，是人居环境与山水环境融合的精华所在。其范围西北至玉泉山，东北至温榆河，西南至永定河渡口卢沟桥，由四郊行宫苑囿和西北郊三山五园构成，是皇家和市民当日往返的游赏范围。这个圈层以景山至玉泉山为半径，半径约为 30 里，《燕山八景图诗序》记载：“玉泉在宛平县西北三十里。”《蓬窗日录》曾对北京周边的水系格局进行分析：“北京青龙水为白河，出密云南流至通州城。白虎水为玉河，出玉泉山，经大内，出都城，注通惠河，与白河合。朱雀水为卢沟河，出大同桑干，入宛平界，出卢沟桥。玄武水为湿余、高梁、黄花镇川、榆河，俱统京师之北，而东与白河合。”[10] 这一分析虽然带有风水的理念，但实为对北京周边地区水系的梳理，从而勾勒出北京近郊景观的边界。

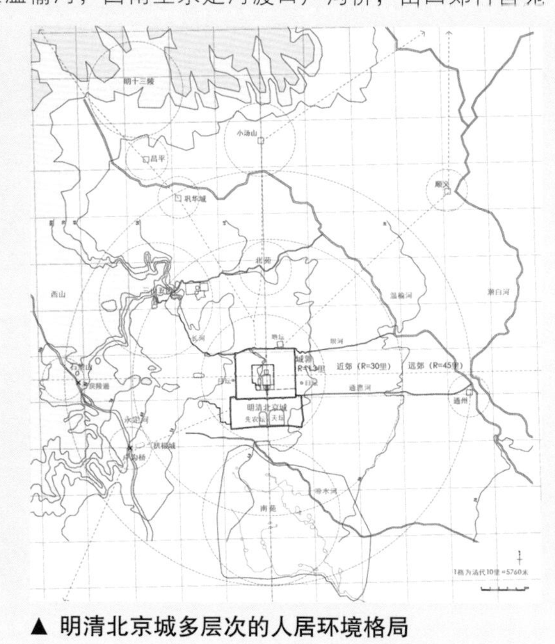

▲ 明清北京城多层次的人居环境格局

专栏3–10(续)	历史上北京的人居环境格局与地区设计特色

（3）外围层次是远郊，包括北京城对外联系的第一道门户和防御的最内侧屏障。其范围东至通州，东南至良乡，《春明梦余录》："唐赵德钧为幽州节度使，于幽州之南六十里城阎沟而戍之，又于幽之东五十里城潞县而戍之，二城乃幽州之门户也，阎沟即今良乡，潞县即今通州。"通州同时还是水运码头，经北运河至天津，再转南运河，与江南地区联系。这一圈层还包括位于西北方向的军事重镇昌平，以及位于西部的永定河取水口——梁山，即今日石景山。这一圈层的半径约为45里，《明一统志》记载："通州在府东四十五里"。

资料来源：吴良镛. 中国古代人居史 [M]. 北京：中国建筑工业出版社，2013.

注　　释

[1] 包括东南英格兰地区、荷兰的兰斯塔德地区、比利时中部地区、莱茵 - 鲁尔地区、莱茵 - 梅尔地区、北瑞士欧洲都市区、大巴黎地区和大都柏林地区 .

[2] 武义青 , 张云 . 环首都绿色经济圈：理念、前景与路径 . 北京：中国社会科学出版社 . 2011.

[3] 宗白华 . 中国诗画中所表现的空间意识 . 美学散步 . 上海 : 上海人民出版社 , 1981, 2008: 95-118.

[4]《史记 · 秦始皇本纪》.

[5]《读史方舆纪要》.

[6] 王树声 . 结合大尺度自然环境的城市设计方法初探——以西安历代城市设计与终南山的关系为例 . 西安科技大学学报 , 2009(5): 574-578.

[7]《玉海 · 隋都 · 东都》引《唐六典》.

[8] 吴良镛 . 从绍兴城的发展看历史上环境的创造与传统的环境观念 . 城市规划 , 1985(2): 6-17.

[9] 吴良镛 . 广义建筑学 . 北京 : 清华大学出版社 , 1989: 2.

[10] (明) 陈全之 . 蓬窗日录 • 卷一 寰宇一 • 北直隶 . 顾静 标校 . 上海 : 上海书店 , 2009: 14.

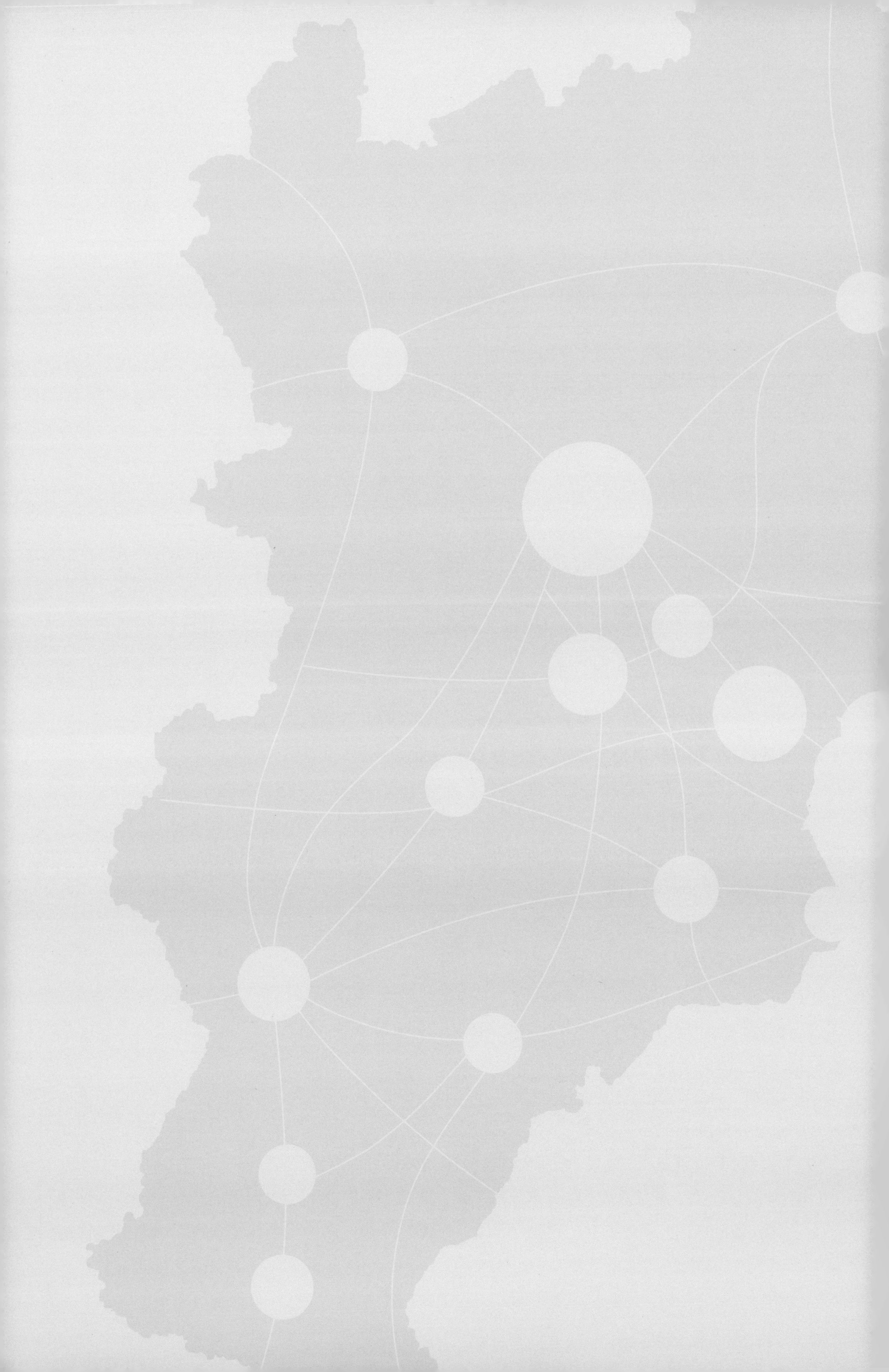

4

推进京津冀转型发展的“合作计划”

4.1 京津冀整体区域协调的建议

4.2 以北京新机场规划建设为契机，京津冀共建“畿辅新区”

4.3 以天津滨海新区为龙头，共建“京津冀沿海经济区”

4.4 设立京津冀国家级生态文明建设试验区

4.5 加快推进京津冀区域协调的制度创新

4.1 京津冀整体区域协调的建议

针对区域协调发展机制问题，建议从三个方面加以解决：

（1）建立国家有关部委主导的跨省协调机制，增强国家在各省市之间的生态、交通、文化、城镇网络规划统筹与协调。研究确定跨省市的生态保护区、水源涵养区、环境治理区、文化遗产廊道、交通走廊和基础设施网络，进行协调与引导。

（2）不断完善和加强各省市之间有关区域协调发展的沟通、会商与合作机制，协调落实跨省市的合作项目。

（3）探索建立北京、天津、河北省各城市，环首都、沿海等重点区域各县的空间规划交流平台，以加强京津冀之间空间规划的协调性。在此基础上，本期报告提出“畿辅新区”、“京津冀沿海经济区”、“京津冀生态文明建设试验区”三项跨地区合作计划。

4.2 以北京新机场规划建设为契机，京津冀共建“畿辅新区”

4.2.1 设立畿辅新区，疏解首都政治文化功能

北京新机场将对京津冀发展带来深远影响，必将进一步完善强化京津走廊，为北京城市功能和人口的疏解创造条件，特别是必将提升北京南部地区的基础设施水平，提供更多的就业岗位。同时，河北省中部的廊坊、保定地区也将由于新机场的建设运营，获得临空产业发展的新机遇。

对于北京说来，中心城区人口规模和密度的持续加大带来的交通、环境问题，使得中心城区发展必须实施从市区转向区域的“走出同心圆”战略。随着国家经济规模扩大和实现国家现代化的管理需要，在京的中央机构、央企、国家科研院所等建设需要也更加急迫，为了保证首都的政治中心和文化中心功能，需要在中心城区之外的地区寻找合适地点，安置新增、转移和扩建的国家机构和首都职能。

建议选择北京新机场周边的大兴南部、廊坊市区、固安、永清、涿州、武清等地区，成立跨省市边界的“畿辅新区”，围绕新机场，将部分国家行政职能、企业总部、科研院所、高等院校、驻京机构等等迁至“畿辅新区”，结合临空产业和服务业，合理布局，使其发展成为京津冀新的增长区域，成为推动北京市、河北省、天津市发展的新引擎。

“畿辅新区”是京津冀共同建设世界城市地区的发展地带，建议“畿辅新区”设立高层次的协调、指导机构，统筹确定土地开发、基础设施建设和生态环境保护的总体目标和战略。

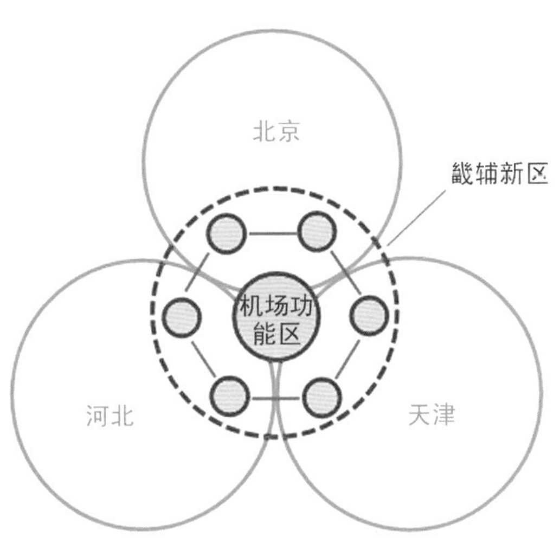

图4-1 畿辅新区示意图

专栏 4-1	畿辅新区布局示意

以新机场、大兴、廊坊、涿州、武清等为基础，在京津冀交界地区规划建设一个以服务国内政治、经济、科技等活动为主要目标的“畿辅新区”，承担疏解出来的首都功能，促进区域协调发展。

畿辅新区包括机场功能区区和外围城镇组团两个空间层次。其中机场功能区的规划布局建议如下：

（1）商务区：应与航站区尽可能靠近，应设置轨道交通车站。商务区可以接受北京城区疏解来的国家行政功能设施、企业总部设施、行业管理功能设施、科研院所及教育设施、会展设施、办公与住宿设施，以及与之相配套的生活设施、城市基础设施和各种商业、服务设施等等。以新机场的北、南两个出入口为起点，向北京和保定两个方向，可以规划建设两个不同特色的商务区。

专栏 4-1（续）	畿辅新区布局示意

（2）货运物流区：应布置在第 5 跑道的东西两侧。物流园区、保税园区规划在紧近货运区的机场东侧，廊坊与新机场货运区之间的广大地区将成为物流、产业园区发展的最好地域。保税园区应与国际货运区紧邻。货运专机多为夜间起降，因此，可以将货机相关设施规划在第 3、5 跑道之间，可以在夜间形成一个具有两个独立进近跑道的货运专用区域。

（3）航空公司设施区：航空公司愿意将机库与维修、配餐、地面服务、飞行保障等等，及其相应的办公、仓储、餐饮、住宿设施等等规划建设在一起。为了满足基地航空公司这种相对独立使用土地的要求，可以将第 0 和第 1 跑道之间作为基地航空公司的多目的综合利用的土地，实施比较宽松的土地使用规制。

（4）航空关联产业园区：布置在新机场以北地区，希望能够形成一条临空经济集聚带。该产业经济带东接廊坊，西连北京南中轴城市商务区，希望它能够承接北京疏解出来的部分功能设施。

外围城镇组团包括大兴、固安、永清、涿州、武清、广阳、安次等机场周边区县，未来应以北京新机场的建设运营为契机，立足自身产业基础，承接北京功能转移，加强与机场、京津中心城区的交通联系，提高公共服务设施水平，保护好生态环境，满足人口的宜居需求。这一地跨京津冀两省一市，在空间上以北京新机场为核心的地区，必须提倡土地的集约利用，避免无序的建设用地的蔓延，形成由若干专业化城镇组团组成的多中心的网络化的城镇组群。

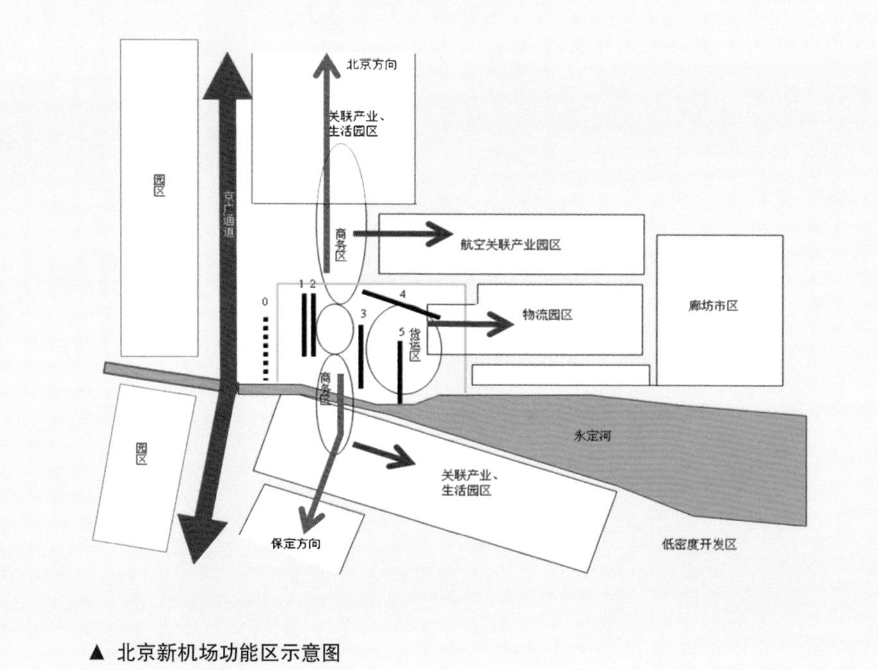

▲ 北京新机场功能区示意图

4.2.2 建设高效的可持续发展的机场综合交通枢纽，构建畿辅新区中央服务区

规划建设北京新机场的集疏运体系，该集疏运体系应与京津冀综合交通体系一体化规划建设，协调京津冀两市一省交通网络规划与建设，统筹整合公路、铁路、轨道交通、航空等多种交通方式。

在北京新机场建设航空和地面交通的高效率综合交通枢纽，纳入区域综合交通网络。建议规划建设一个集民航、高速公路、高速铁路、铁路、轨道交通于一体的、最大限度地方便旅客换乘的跨区域服务综合交通枢纽，使航空旅客的集约型公共交通利用率大幅度提高。为此建议廊涿城际铁路、京广、京沪、京九客专都应在新机场航站主楼前设站；北京市到新机场的快速轨道交通、畿辅新区的轨道交通，以及地面有轨电车、相关公交巴士等都应在新机场航站主楼前设站，形成一个真正的综合交通枢纽。

同时，在畿辅新区考虑设置中央服务区，作为京津冀地区最为重要的商务办公节点之一，承接部分首都功能的转移。中央服务区与机场综合枢纽之间建立便捷的轨道交通联系。

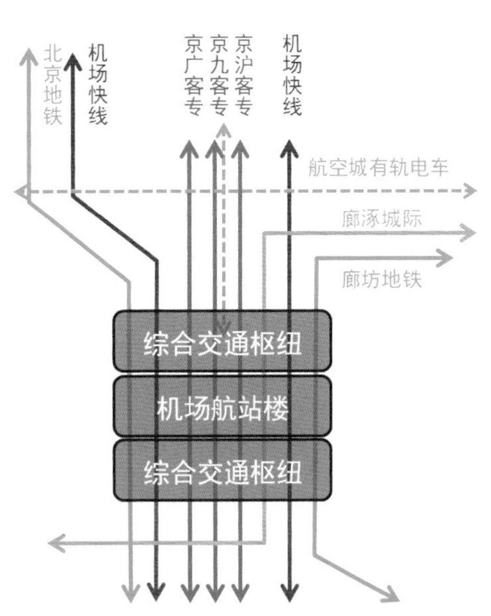

图4-2 机场综合交通枢纽示意

资料来源：刘武君．北京新机场综合交通枢纽项目策划，2013.

专栏 4-2　机场综合交通枢纽的规划设想

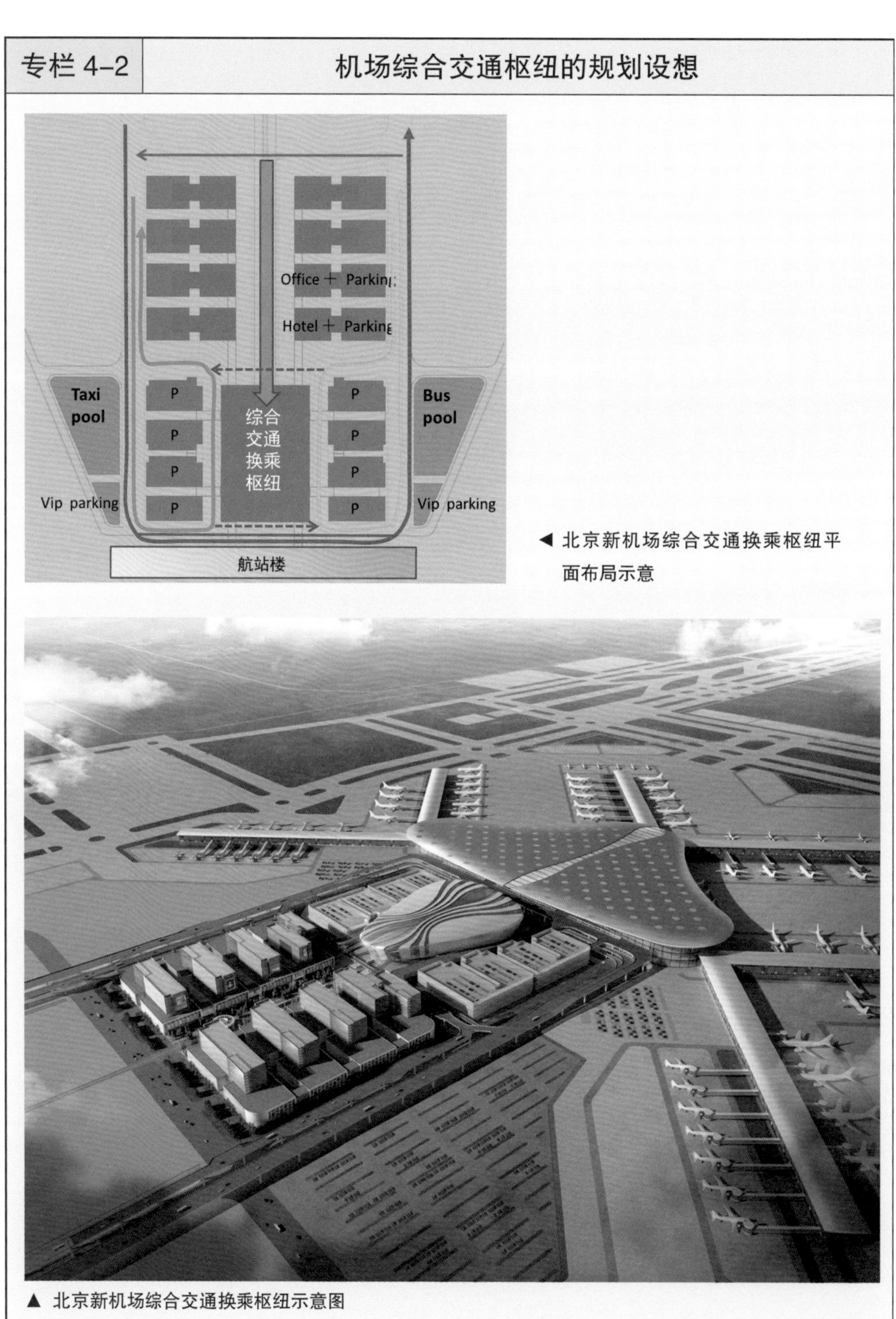

◀ 北京新机场综合交通换乘枢纽平面布局示意

▲ 北京新机场综合交通换乘枢纽示意图

专栏 4-2（续）	机场综合交通枢纽的规划设想

超大城市北京和一个超大型的新机场之间的地面集疏运问题似乎是一个无解的难题：

（1）新机场绝大部分客流来自北京。首都机场对北京航空旅客量的现状调研显示，来自津冀地区的旅客大约只占 15％。新机场向北进入北京的交通量最终将达到每天 40 万 ~50 万人次，相当于北京天天都开“上海世博会”。这对于已经非常困难的北京交通资源来说，无异于雪上加霜。这就要求北京的部分出行需求必须向河北、天津疏解，以减少进入北京的交通量。

（2）北京现状的民航客流中有近 70％是公务、商务旅客，包括来北京的国家机关、科研院所、大专院校和企业总部工作的客人和全国性会议的客人。根据预测，这一比例在未来也不会有大的变化。也就是说，北京的航空需求是非常刚性的，主要是由北京的“中央型”功能所决定的，与户籍人口规模的相关性远低于其他城市。

（3）根据首都机场的调查，北京的大部分航空旅客来自于长安街以北的地区，而北京四环及其以内的交通系统现在已经非常饱和，不可能再有大的扩能。也就是说没有办法满足位于市域南端的新机场的集疏运需求。

解决问题的办法，一是疏解首都功能，二是在机场和区域交通之间建立便捷的联系，设置机场综合交通枢纽。

资料来源：刘武君．北京新机场综合交通枢纽项目策划，2013.

4.3 以天津滨海新区为龙头，共建“京津冀沿海经济区”

4.3.1 推动大滨海地区的合作发展

京津冀滨海地区经过近年来的大规模基础建设，天津滨海新区和曹妃甸工业区、黄骅等地的港口、重工业项目相继投产，进入到快速聚集的阶段。但总体说来，京津冀滨海地区的天津滨海和河北的曹妃甸、黄骅等开发区和港口之间的整体发展还处在起步阶段，产业整合、港口合作等都面临如何跨越行政体制，适应市场发展规律的问题。为了避免滨海各市、开发区、港口各自独立发展，恶性竞争，对区域长期发展造成的不良影响，应在以下几方面加以预先谋划。

1. 以共同的产业发展战略和产业、环保准入要求，建设京津冀沿海经济区

提高天津滨海新区在贸易、金融等方面的区域服务能力，在滨海地区形成较为完善的世界级的现代制造业产业链。引导钢铁、石化等高耗能、高排放行业的技术升级。借鉴首钢模式，在天津滨海新区、沧州渤海新区、唐山曹妃甸新区设立合作区域，发展循环经济和面向未来的新兴产业。

2. 加强跨地区交通基础设施的协调

逐步提高天津港集装箱运输规模和效能，建设天津国际航运中心为枢纽的渤海湾港口群。共同建设疏港交通网络，渤海湾综合交通走廊，以及跨京津冀疏港铁路系统，增强沿海地区城镇群、港口群、工业区的交通联系，不断拓展经济腹地。

3. 合理利用沿海岸线

制定渤海湾岸线综合利用规划，设立湿地等生态岸线保护机制，规范生活、工业、港口岸线建设标准，以有效合理利用岸线资源，保护沿海生态环境。

4. 建立京津冀沿海经济区联席会议机制

“京津冀沿海经济区”是京津冀共同实施国家海洋战略的重要发展地带，建议“京津冀沿海经济区”设立具有协调、指导能力的联席会议机制，确定土地开发、基础设施建设和生态环境保护的总体目标和战略，在渤海湾铁路、高速公路、航道、锚地、以及环境保护和海洋生态保护等方面进行协调、对接。鼓励北京参与京津冀滨海地区的开发建设。

4.3.2 提高天津滨海新区的区域服务能力

作为大滨海地区的龙头，天津滨海新区的发展至关重要。自从滨海新区开发开放纳入国家战略以来，天津实现了跨越式发展，经济总量增长迅速，现代制造业获得了新的发展。但经济规模的增长，并不意味着服务能力的提高。要实现国务院提出的“增强和完善滨海新区为区域经济服务的综合功能”的要求，仍有很长的路要走。

1. 坚持京津冀地区的“双核心”格局，天津与北京共建世界城市地区

天津未来发展要继续坚持与北京互补共赢，作为京津冀地区的双核心，共建世界城市地区的基本战略。借助北京在国家金融、国际交往、基础研究、产业核心技术等方面的突出优势，发挥天津在研发转化、港口物流、先进制造业、金融创新、职业教育等方面的长处，在金融、总部经济、科技研发转化、服务业外包等领域加强与北京的合作，积极承接北京在国际物流、商务商贸、文化创意、国际体育赛事、职业教育培训等城市职能的疏解。在航空航天、石油化工、装备制造、电子信息、生物医药、新能源新材料、国防科技等高端产业领域，加强对河北及环渤海地区的带动作用。

2. 进一步加强天津国际航运中心和国际物流中心的战略地位

以天津自由贸易港建设为支撑，充分发挥北京在国家海关、商检、金融、信息、商务、咨询服务等方面的优势，整合环渤海地区的港口运输资源，重点发展航运融资、保税贸易、物流服务、保险代理等现代航运服务业，成为各类航运要素聚集、服务效应显著、参与全球资源配置的国际航运中心。进一步明确京津冀及环渤海地区港口群的职能分工，加强相互合作，突出天津港的集装箱运输职能，形成以天津港为核心的京津冀枢纽港群，提升港口群的综合服务能力。重点强化国际贸易与临港产业职能，以东疆保税港、临港经济区为核心，加快实现天津港由传统的运输港向国际航运中心转变，提升天津港在区域港口群中的带动作用。

3. 加快创建全国金融改革创新基地

推进于家堡等金融集聚区建设，发展多层次的金融市场，做大做强股权、排放权、金融资产和贵金属等交易市场，建立私募债券市场，发展银行间同业拆借、票据等货币市场，逐步建成与北方经济中心和天津滨海新区开发开放相适应的现代金融服务体系和全国金融改革创新基地，与北京在全国性金融管理机构、国际金融公司总部聚集地形成互补，服务京津冀以及更大的首

都经济圈。

4. 建成科技研发转化基地

与北京中关村国家自主创新示范区合作，以建设天津未来科技城为契机，发挥国际生物医药联合研究院、国家超级计算中心、国家纳米质检中心、国家大型水动力实验室等一批国家级、省部级和企业研发中心的作用，围绕战略性新兴产业和优势产业，引入国家级大院大所和海内外科技资源聚集强化天津的研发转化和科技创新能力。同时承接首都科技创新资源的对外疏解和转移，共建面向全国、服务区域的科技研发转化中心。

4.4 设立京津冀国家级生态文明建设试验区

4.4.1 完善顶层制度设计，设立生态文明建设试验区

太行山、燕山地区、海河流域上游地区的生态保护和民生改善是影响整个京津冀地区可持续发展的重要因素。建议在河北张家口、承德、保定，以及北京昌平、怀柔、平谷，天津蓟县等地划定适当地域设立国家级生态文明建设试验区[1]。可以将生态文明建设试验区作为一个政策先行先试的地区，京津冀共同参与，实施长期的生态扶持政策[2]。

整合资源、全面规划，整体解决试验区内的扶贫、生态、移民、公共服务等问题。与生态环境质量改善挂钩，在教育、医疗等公共服务设施，污水处理等基础设施，农业、旅游业、文化产业等方面进行合作。

4.4.2 探索县域生态型城镇化的新路径，提高县城自我完善和自主发展能力

对于京津冀广阔的农村地区，二期报告已经提出发展县域经济。总体看来，河北省的县域数量多，人口规模较小，由于地理条件等原因，各县的情况比较复杂，特别是在广大山区存在大量贫困县，县域经济水平较低。因此，建议：

专栏 4-3　还邢台青山绿水，走生态发展之路

天蓝水净、地绿山青，是发展的基础，也是最直接、最现实的民生。邢台市大力实施“还邢台青山绿水，走生态发展之路”战略，把环境作为核心竞争力来打造，大力推进农村环境综合整治、市区大气污染治理、水生态保护与修复、造林绿化、效能邢台建设等工程。党的“十八大”报告强调“推动政府职能向创造良好发展环境转变”、“大力推进生态文明建设”，河北省委、省政府明确要求着力改善两个环境。邢台市“还邢台青山绿水，走生态发展之路”决策部署符合中央和省委的要求。

2011 年开始，邢台市实施“一年打基础、两年求突破、三年大跨越”目标，坚持秀水、植绿、治污并举，加快“山水泉城”建设，着力提升城乡居民幸福指数。2011 年，全市 5000 多个农村彻底解决了“垃圾围村”现象，并初步实现全覆盖、常态化，146 个村列入省幸福乡村示范点；完成造林绿化面积 57 万亩，植树 3000 多万株，新增绿量全省第一；实施水生态修复十大工程，百泉泉域地下水位回升 15 米；大力度推进市区大气污染整治，26 家污染企业停产，1000 多台锅炉被拆除，市区主要污染物排放量同比降低 50％。

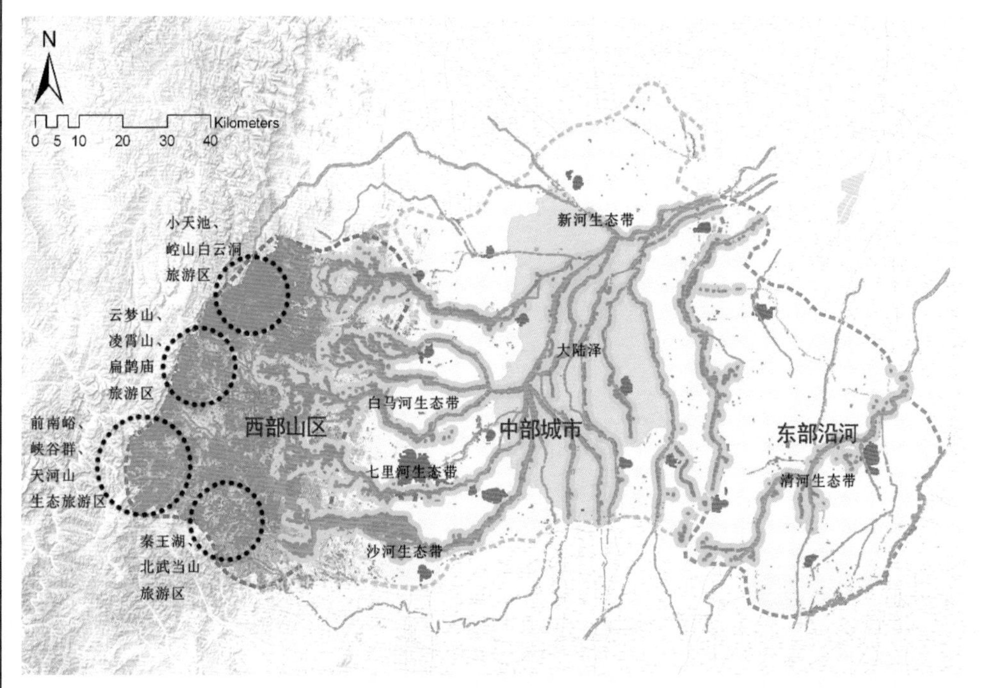

▲ 基于区域生态网络形成以太行山、大陆泽水系为主体的国家公园 .

专栏 4-3（续）	还邢台青山绿水，走生态发展之路

2012 年，邢台市将大气整治范围拓展到沙河、内丘、南和、任县、邢台县“一城五星”范围，对重点大气污染工业企业整治范围扩展到各县市。巩固和深化农村环境综合整治成果，扎实推进幸福乡村建设，新增省级幸福乡村示范点 160 个。实施秀水工程，对市区河湖进行退污还清和改造提升，再现 3 个湖泊、4 个城区河流，打造环城水系景观；加强水资源保护，在 2011 年关闭 136 眼市区自备井基础上，2012 年又关闭 136 眼，力促岩溶水采补基本平衡，水位持续回升。继续加大植绿力度，实施环市区防护林、环县城和园区绿化、石武高铁沿线绿化、农田林网建设、通道绿化延伸、河渠绿化、山丘绿化和村庄绿化八大工程，造林绿化 51.8 万亩，建成环市区总长 66.9 公里的防护林带，实现森林覆盖率净增 1 个百分点以上。

生态发展之路，是邢台经济社会实现转型升级的必由之路，也是邢台市由后进变先进、实现后来居上的必由之路。

邢台一定要打造好环境这个核心竞争力。环境与项目紧密相连，环境是项目建设的基础，项目是环境建设成果的体现。今年中航工业、新兴际华、首钢、卡博特等许多大项目、好项目落户邢台，就充分显示了环境建设带来的良好吸纳聚集效应。我们必须坚定以环境促发展的理念，坚持不懈地做好环境建设这篇大文章，以环境先人一招、快人一步来促进邢台实现跨越发展。

借鉴邢台基于区域山水条件与特色建立国家公园、改善生态环境的经验，在京津冀地区可以建立沿太行山和燕山的国家公园体系。

资料来源：清华大学建筑与城市研究所．邢台城市空间发展战略研究（中期报告），2013.

1. 加强县域之间的合作与统筹

以富民强县和生态保护为目标，实现生态环境保护和经济发展，探索主体功能区规划在县域的具体落实问题。

2. 以“县域”为平台，有序推进农村地区的城镇化进程

依据各地各具特色的自然资源、经济基础、文化特色等现实情况，积极进行以县为单元的城镇化、新农村和制度创新试点。以县域为平台，发展基本公共服务的均等化，建立基于生活、生产圈的村镇体系，满足不同空间层次人民基本生活的需要。具体包括：

① 引导人口迁移。在人口总量控制的同时，探索就业、社会保障、住房建设、公共服务配套的相关机制，促进京津冀太行山、燕山山区的生态敏感地区、地质不稳定地区、饮用水困难地区的人口向县城、重点小城镇逐步迁移，以提高基础设施的处理效率，减少面源污染。

② 引导产业发展。因地制宜，积极发挥中小城市和城镇的地方产业，发展诸如石雕、土布、食品加工等传统优势产业、中小企业为主的民营新兴制造业和服务业，同时充分发挥当地自然和历史文化的资源，积极发展休憩旅游业，促进地方经济发展。

③ 构建县域公共服务网络，提高地方文化水平。转变乡镇主要职能，以提供基层公共服务为根本宗旨，匹配相应资源以强化其基层服务职能。乡镇一级完成由“基层管理区”向“基层服务区”的转变。

④ 长期实施小流域治理战略。以小流域的生态环境治理、新农村建设、特色产业发展为抓手，逐步更新，改善山区农民生活条件，注入产业活力，提高收入水平。

3. 建设美好人居家园

生态文明建设示范区的建设不仅需要顶层设计，自上而下的宏观规划和整体布局，更需要自下而上结合地方特色，发动基层力量，积极探索美好环境与和谐社会的共同缔造。近年来，广东云浮、福建和江苏等地人居建设的成功经验值得借鉴，是建设美好人居家园的“他山之石”。

专栏 4-4	云浮实验

云浮市是广东省的一个山区农业生态市，近几年以人居环境科学理论为指导展开了一系列的规划和建设活动，总结形成了以美好环境与和谐社会共同缔造为核心的“云浮共识”。通过“共谋、共建、共管、共享”，建立市筹划、县统筹、镇组织、村主体的组织体系和相应的激励政策，通过政府发动、市民参与，把城市规划建设工作由“要群众做”变成了“群众要做”。

云浮人居环境科学实验框架包括人居环境愿景、县域主体功能扩展、完整社区建设指引、美好环境与和谐社会共同缔造行动纲要四个部分，分别从空间愿景、政策配套、社会管理和行动指引四个方面促进人居环境建设，实现科学发展。人居环境愿景体现的是人与自然的和谐关系，是生产与生活的和谐关系，是统领全市的空间发展布局。县域主体功能扩展通过落实理想人居环境建设的实施主体和政策保障，把空间布局的落实找到了相应的实施主体。完整社区建设是构建社区作为人居环境实验的最基层单位，落实社会管理和环境建设，把人居环境建设落实到以人为核心的社区空间。行动指引则是政府发动，群众参与，政策激励的系列实验安排。

专栏 4-4（续）	云浮实验

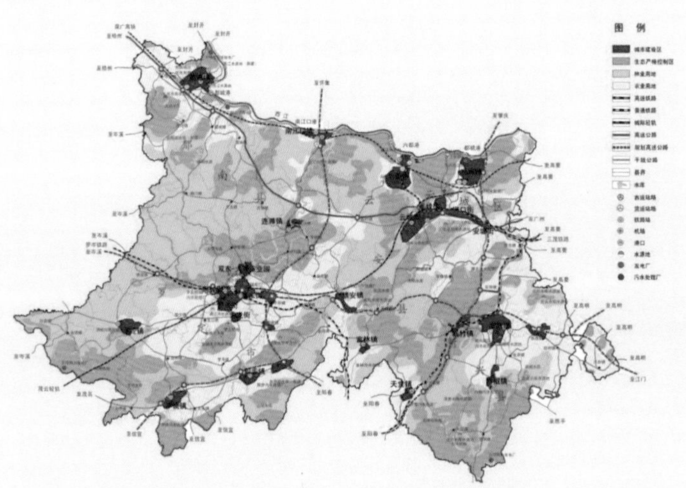

▲ 云浮城乡空间发展战略

▲ 推进完整社区建设，建设美好家园

以慢行绿道建设为载体，创造宜人的公共空间；以推进公共服务均等化为途径，建立完善的社区服务体系；以三级理事会为平台，形成社会管理群众自治的基本单元；营造具有地方感的社区文化。

资料来源：王蒙徽，李郇，潘安，建设人居环境 实现科学发展——云浮实验．城市规划，2012(1).

4.5　加快推进京津冀区域协调的制度创新

进入新世纪以后，京津冀地区经历了一系列重大事件，举办过盛大的北京奥运会，也经受了全球金融危机的洗礼，经历过 2003 年 SARS 这样的公共卫生事件，目前正面对严峻的大气环境问题——雾霾。每当出现重大区域性事件，京津冀两市一省就会在生态、交通、水资源等方面进行协调与合作，在合作中人们越来越体会到，很多局部的、自身的问题只有通过相互协作才能得到解决，区域协调已经成为社会的共识。

然而，仅有共识还远远不够。当前，京津冀协调发展的长效机制尚未建立，不能满足区域经济、社会发展的现实要求，也不符合“十八大”报告提出的“五位一体”总体布局的要求，迫切需要进行制度创新和改革。一方面，创新国家层面的顶层设计，使区域协调的工作能够有长期的制度保障，把京津冀两市一省各自的规划转变为共同的规划，把各自的行动转变为共同的行动，努力成为全国进行区域协调的试验区；另一方面，在中等城市、乡镇、农村的层面，积极进行以县为单元的城镇化、新农村和制度创新试点，通过体制改革和制度创新，提高基层活力。通过不同层面的制度创新和改革，推进京津冀地区的整体协调发展，共同建设中国的首善之区。

注　　释

[1]　2011 年，全国政协委员刘永瑞在全国两会上提出：“在以北京为圆心、半径 300~500 公里左右的扇形区域，建设环首都生态发展试验区，进一步改善京津冀乃至整个华北地区的生态环境。”

[2]　武义青，张云 . 环首都绿色经济圈：理念、前景与路径 . 中国社会科学出版社，2011.

外一章　顾问意见和建议

2013年9月12日，《京津冀地区城乡空间发展规划研究三期报告》学术研讨会在清华大学召开，会上吴良镛院士、吴唯佳教授对三期报告的主要内容进行了简要介绍，各位领导、专家踊跃发言，提出了许多宝贵意见。现将发言整理，作为单独一章，供读者参考（以发言顺序为序）。

吴良镛★

★ 中国科学院院士、中国工程院院士、清华大学教授

今天是《京津冀地区城乡空间发展规划研究三期报告》学术研讨会，我们从第一期报告开始讨论京津唐发展的历史过程，经历了一个相当长的时间，才能够对此复杂问题逐步深入下去。今天的嘉宾不一一介绍了，既有共同战斗的老朋友，也增加了一些新的朋友、新的血液，是一个“科学共同体”。我先简单地讲一点，接着由研究所吴唯佳同志讲，然后请大家发言。

自1999年正式提出“大北京”的概念以来，已经10多年过去了。回顾10多年来的研究，我有两个方面的深切体会：一方面，关于京津冀地区城乡空间发展规划的思考与建议，得到社会各界越来越多的认识，可以说，已经逐渐从学术共识转化为社会共识与决策共识；另一方面，京津冀地区发生了一些新变化，对城乡空间发展规划提出了更高的要求。今天在此提出来，供与各位分享。

在京津冀地区的城乡空间发展规划一期报告中，我们提出“规划大北京地区，建设世界城市”的构想。建议面向“世界城市”的建设目标，在区域层次上综合考虑大北京地区的功能调整，包括核心城市“有机疏散”与区域范围的“重新集中”相结合，实施双核心/多中心都市圈战略，特别是京津两大枢纽进行分工与协作，实现区域交通运输网从“单中心放射式”向“双中心网络式”的转变。这些设想，在京津冀地区的规划建设中得到了很好的体现。例如，国家和北京市“十二五”规划中都提出建设中国特色世界城市

的目标，以京津城际建成运营为标志的区域双核心 / 多中心都市圈战略逐步得到实施。

在京津冀地区的城乡空间发展规划二期报告中,我们进一步明确提出“以首都地区的观念，塑造合理的区域空间结构”，建议以京、津两大城市为核心的京津走廊为枢轴，以环渤海湾的“大滨海地区”为新兴发展带，以山前城镇密集地区为传统发展带，以环京津燕山和太行山区为生态文化带，共同构筑京津冀地区“一轴三带”的空间发展格局；并且，以中小城市为核心，推动县域经济发展，扶持中小企业，形成“若干产业集群”，带动社会主义新农村建设，改变“发达的中心城市，落后的腹地”的状况，促进首都地区的社会和谐。这些设想，在京津冀地区的规划建设中得到了很好的体现，例如以首钢搬迁、天津滨海新区建设为标志，沿海地区快速发展的态势显现；提出京津唐、京津保、京承张等地区的经济、文化、生态的建设得到长足进展。

10 多年来，在京津冀区域大发展的同时，我们在研究报告中提出的一些问题，也逐渐暴露出来，最显著的表现就是，随着大规模新城建设的甚嚣尘上以及房地产的畸形繁荣，特大城市地区出现了人口过分集聚、生态环境压力加大、住房等生活成本迅速增高、经济社会问题比较集中，等等。对于这些问题，我认为原因有以下几个方面：

第一，地方政府怀有强烈的“土地财政”动机，即通过招商引资，扩大投资，促进新城新区开发，带动土地升值，获取高额土地出让金，维持城市建设的资本循环。这实际上是一套“空间生产”的做法，在此过程中，追求的是交换价值和价值增值。

第二，与空间发展相关的政策、法规和规划“被部门化”。行政部门在制定空间政策、法规和规划的过程中，过于强调本部门的权力和利益，而弱化相应的责任，甚至偏离国家整体的政策方针和公共利益。现在讨论空间规划的范围越来越大，国土规划、区域规划与城市规划混为一谈。

第三，城乡建设中长期存在“重城轻乡”的思想。为了发展城市而不惜牺牲农村，为了土地开发进行简单粗暴的征地。在“城镇化水平”不断提高的同时，对乡村发展形成了严重的忽视，“三农问题”日益严峻。

第四，对城镇化问题的复杂性缺乏足够的认识。长期以来，将复杂的城乡建设与城镇化当作简单的经济现象或物质建设工作。用一个简单的目标来概括复杂的城镇化进程，或聚焦于某个问题，或聚焦于某一方面，复杂问题被简单化，造成顾此失彼，或只见树木不见森林的被动局面。

随着城镇化水平的提高，讨论越来越热烈，范围也越来越广，但是如何遵循区域发展的客观规律，制定相应政策，在顶层设计方面，需要预为思考，建议在下列方面采取相应措施：

第一，充分认识城镇化的复杂性，采取“复杂问题有限求解”的方法。以现实问题为导向，化错综复杂问题为有限关键问题，寻找在相关系统的有限层次中求解的途径。如果说，在传统的农业社会，社会、政治、经济、文化、生态等五大系统还处在一个相对均衡、稳定的状态，那么随着现代化、工业化、城镇化的推进，如今，上述五个系统则已经出现了比重失衡且各自为政的局面，急需重视系统之间的交叉联系，建立一种新的平衡状态。

第二，建立“新型城乡关系”，因地制宜地采取差别化的发展策略。对于特大城市地区，促进生产要素的灵活流动和重组，在区域尺度上对特大城市过分集中的功能进行有机疏解，同时提高中小城市和城镇的人口吸纳与服务功能，使农村富余劳动力在大中小城市均衡分布、有序流动，形成一种城乡协调的“城乡统一体”；对于欠发达的农村地区，以“县域”为基本单元，有序推进农村地区的城镇化进程，依据各地各具特色的自然资源、经济基础、文化特色等现实情况，积极进行城镇发展、新农村建设的制度创新试点。

第三，加强城镇化人才培养和“智库”建设，提高城乡规划的决策水平和技术支持。城镇化是一项复杂性、专业性、连续性都很强的工作，有关的决策需要在了解历史和熟悉现状的基础上进行前瞻性的思考，各城市有不同的特点与问题，不能照搬别人的成绩，照猫画虎。为此，除了继续坚持与进一步加强市长、书记培训工作外，迫切需要在市委市政府决策层中增加技术性参谋，较为长期地在宏观上参与、把握城市的发展命脉，为城市政府决策提供建筑、规划和工程等方面的专业咨询，加强决策的科学性、继承性，建议在少数城市工作中进行试行城市总建筑师、城市总规划师、城市总工程师（“三总”）制度，对城市发展进行整体的研究、决策和管理。

第四，发展人居环境科学，建设美好人居环境。“十八大”报告提出：“必须更加自觉地把以人为本作为深入贯彻落实科学发展观的核心立场，始终把实现好、维护好、发展好最广大人民根本利益作为党和国家一切工作的出发点和落脚点”。人居环境的核心是人，关系国计民生，人居建设的目的是创造有序空间与宜居环境，满足人的需求，包括空间需求，人居建设应该成为五大建设的核心内容之一。要积极发展人居环境科学，为解决当前复杂的城镇化问题，提供发展目标的思想理念、组织研究的工作方法、解决问题的技术工具和战略措施。

在大北京一期报告中，我提出“科学共同体”，今天在座的很多专家，长期以来一直与我们一道关心和讨论京津冀的区域发展问题，很多从一期报告以来就参加研讨会。今天，三期报告即将出版，敬请继续发表高见。昨晚我又从头到尾将二期报告中各位的讲话仔细看了一遍，非常好。今天的会议仍将延续这样的方式，将发言进行记录，作为“外一章”列于正式报告之后，共同为京津冀城乡空间发展发挥知识的力量。

三期报告的起草稿已经提前送给诸位，主要精神是“四网融合，建设宜居有序的城乡空间”，“创新区域协调机制”，建议京津冀两市一省努力对城镇网络、交通网络、生态网络、文化网络的布局、保护和发展进行区域协调。在这个基础上，如果得到大家的认可，则希望能够对两市一省总体规划的结构和原则起到一些促进作用。

谢谢各位。

吴唯佳 *

* 清华大学教授

今天的讨论会主要是听取各位领导专家的意见，我只简单谈一下看法。2002 年出版的一期报告，是针对当时北京和天津城市规划发展战略制定而进行的；2006 年二期报告出版之后，发改委提出了京津冀都市圈规划。

我们这次的三期报告面对的主要背景是“十八大”提出的“五位一体”、生态文明建设、国家发展转型的需求。京津冀两省一市也互相签署了区域合作协议。在这个背景下，如何坚持整体协调发展，促进区域均衡发展，实现区域的共同繁荣，保证首都功能的发挥，服务全国，是一个重要的问题。

我们提出，在空间上，加强两市一省之间省际的交通网络、生态网络、文化网络等的融合与协调，以获得有序的空间秩序。在具体的行动方面，我们也希望能通过以北京新机场为核心的畿辅新区，整合北京、河北和天津相关的地区；同时也希望建设以天津滨海新区为龙头，包括河北沿海和北京的京津冀沿海经济区，促进天津、河北和北京的区域合作；此外，还希望围绕着北部山区，主要是燕山山区和太行山山区为主体，建设生态文明试验区，整合北京、河北、天津这三个地区。目前在这些合作的规划和制度安排方面需要进一步研究和创新。

这个报告提出，要创新国家层面的“顶层设计”，使区域协调工作能够有长期的制度保障，把京津冀两市一省各自的规划转变为实施规划，各自行动转变为共同的行动。另一方面，我们也希望在地方，乡镇、农村能够积极地进行以县为治理单元的城镇化与新农村建设等制度创新。

在这个过程中间，我们认为今天的发展可能还是面临一些问题，希望借此会议之机，请各位领导和专家提出一些建议：

第一，关于首都功能区域拓展的问题。目前来看，中央部门建设用地不断增长，在中心城区里分散布局，这增加了解决交通拥挤、加强环境保护等方面的难度。这既有历史原因的影响，又有国家管理要求的升级。应该怎么来看待首都功能的拓展？我们在报告中提出了建设“畿辅新区”，首都功能拓展和畿辅新区的关系以及和区域之间的关系又该是怎样?

第二，关于区域经济社会发展的合作与竞争。北京、天津、河北都认识到问题的复杂性，提出了协调发展的各自要求。如何认识北京、天津在国家和区域职能方面的合作与协调？如何认识北京、天津、河北在新机场、港口之间的合作协调？由于环境保护的要求，如何认识北京、天津、河北之间产业的升级和转移？我们希望在这些方面采取一些措施。

第三，区域水资源、水环境、土地资源的共建、共保、共享。一方面，国家发改委推动土地开发的强度控制，建立主体功能区，以首都新机场为例，土地资源跨界合作的问题已经呈现出来。北京也已经注意到城市的区域拓展，城乡建设用地统一管理的新要求。另一方面，河北一些地区在采取沿界开发的策略，鼓励和天津的合作。我们应该思索如何有序促进资源环境的共保、共享，推动跨区域的区域合作开发。

第四，人口，特别是流动人口。经济发展与人口迁移是空间增长的主要要素,要考虑如何通过区域发展,解决北京等大城市流动人口过于集中的问题。有人认为，北京流动人口的生活成本低，鼓励了流动人口的迁入。

第五，区域协调机制的“顶层设计”。新机场、沿海开发和生态保护都涉及区域合作。如果城市总体规划、土地利用总体规划由国务院统一协调，来解决跨行政空间资源合作问题，是否可能？或者，有没有可能形成跨省合作建设区来共同开发？比如新加坡模式,可以在天津,可以在苏州,可以在广州,在几个区之间实现跨省的合作开发建设。有没有可能像美国那样，成立一个华盛顿的国家规划委员会来统筹首都职能的正常运转和首都职能在区域中的拓展？这些都需要进行怎样的思考，需要采取怎样的法律和制度的改革方法，都是我们做三期报告时面临和需要考虑的问题，

我就简单说这五个方面的问题，希望各位专家提意见建议。谢谢大家!

★ 北京市副市长

陈 刚★

我先说说。北京是三期报告研究的对象，是其中很大的一块。吴先生领导的三期报告送来以后，我们认真地看了看，感觉内容非常丰富，也很有高度和深度。一期报告重理论、理念，理论体系和框架多一点，二期报告提出了大的空间结构，三期报告侧重点放在共同政策、共同目标、共同治理这些实施层面的内容，三个报告衔接得非常好。这是重大的实践课题。

第一方面，我讲一讲我们的认识。

我们在地方工作，北京、河北、天津都感受到我们三者的关系前所未有地密切。从政府层面，中央政府、地方政府之间以及各部门现在都高度关注这一地区的发展，谁也离不开谁。一期报告时还是在理论领域比较热，现在政府层面也相当热。北京市与河北省去年多次研究合作，我们去，他们来，而且签订了合作协议框架，达成了在水资源、产业多方面共同发展的合作协议。天津市也是如此。上半年，我们北京市党政一把手去天津进行为期一天的研究座谈，也签署了很好的合作协议。后来中央主要领导也去了，评价非常好。地方政府层面很热，部门之间也是如此，规划建设各方面都参与了。在产业合作方面，天津很多项目的投资者都来自北京，比如金融街，区域之间的流动是客观的。河北更是这样。河北围绕着北京，很多北京的企业去河北，或者天津和河北的企业到北京来，这种融合的关系在社会层面、市场层面广泛开展。所以我觉得现在这个大趋势是个非常好的事情。可以说，一、二期报告里面我们还有很多认识问题需要解决，到了三期里面几乎统一，包括现在面对的环境问题、产业升级调整的问题、转变经济发展方式的问题，都需要在更大的空间进行探讨。生态问题尤其如此。今天早晨我看到了新闻报告，说北京的雾霾与周边关系非常密切，我们人人都是污染的受害者，也是制造者，代价也要我们来承担。三期报告提出的这些观点我非常赞同，尤其在当前这个形势下，地方政府迫切希望在更高的层面或者是理论层面，对三者之间一些政策进行综合梳理，最后提交到更高的层次，有的还可以上升到法律法规的层面。我们觉得政策层面不简单是行政政策，还包括法律政策、经济政策等多种手段，只有这样来治理，区域状况才会更好。

第二方面是针对这个报告比较关注的几个问题。

第一，我们还是要从更高的国家战略和可持续发展方面认识经济合作问题。京津冀有别于珠三角、长三角，从国家战略层面看，现在那两个区域的发展处在基本成熟阶段，而京津冀的潜力还很大。世界还没有走出金融危机的阴影，全球的经济状况都不是很好，我们的经济下行压力也很大。落实到实际行动上来看，新的增长点再大，也都还在寻求当中，而出口也受到了外需的束缚。因此内需在哪里？从区域层面看，京津冀走新型城镇化、工业化的路径，确实从国家战略层面有很大的亮点。将区域里的资源进行整合，走创新的道路，确实是国家战略的重点，尤其是首都地区，随着中国在国际舞台上的地位攀升，国际事务参与的程度加强了，这一系列活动都发生在这个地区，包括金融等等。所以，这个地区的研究是国家战略，是要高度重视的事情。

第二，要客观地认识京津冀地区发展的现状和面临的困难。刚才吴先生都讲到了这些问题，我们觉得提的问题非常准确，同时要补充一点，除了其他的问题之外，这个地区恐怕还有一个问题，那就是处在一个非常不平衡的城镇化、工业化发展阶段，粗放的发展阶段造成的一些问题不容忽视。怎么引导、认识市场的需求、市场的力量，特别在这么一个背景下怎么看待这个问题，需要做深入的分析。具体讲，北京既有高端，也有非常低端的产业，河北省面临的转型压力也非常大，天津也是如此。昨天的参考消息有两个文章，一篇讲到我们现在的政府债务和出现的一批鬼城，过度的城镇化或者房地产引起的城镇化造成了鬼城大量的空置。简单地说，就是整个京津冀地区过度地发展。反过来，北京又处在高度的拥挤状态，房价攀升，地价也是很高，不平衡发展的问题日益凸显。另外一篇文章是世界银行专家写的，他认为由于中国的国情和土地资源的不足，大城市的聚集不可避免，但问题出现在大城市内部结构和支撑发展方式的绿色程度还不够，包括交通等等。从总的区域来看，培育一定的产业区域有利于整体生态的保护，京津冀不能形成蔓延性的、低密度的、粗放的城镇化发展。京津冀的问题非常复杂，跨越了各个阶段，北京五环、六环以外就非常低端。我们对低端产业很头疼，它占用了北京大量的用地。北规委对这些地区做了调研，它创造的国民生产总值非常低，只占北京的百分之几，但是它吸引了大量的流动人口，造成了大量的污染，包括燃煤、违法建设等等。现在你们看到北京在做一些战术层面的工作，拆违章建筑。甚至到国外，人们也在问我屋顶上盖房子的问题。这件事情一定要抓起来，不经规划建设的房子与经过规划的房子之间，可能是 1∶1 的关系，其中包括过去的工业大院、城乡结合部。我们先要做到零增长，也希望能够在拆的过程中实现产业升级、人口的有序管理、生态环境的改善，包括交通问题，包括棚户区改造的问题，这些问题我们都要解决。

第三，建议抓住重点问题，特别是要提出共识，有序推进区域合作。建议在探索新型城镇化的路径方面再做更细的研究，提出更有针对性的问题。从空间布局来看，我们非常赞同三期报告提出的四网融合，非常好，其中需要再对空间支撑的功能和规模进行深化。我们有一个共同的感觉，京津冀地区的 GDP、人口、产业的规模不一定要追求和珠三角、长三角一样大，它的资源禀赋各个方面不同于那些南方地区，这个恐怕要做一个子课题的研究。比如空气问题，现在京津冀烧几亿吨煤，还不包括环渤海湾。从三个地方提出的“十二五”末 GDP 以及下一步发展规划看,这个经济总量能否得到支撑，恐怕要算算账，否则空间布局怎么容纳。科学发展观给我们松了个绑，地方的 GDP 要算经济的质量。

第四，定位方面，报告中提出的畿辅新区是很好的概念，但其功能、规模要研究。这又包括前面的问题，很多规划非常理想的新城，不是说你把基础设施建设了，房子建了，人家就来，产业布局的规律要深入研究。不说京津冀地区，只是北京市内，我们想建新城，规划想法都非常好，但有时候不符合市场规律和城镇化规律，就变成了大家说的鬼城。长安街一个南，一个北，差别很大，东方广场和恒基中心几乎同时建，恒基就是不行。在什么地方建，建多大规模，我们的空间布局一定要研究这样的问题，否则很难支撑空间布局。在城镇化的路径方面，希望充分的考虑背后的产业经济规律，以及整个京津冀的总量。

第五，在共识方面，确实要改善区域壁垒的问题。北京市的规划现在都是从区域的角度来进行考虑，河北省和我们这方面谈论的话题比较多。

第六，要共同推进生态文明建设，创造区域良好环境。生态环境建设，应该作为三期报告的重心，重中之重。国务院主管领导上周专门到北京来调研，力度非常大，给区域、各省市县下的指标非常苛刻，并锁定燃煤、机动车。你们看这两天媒体的热炒，炒收费的问题，炒北京车的总量和使用，要对私人小汽车采取最严格措施等。煤更是如此，广大农村地区正在改变，最没有条件做到的也要对燃煤进行更换。北京农村烧的是最劣质的散煤，二三百块钱一吨，实际上这种煤的热值非常低，粉尘是优质煤的 10 倍，二氧化硫是优质煤的 8 倍，污染非常大，农民以为省钱了。今年北京市发改委送煤下乡，还有补贴，有条件的要改成天然气、可再生能源等多种方式。低空燃煤是非常大的污染源，从整个区域的角度要有一系列的措施，这些措施可以做得很具体。有的已经是共识，已经重视起来了，有的要立法。除了这些行政措施、法律措施、经济措施，社会监督、社会公共参与等多种措施都要跟上。

第七，在文化合作方面，京津冀有很丰富的资源，北京市旧城里面，我们还是按照有机更新原则和 2004 年总体规划所确定的目标，大力进行老旧小区的改造，改造不节能不抗震的危楼，这是巨大的民生工程。

第八，发挥北京、天津、河北若干重点城市的辐射带动作用。从城镇体系来看，要确定各城市的合理规模和辐射带动的范围和布局，发挥引领作用。现在世界 500 强北京达到了 48 家，是世界第一了，在总部聚集度方面，辐射带动作用非常大，包括中关村一些产业园。可以带动包括天津、河北地区的装备制造业，以及其他若干个区域，但是曹妃甸下一步要不要转型，这是我们面临的一个问题。北京在这方面的合作潜力非常大。

最后一点，统筹区域的资源配置问题。你们提出了很好的问题，我们也提出希望中央层面更高层次的协调。这种方式非常重要，不能靠一个部门单打独斗。我们强烈呼吁这个事情，京津冀是首都地区，太特殊了，确实需要很高层面的统筹来解决这方面的问题。

总之，我认为报告非常有意义、有价值，无论在学术和理论层面还是在实践层面。尤其三期报告里面的内涵非常丰富，我看了两遍了，刚才看了有些东西又有新的启发。北京上一版总体规划已经快十年了，又面临很多内容的增补，调整。吴先生你们都在，还得继续请你们出山，尤其结合区域角度出谋划策，先给你们预告一下。非常感谢！

秦　川★

★天津市规划局总建筑师

由于这个研究对京津冀地区和天津的规划建设工作非常重要，所以我们天津市对这个报告特别重视，拿到成果之后海林副市长进行了认真研究，我们市规划局也专门组织学习研究，霍兵总规划师等很多领导都提出了一些建议。本来海林副市长要亲自出席今天的研讨会，但是由于市政府安排他去境外访问不能参加，所以委派我过来代表他谈一下对报告的意见。

首先，我们非常感谢吴先生及其团队长期以来对京津冀地区所做的深入研究。从整个工作来看，无论是一期报告还是二期报告，对我们天津的城市规划和建设，对京津冀逐步启动区域协作都起到了积极的、重要的影响。刚才报告当中也提到，无论是在天津的城市空间布局还是产业布局、城市建设、环境建设等各个方面，都从研究报告中获得了很多启示。而且近年来的发展趋势、面临的情况、遇到的问题，有很多都印证了一、二期报告中比较超前、宏观的分析和判断。

这次读三期报告，我们又有了新的启发和收获。无论在区域层面还是在天津城市规划建设层面，它对我们的工作都有非常重要的启示和指导作用。在区域空间布局方面，三期报告在前两期报告大的空间布局结构基础上进行了优化提升，我们认为符合京津冀地区发展的实际情况、发展特点和发展要求。特别是报告中提出的“四网合一”的理念，进一步指明了京津冀地区发展的总体原则和目标，符合当前推进新型城镇化的要求。报告当中提出了设立畿辅新区等新的建议，也具有一定的创新性和可行性，值得进一步深入研究。同时报告在区域协调的机制、政策方面的建议，也具有一定的操作性。所以我们认为，三期报告是一个具有宏观视野和创新思路、理念先进、内容丰富的高水平的研究成果。

结合天津的具体情况以及我们一段时间以来对区域发展问题的思考和研究，我们初步提出以下三个方面的建议。

第一个方面，建议报告进一步加强对国家发展要求的分析与解读。近一个时期，我们国家提出了推动新型城镇化和区域一体化的要求，三期报告和这些要求有很多契合点。首先是新型城镇化的发展要求。所谓新型城镇化，实际上也就是反思了在既有城镇化过程当中存在的一些不可持续的问题，探索一条更加全面协调可持续的新的道路。新型城镇化的重点还在于均衡统筹协调的发展。刚才吴先生也提到了，京津冀区域发展中，特大城市怎么样有机地进行疏解，中小城市城镇怎么样进一步加快发展，增强吸引力。我们觉得未来国家的政策导向和重点，都在从中心城市向中小城镇转移，从高端的、发达的地区向落后地区、欠发达地区转移。在新的三期报告中，主要的思路跟这个思路是一致的，可以进一步重点强调针对新型城镇化应该抓住的关键问题，以及京津冀地区应该重点研究和实施的具体措施。其次，最近习总书记到天津视察工作的时候，提出打造新时期社会主义现代化的“双城记”，推进区域一体化发展的要求。京津两地随后进行了广泛深入的接触和洽谈，签署了两市合作协议。这里面涉及到了产业、人口、教育、基础设施等等很多方面的内容，将会进一步转化成一些具体的政策、措施和实施项目。我们希望三期报告针对这方面的要求，进一步深化京津合作方面的研究内容，给我们提供一些更高层次、更加具体、更有新意的建议和引导。

第二方面，针对报告的主体内容，我们对四个关键问题提出一些建议。

第一是在产业发展方面，建议深入研究在京津冀地区如何能够建立“互利共赢”的区域产业布局体系。产业是区域人口迁徙和聚集的主导要素，同时也是城镇规划布局的最基本依据之一。当前之所以造成特大城市、中心城市人口高度聚集，实际上和我们的产业过于集中，产业布局没有实现均衡的区域格局有很大的关系。产业布局实际上是我们两市一省在当前阶段特别关注的焦点问题之一，存在着难以协调的冲突和矛盾。在这个发展阶段，各地都想发展更多的产业、更高层次的产业，淘汰转移落后产业，很难做到有取有舍、有所为有所不为。如果三期报告能够加入一部分宏观的、高层次的研究，对各地区发展各类产业的成本、收益及其所带来的问题进行深入的研究，提出各地在产业方面适宜的发展方向，包括研究建立一种机制，促进建立一个与城镇发展和环境保护相适应的区域产业布局体系，那么就可以成为对三个地区产业规划和城镇布局规划的指导和参考。这方面我们觉得是推进三个地区进一步发展的重要支撑。这方面也的确是我们区域层面实现合作的难点，值得投入比较大的力量进行深入的研究。

第二是建议进一步加强区域的交通体系建设方面的研究。这个在报告当中实际上也提到了，包括公路、铁路、机场的建设。从天津的经验来看，京津城际铁路对京津同城化进程起到了巨大的推动作用。比如我今天早晨，8:10分从天津站乘城际列车出发，9:25 分到达北京地铁四号线北京大学东门站，再步行 15 分钟到达会场。我可能比有的北京当地专家用时都短，而且是绿色出行。从区域均衡的发展角度来看，为了能够在更好的支撑产业发展，提高公共服务设施的服务辐射能力，区域的公路、铁路等各种交通系统应该发挥各自的作用，这方面的内容还可以更加细化。其中我们建议进一步突出区域轨道系统的构建，因为它可以提供大运量的区域公共交通服务。我们在对天津周边区县进行规划的时候，发现规划增加一条高等级公路、高速公路都不太难，难是的我们城市轨道、城际铁路、市郊轨道怎么能够跟北京、河北连接起来，形成一个衔接紧密的一体化的轨道交通系统。这需要区域层面有大的规划指导，以及地区之间更多的协调和协作，才能够更早地布好这个局，避免今后建设的时候产生问题。从政策层面，从区域均衡发展的角度，我们也觉得轨道的建设或者公交的建设重点应该从中心城市适当地向市郊地区、外围地区进行转移，这也是体现了新型城镇化的要求。

第三是建议进一步突出区域生态环境保护建设的内容。这方面的区域协调是非常困难的，因为生态系统是跨越行政边界的。当前的雾霾、水污染和水资源匮乏都是区域共同面临的问题，区域生态环境建设是三期报告中的重要内容，报告当中也进行了比较深入的分析，提出了清晰的建议和对策。我们建议在这方面重点加强政策研究，提出生态上下游地区之间开展支持、补偿等方面的建议，使区域生态系统的建设更加具有操作性，符合市场机制。同时与各地区人居环境的建设，包括城镇聚居点的分布建立起密切的关系。这样就能把整个区域生态网络有机地融入到区域整体系统当中。

第四是建议进一步加强居住和公共服务关系的研究。京津冀区域发展的最终目标还是要给人民提供适宜的、舒适的、完善的生活场所。而这绝不仅仅是新城建设、住宅建设、基础设施配套等建设层面的问题，而是意味着大量公共服务资源投放的转移和引导。在这方面我们觉得可以再更深一步进行研究，重点研究通过优化基本公共服务设施的区域布局，引导和支撑区域人口、产业的合理布局，实现城乡地区人居环境的均衡发展。我们希望在这方面给我们提一些好的建议。

第三方面，我们建议在区域协调、合作机制方面能够再有一些深化的内容。具体有两点建议。

第一，我们特别赞成吴先生提出来的“复杂问题有限解决”的思路。京津冀区域合作从一期报告开始，已经提出来很长时间了，但是长期以来进展不是像大家期望的那么快，也始终没有形成一个高层次的协调机构。各地区之间的联系和接触目前应该说也不是很密切和深入。那么能不能按照逐步发展的思路，在技术层面或者其他可能的层面，先行启动一些交流和合作。敢于面对当前的突出矛盾和问题开始磨合，甚至开始博弈。在这个过程当中进一步加强相互之间的了解，更加务实地解决一些具体问题。这样能够为以后更高层次、更大范围的合作打下一个好的基础，为实现全面的区域协调合作迈出扎实的第一步。像吴先生提出的把区域合作的认识从“专业共识”逐步推进到“社会共识”，最后成为“决策共识”。

第二，发挥我们国家的行政体制和制度优势，推进区域合作。我们有比较强势的政府，政府对规划工作又高度重视，因此我们在区域和城市规划工作中具有比较强的引导和控制能力。如果我们能在掌握区域发展内在规律基础之上，进一步发挥这个优势，以规划为突破点加大推进区域合作的力度，应该可以起到明显的作用和效果。报告可以在政策机制方面深入研究利用这个特点，更好地引导和把握区域的城镇体系布局、产业布局以及环境建设进程。

以上是我们对三期报告的一些粗浅的建议和想法，请吴先生和各位专家参考。谢谢大家！

朱正举 *

* 河北省住房和城乡建设厅厅长

非常高兴能有机会多次聆听、参与和学习吴先生报告。从 2002 年开始，我作为参与的见证人，一直走到现在，确实为吴先生和这个团队孜孜以求、倾注心血，专心研究京津冀发展课题，感到非常钦佩。同时对这个报告，从第一期到第二期、第三期不断深化，不断创新，不断解决新问题，并且对这个地区的发展产生了很重要的影响，感到非常欣慰、非常激动。京津冀地区到了协调发展互利共赢的关键时期，到了必须回答、必须解决、必须出效果的时候，所以我觉得第三期报告现在是恰逢其时。我们对三期报告进行了认真研究和学习，确实感到一期、二期、三期各有不同，在不同时期研究不同的问题，提出不同的观点。尤其第三期报告提出通过建立“四个网络”（城镇网络、交通网络、生态网络和文化网络），推动京津冀地区转型发展；提出京津冀共建畿辅新区、沿海经济区、国家级生态发展试验区的思路，理念新、站位高，我觉得确实非常可贵，确实有很多新亮点，切合京津冀实际。下面我谈几点不成熟意见。

第一，关于京津冀地区的协同发展问题。一是京津冀协调发展问题的严峻性，现在是前所未有。关于人口问题，资源问题，城市协调发展问题，在发展过程当中，存在着无序、不平衡、不协调、不宜居等非常突出的问题。不管领导也好，专家学者也好，都感到这些问题，已经到了非解决不可的时候。二是京津冀地区跟珠三角、长三角确实有很大不同。京津冀这三个地区都有不同的特点，任何一个地区都不能比拟。我觉得在这个地区河北属于第三世界，北京发展的是首都经济，政治经济，GDP 链条不长，到了北京郊区就断了，北京和河北的关系是穷哥们、铁哥们，而长三角、珠三角是产业链长，想切都切不断。京津功能的疏解、产业转型、区域性大型基础设施建设、生态环境保护和污染防治等问题不是京、津、冀任何一家单独能够解决的，但是这种特点并没有真正发挥出来。这个时期，中央层面的领导多次到这个地区，到天津、北京、唐山、石家庄，高频次地调研，专家学者高密度的提出一些观点，社会舆论，媒体网络也都在关注这个地区发展出现的问题，甚至楼顶的违章建筑都会引起很大的关注。三是京津冀地区共同协调发展已成共识，力度前所未有。这一个时期，三个地区的高层领导，走动特别频繁。我们规划建设部门之间协调沟通非常密切，需要互相解决、帮助解决的问题特别多。市场要素流动已经活跃，他们之间你中有我，我中有你，这需要部门之间积极协调。梯次发展到一定程度了，越不平衡，发展潜力越大。北京周边的十几个县，现在地价逐渐往上涨，大部分北京的企业，投资商都在这地方调研，他们现在也在抓着这种区域发展面临的机遇。四是这个地区的发展面临的机遇前所未有，应该说是到了解决问题的好时候了。今年 8 月，习近平总书记对河北的发展做了重要的批示，明确提出在新形势下统筹研究促进河北转型升级，加快发展意义重大，要把河北未来发展与京津冀协同发展有机结合起来，充分利用毗邻京津经济圈的优势，充分挖掘河北现有的潜力，形成新的增长极。前不久总书记到天津去，也给予了很高的期望。习近平同志 2010 年到唐山视察的时候，指出“环渤海地区快速崛起，正在成为继珠三角、长三角之后中国经济的第三极”，“首都经济圈作为环渤海地区的核心区，在中国区域生产力布局中占据着特殊重要地位”，“要努力把唐山建成东北亚地区经济合作的窗口城市、环渤海地区的新型工业化基地、首都经济圈的重要支点”，等等。五是河北转型发展任务艰巨，在研究中应给予更多关照。河北省产业结构偏重，转型升级中经济增长与生态环境的矛盾、转型升级与人口就业的矛盾、结构调整与社会稳定的矛盾、老产业退出与新产业不足的矛盾突出。受资源型产业发展惯性的影响，河北省产业呈现资源依赖和产业内生特征，造成传统资源型产业比重过大，规模以上工业中，传统产业占 88.2%。长期以来京津冀地区的发展，对河北很不平衡。河北一直以来从水资源、生态、防洪、安全等等方面是服务北京和天津，发挥“北京护城河”的作用。这个课题，研究北京、天津特别多，应更多针对北京发展的特点和需求，解决地区发展不平衡的问题。说到北京生态环境，我们感到压力特别大，根据国家六部委印发的《京津冀及周边地区落实大气污染防治行动计划实施细则》，我省 2017 年要净削减煤炭 4000 万吨，压缩淘汰钢铁产能 6000 万吨，“十二五”期间要淘汰水泥落后产能 6100 万吨，以解决京津地区的大气污染问题。这些都是硬指标，而且要追责，这种情况下，河北更是面临很大的责任。要解决河北省产业转型过程中的突出矛盾，尽快改善区域生态环境和维护社会稳定，需要从京津冀区域协同发展考虑。

第二，关于共同构建多中心的城镇网络。一是建议强化河北省城镇在京津冀区域中的地位和作用。京津作为核心城市，这种提法很对，也是布局需要。

建议考虑以北京天津为核心，以石家庄、唐山为重要支点构筑多中心的城镇网络格局。立足整个地区，把北京新机场、曹妃甸新城、黄骅新城等作为环首都地区新的增长点进行培育。环绕着首都建立若干个河北中等城市，发展成为宜居宜业的生态城市和北京的卫星城，空间布局上这么考虑比较合适，因为北京周边不需要发展众多的大城市，这点我们是形成共识的。二是建议将北京新机场周边地区、京石邯城市走廊、京秦城市走廊、京九城市走廊等纳入“京津冀若干战略性地区”。京石邯城市走廊、京秦城市走廊与京津城市走廊共同打造成为带动京津冀世界级城镇群发展的主轴线，构筑“一体两翼”的发展格局。三是建议扩展首都政治文化功能拓展区的范围。河北省环首都14县（市）（包括:广阳、安次、固安、三河、大厂、香河、涿州、涞水、怀来、涿鹿、赤城、丰宁、滦平、兴隆）的土地资源、劳动力资源和邻近北京的区位优势明显，具有能够承担首都职能疏解的发展空间和基础条件。建议将其纳入拓展区，我们完善14个县（市）的规划，为首都建设世界城市、疏解首都功能留足更大空间。

第三，关于促进区域产业协调发展问题。一是建议增加“共同构建京津冀合理分工互补的产业网络”章节。进一步明确北京、天津、河北省不同区域的产业定位。建议立足于区域生态环境承载力条件和优势资源条件，以区域产业分工协作为出发点，构筑首都功能发展区、津冀沿海发展区、冀中南重点发展区、冀北生态发展区四大主导功能发展板块。建议把河北环首都14个县（市），作为首都功能发展区的范围去考虑。冀津沿海发展区，支持天津、唐山、秦皇岛、沧州，共建沿海新兴产业聚集区和新型城镇化发展载体，建设成为京津冀地区的开放合作新高地、全国新型工业化基地、高端海洋高技术产业和休闲旅游基地，京津城市功能拓展与产业转移承接基地和我国北方生态环境优良的宜居区。合理利用渤海湾内海的海岸线，避免恶性竞争。冀中南重点发展区支持石家庄、衡水和保定中南部区域以及邢台、邯郸的统筹发展，共建石家庄都市经济圈，建成国家创新成果转化示范基地、国家重要的先进制造业基地和粮食主产区、京津冀地区重要的绿色农业基地和都市工业基地。冀北生态发展区支持张家口、承德和唐山北部、保定西部、石家庄西部山区实现生态转型发展，建设成为京津冀地区的重要生态屏障、特色先进制造业基地、绿色能源与农林产业基地，京津冀地区北部的重要物资运输通道与区域性物流中心，建成首都的国际化休闲旅游目的地。目前唐山、石家庄、衡水，经常列入全国大气污染城市的前10名当中，省领导这方面压力特别大，应把冀北生态区发展特点，作为产业和城镇布局支撑的一些举措，在报告中进行重点研究。二是建议以推动京津冀产业转型升级为核心，将石家庄、唐山打造为城市转型升级的试点城市。李晓江院长曾提出是否把石家庄作为城市转型发展的试验区，我们认为，能不能把唐山和石家庄作为京津地区的两翼，一起作为城市转型的试点城市。因为这两个地区都有各自的特点，都处于转型发展的关键期，希望专家学者呼吁这两个城市，作为城市转型的试验区。三是大力发展现代服务业，建设以北京、天津、石家庄、唐山等中心城市为核心，其他中心城市和重要现代服务业聚集区为补充的现代生产性服务业发展格局。加快推进服务首都物流体系的功能疏解，在高碑店、三河、怀来、丰宁建设与北京农超对接集散、配送市场。

第四，关于构建北京和天津放射性的交通体系和沿海交通大动脉。建议加强北部张家口 -- 承德 -- 秦皇岛大通道建设，结合我省今年高速公路、国道和省道的调整，加强邯郸—邢台—衡水—沧州—黄骅港大通道以及石家庄—天津大通道建设，这几大交通网络联系几个主要的功能区。强化北京、天津放射性交通网，构筑沿海地区港口对接内蒙、山西、陕西等广大腹地的区域性综合交通廊道体系，规划北京到曹妃甸港口的快速铁路。

第五，关于共建京津冀沿海经济区问题。建议在共建京津冀沿海经济区中，明确河北沿海发展定位，提升唐山港、秦皇岛港、黄骅港三大港口职能与作用，强化渤海新区、曹妃甸区与天津滨海新区的分工协作，明确发展指引。河北沿海地区的发展对于增强环渤海地区综合实力、完善我国沿海地区生产力布局具有重要意义，曹妃甸区、渤海新区与天津滨海新区将共同支撑京津冀沿海地区的发展与崛起。

第六，关于完善顶层制度设计问题。一是建议提出在国家层面建立促进京津冀协同发展的机制。现在京津冀协同发展的这种机制已经有了，但需要更高层面的牵头和明确，来建立这一地区的长效协调机制。因为这个协调机制确实跟珠三角、长三角不一样，这个地区有首都，要有好的平台，要有能够反应非常灵敏、动作迅速的协调机制，这样便于协调工作。二是建议增加在曹妃甸建立服务全国的矿石、石油、煤炭、钢材等产品交易中心，设立自由贸易区；在渤海新区设立综合保税区。

最后，建议大家共同提高京津冀地区在我国新型城镇化进程当中的影响力，把第三期报告交给国家的决策层，能够提到决策层的桌面上，推点劲，产生效应。

谢谢各位，谢谢吴先生。

黄 艳*

* 北京市规划委员会主任

我说两方面，一个是主要谈谈京津冀地区的一、二、三期报告，第一个感受就是这三期报告特别好，走了前半步，在每一个时期，在事态的发展和规律的发展中，都走前半步，所以它的指导性、还有它的引领性都非常强，您要是多走几步就赶不上，第一期报告起个头，这个就是对整个北京有一个震动。咱们第一期报告起的最大的作用，出来的是北京总体规划，2004 版在修编，报告整个内容都纳入到这个里面去了。第三期到了点上了，一个机会是转型的机会，三中全会 10 月份要开了，改革转型是大的契机，我们正好在这个时候结题，对下一步的发展特别有意义。

我来说点北京的事儿，这次三期报告又赶上我们要修改总体规划了，我们觉得这三期报告又会对北京这一轮的总体规划的修改起到很大的指导作用。

转型的事儿，刚才秦总、陈市长都说到了，特大城市的问题，城乡的问题，生态的问题，人口的问题，从上到下都把这个问题的解决出路，在很大程度上寄托在区域上了，希望区域能够出点什么招，能够化解这些河北的问题，北京的问题和天津的问题。群众实践活动，总书记就抓着河北不放的原因，就是生态环境的倒逼，逼到这个份上了。所以我们都是逼的，逼到什么程度呢，就是减产量，减燃煤，要把整个PM2.5降掉，人家用30年的时间降到这个程度，我们用三五年的时间，任务非常艰巨。

第二，报告的问题抓得非常准，因为我们报告上更多的提出了对机制、政策、策略、治理等等这些实施性问题的思考。我们做了这么多年规划，如果没有这些思考，没有这个支撑，基本上都走样。我们这次的总体规划十年了，进行评估以后，有三类指标，第一类指标是特别好的指标，经济的指标好，经济结构指标好，我们GDP已经超过了当时的目标了，人均也都超过了，这些指标都非常好，包括基础设施建设，都很好。第二类指标，是特别不好看的指标，公共服务还有生态环境人均的指标，尤其是公共服务的指标，因为人口增加得太快了，政府投放公共的东西跟不上，我们的医疗、教育，这些指标和全面的人均是大大差距。第三类指标是突破的指标，人口用地指标突破。总结下来，如果我们这次修改总规不在相应的机制、策略、管制上下工夫，规划编了半天，还是出现这样的问题。三期报告提的都是这些问题。

我简单提几个建议。

第一条建议，我不讲那么大，讲的是可以抓得着的建议，是不是希望在报告里面再强调一下规划本身机制的方法的改进。为什么这么讲呢？因为刚才提到了，四网协调的提法很好，特别跟今后区域规划里面做的是一样的，但是我们规划里面要思考，对于区域这么大的规划，这个规划应该是什么规划，就像您说的，规划被部门化了，建设部有规划，发改委有规划，土地部门可能还有规划，这些规划其实都没有做到它的指导作用。建设部的规划太大了。这个规划到底要干什么，区域规划到底编成什么样，我们要做的第一件事，要认识到发展规律是基础，发展动力是基础。过去您提到土地财政的事儿，陈市长说的区域城市化，产业的事儿，其实更大的是规律的事儿，市场的规律。我们做了这么多，京津新城地区，人们都不是住在这儿，都是买的二手房，依据和动力在哪里，刚才提到的北京溢出的整个市场和方式的转型，小商品、建材家具批发市场出去就远了，肯定要转方式，什么方式，城市化的规律，不能靠城市规划划大圈了，我们怎么看这个事儿。第二个规划应该特别明确守什么底线，最大的底线就是生态的底线，这个应该是在区域规划要强调的。第三件事，就是在区域上能干什么，我一直在说，大家都在呼吁，大家对新机场寄予的期望特别高。我跟大家讲，首都机场超过 8000 万人次的流量，我们都 30 年了，顺义也没有太起来，这是一个特别长远的事儿，我又发现，新机场，又买一大堆的地，又不知道要干什么，所以说什么呢，真正的我们这个区域规划，其实能干的可能就是一点，就是刚才秦总说的交通走廊，尤其快速交通城市间的交通走廊，所有的工作、生活距离方式发生改变。这是体制和规划自己对自己要进行改革，这个道理大家都有统一的意见了，这是对于规划机制方法的再认识。

第二条建议，一定要报告里面，涉及到强化我们城乡的管理和治理问题。过去把问题都记在产业不合理、发展这些事儿，我们真正忽略了管制不合理。摊大饼，在哪儿摊着呢，城市布局结构，两轴两带，就是为了不让摊大饼。其实是管制出问题了，不是你规划圈，是外面城乡结合部，你没管它，才摊了大饼，这个大饼没摊在我们的圈里，是管理问题。北京 70% 的外来人口都住在我们摊大饼的地方，没管制到的地方。我们大概有将近 500 万人，都住在城乡结合部，是管理问题。所以我就说其实真正的发展和管理是两条腿要走路，这么多人，人口在哪儿，他们不仅生活在那儿，他们还生产在那儿，这么多年工业大院，都是居留地。陈市长也提到，大兴恨不得 24 小时在管理，看见有人拉砖头就堵，这个管理的劲头会比你正常的法律的那个劲儿大，它成本低，而且地都是人家的，人家要获得利，从这儿来，所以我觉得，我们大家都忽略了这个事儿，我们真正的不合理是在这儿。

我们北京流动人口，还有一个数很大，北京这两年，真正的城镇的正式建设用地 1200 平方公里，每年放 30 平方公里，但每年为农村不合法的占掉了 80 平方公里。我怎么都赶不上它那个，现在给农村的建设用地跟城市建设用地一样多，但是我们农村人口才 100 多万人，而现在特别担心，三中全会以后对农村的集体建设用地要放开，这一放开，如果没有总量控制这会是特别大的窟窿。所以说我觉得我们很多问题，也出在我们管制上和治理不够。

我们污水、垃圾、大气的问题，70% 也出在这儿，没有基础设施，所以就横排，这么多污水处理厂，水务局公布很好的指标，50% 的污水处理率，到了工厂 90% 多，还有一半没有到工厂里呢，这就是管制。整个地区，大城市有大城市的管制问题，农村有农村的管制问题，区域上发展的，我们的边儿可能是人家的头。这地方的管制一定要纳到今后的规划里面去，虽然它不是我们主动规划的内容，但是没有这个管制，这个规划什么都不是。我一直说，如果把集体建设用地从城市规划圈上分出来，这张饼根本没缝，不是建设用地的地方全建设了，这是大事。

第三个建议，京津冀和长三角、珠三角不一样，一定需要中央层面的协调机构。刚才吴先生提的这几条问题里面，最大的就是怎么合作，什么机制合作，这个机制是大事儿，特别需要这个机制。谢谢！

唐 凯 *

* 住房和城乡建设部总规划师

很高兴能参加这个讨论会，是一个很好的学习机会。我认真地读了《京津冀地区城乡空间发展规划研究三期报告（初稿）》，感觉研究团队坚持不懈地抓住京津冀这一个重要区域开展研究，结合对世界的经济政治变化以及中国城镇化发展状况的分析，对城市规划学科演变的研究，从认识论和方法论上对京津冀的未来发展提出意见，既有益学科发展又对现实工作有指导意义，这项工作很有价值。

这项工作的一期、二期成果讨论，我也都参加过。总的感觉，第三期报告是在前面一期、二期报告的基础上，根据新的形势增加了新的内容。现在回过头来看。在第一期，研究团队提到了建设“世界城市”，用了“大北京”的概念，对这样的一种眼光，当时参会的有些人没有接受。那个时候，北京的同志还觉得自己要谦虚点，还不敢说，也不愿意明说在京津冀里面自己当老大。十几年过去了，现在大家都认同了，北京市委市政府提到建世界城市，并把建设世界城市作为国家利益、作为体现中国在世界地位的问题看待。另外在第一期研究中，从一开始就提到多学科的合作与区域统筹，认识到解决综合问题时单一学科的局限性，解决区域共存问题时单个城市不可能独善其身等，并提出了由易到难的路子，政府间可先从区域交通联系、环境保护、旅游等方面协同起来。在空间发展方面，提出核心城市“有机疏散”与区域范围的“重新集中”相结合，以主要交通线串联城市形成葡萄串式的布局结构，实施双核心 / 多中心都市圈战略。到了第二期，随着研究的深入开展又提出来一系列的空间发展对策，提出构筑京津冀地区“一轴三带”的空间发展格局。针对京津冀地区人口、资源、环境等因素构成的各类问题日益加重，强调创建生态良好的人居环境的重要性。两期研究报告出来后对全国其他地区战略规划的研究或者是编制产生了很大的影响，发挥了很好的作用。同时，对京津冀地区城市总体规划的编制也具有很好的指导性。总之，前面两期报告无论在学科发展上还是在京津冀的发展建设实践中，都发挥了很好的作用。

2006 年以后，京津冀地区有了很多新的变化：北京市 2008 年成功举办了奥运会、有关北京建设世界城市的定位进一步明确、发展方式转变和更高的环境质量要求等；天津市关于我国北部经济中心和国际性港口城市的定位，滨海新区的发展，包括后来中国、新加坡两个国家签订的生态城市建设的试点等；河北省近些年也迎来了发展速度非常快的一个时期，河北省在城乡发展与建设中更加重视与北京的协调。针对这样一个新的形势，开展三期研究是及时的也是必要的。我感觉三期报告（初稿）是建立在前两期报告的基础上，就新的情况展开的，连续性很强，也很有针对性。三期报告（初稿）提到的一些基本问题实际也是中国城镇化发展到今天全国普遍遇到的问题，如发展中如何重视人的问题；发展的出发点问题；现在我们的人均资源很少，环境也比较脆弱，这种背景条件下该怎么办；还有区域和城乡的统筹问题，发展不平衡，京津冀地区的发展在一些城区很好，但是可能在广大的农村地区又差距很大，这与珠三角、长三角有些区别，中心城市的辐射作用发挥不够。针对问题，三期报告（初稿）提出构建京津冀地区的四个网络，即城镇网络、综合交通网络、生态网络、文化网络；提出因地制宜发展畿辅新区、京津冀沿海经济区、京津冀国家级生态发展试验区；并提出了区域协调的制度创新要求。看过三期报告（初稿）后，再回顾前两期报告的内容，使我对当今京津冀地区发展的情况有了更深的了解，我感觉三期报告（初稿）有了很不错基础，成熟后也会像前两期报告一样，不仅对京津冀地区的发展有指导作用，同时对全国的发展与建设，在解决问题的办法上探索了路子。

就三期报告内容的深化，我个人提两个小的建议：

第一个建议是，报告讲到环境的时候，我觉得讲得都挺充分，但是有一点是不是有可能再加以考虑。京津冀这个地区涉及到渤海、渤海湾，渤海的事儿是不是应提一提，因为这个事儿我觉得是相当的大。前不久我参加了中国科协的活动，他们讲到环渤海发展与渤海湾承载力时，认为水环境问题已经相当严峻了。有的学者提出来，渤海水体的更新周期需要 15~40 年，一旦毁掉了后果不堪设想。报告所涉及的只是河北的唐山、黄骅与天津这一段，实际环渤海湾还有辽宁、山东，现实情况是，环渤海湾的省市都在积极地布局重化工产业，刚才朱正举厅长也在说，港口建设也是互相恶性竞争。京津冀沿海经济区应该怎么搞，三期报告深化时应涉及，环渤海在未来的发展中会怎么样，至少我们河北、天津这段，在发展中能不能够有什么好的办法？这样，报告也会对环渤海的其他省市有指导意义。

第二个建议，讲到新区，现在各地热衷发展搞新区，而且产业用地的比例普遍较高。有人说，北京产业用地接近41%。（杜立群：没到。）前不久在深圳开会，宝安区的产业用地占到44%，他们自己都觉得太高了，面对转型的迫切要求。现在产业用地扩张得非常快，规划部门压力也非常大。但是产业用地和现在的城市发展转型提升有什么样的关系，新的建设能不能够在建成区内进行，德国人称之为"在城市中建设城市"。三十年的改革开放，城乡建设大发展，城市的骨架基本都拉开了，有没有可能不再以继续扩张为主的方式去发展？报告如果能在建设用地的转型升级上有好的探索，也会对全国的发展有很好的指导作用。

时间关系，我先说这么多，谢谢大家！

胡序威 *

* 中国科学院研究员

吴先生研究团队对京津冀地区的空间发展规划长期进行跟踪研究，令我十分钦佩。现在已进行到第三期研究报告了，我有幸每期受邀参与学术讨论或评议，很受启发和教育。我觉得这三期研究报告各有侧重，前后呼应，逐步深化，具有很高的学术价值和现实意义。对现今的第三期研究报告，经拜读后，深感这是一项高瞻远瞩，方向明确，分析深入，内容丰富，具有可操作性的高质量、高水平的区域性空间规划研究成果。下面我想主要就这个报告所涉及到的人口、资源和环境问题谈些看法。

京津冀地区近十几年来发展很快，特别是人口迅速增加，城市规模急剧膨胀。其发展成就巨大，存在问题和矛盾也很突出。人口过快增长，是激化各种矛盾和问题的关键所在，所以今天我要着重谈这个问题。我看了三期报告提供的材料，在2000—2010这十年中，北京增加了600万人，天津增加了300万人，河北增加了100万人。京津二市，尤其是首都北京，人口增长过快，是一个突出的问题。其人口过快增长，有其客观原因。首先，这一地区，作为首都所在的我国沿海三大核心地区之一，具有强有力的区位、人才及政治、文化、经济管理等多功能的竞争优势。这些年来充分发挥其所长，使经济社会得到迅速发展。尤其是北京，不仅发展快，就业机会多，而且拥有全国最优质的教育、医疗等社会服务资源，因而吸引全国各地的大量人口向北京集聚。天津市原来经济和人口增长较慢，进入新世纪后随着滨海新区的加速开发，经济和人口的增长也随之加速。经济发展快，就业机会多，对人口集聚的吸引力就大。促使京津二市人口增长过快的另一重要原因，是由于区域之间的长期不平衡发展，区域间、城乡间贫富差距的扩大，导致广大欠发达地区、农村城区越来越多的人口远离家乡，涌入少数特大、超大城市来谋求生存和发展，形成不可阻挡的客观趋势。

京津二市的人口，照目前的增长速度发展下去，肯定是不可持续的，当前存在的交通拥堵、水源紧缺、环境污染、社会生态恶化等各种大城市病，均是由人口增长过快引起的。仅靠大城市本身来控制人口规模的膨胀是很难做到的，需从全国的宏观层面来制订调控区域发展的政策。区域经济的发展始终存在着效率与公平这对矛盾。在工业化和城镇化的早中期，主要追求经济发展速度和经济效率，优先在区位和资源条件较好的地区重点发展，从而扩大了与发展条件相对较差地区的发展差距，是难以避免的。但如果区域发展只追求效率，不兼顾公平，不重视区域间的协调发展，将会激化社会矛盾，最终影响经济的整体发展。我国各地区的经济社会发展到现阶段，已开始进入由过于追求效率向较多关注公平过渡的转折期。许多发达国家都经历过这样一个转折期。例如法国在上世纪六七十年代曾因全国人口向巴黎高度集聚而出现过被法国地理学家描述为“繁荣的巴黎和荒芜的法兰西”现象（见 [法] 让 · 弗朗索瓦著：《巴黎和法兰西荒漠》，1972）。其后经国土整治规划的引导和国家政策的调控，加速了巴黎周围广大农村地区和欠发达地区的发展，才缓解了巴黎人口规模不断膨胀的压力。

进入新世纪后，我国在推进城镇化进程中，大力提倡发展城市群。即在少数特大城市周围发展相互联系紧密的众多城市，既有利于保持发展的较高效率，又有利于扩大区域发展空间和改善生态环境。发展城市群肯定比单一发展特大、超大中心城市在空间布局上更为合理。我国沿海地区的长三角和珠三角城市群已发育得较成熟，京津冀的城市群却发育较差。从上海出行，无论往江苏或浙江方向，沿途所见看不出区域间有多少贫富差距。而从北京外行，只要一出北京市界，就可明显看出河北省城乡面貌与北京市的落差。这有赖于京津两个超大型核心城市增强其向周围地区扩散和辐射的影响力，以加速京津冀城市群的成长和发展。在我国中西部内陆地区也应积极培育新的城市群。但城市群所在地区一般多指全国或省区内经济较发达的核心地区。有些城市群所在地区还有可能发展成为城市高度密集的城市地区。所以从全国城镇化的全局看，不能只把重点放在发展城市群。毕竟城市群所在的区域范围只占全国国土面积的很小比重，若将全国广大农村尚需转移进城的近 3 亿人口都集中到面积相对狭小的城市群或城市地区，将会导致深重的生态灾难。要实现全国人口的城镇化，除了有部分农村人口需继续通过跨省市、跨地区的远距离迁移进入大城市或城市群外，还必须同时重视发展县域经济，以促进县域内部分农村人口的就近城镇化。

在欠发达地区发展县域经济，就要大力发展现代化农业和各种为农业服务的产业。在国内已有不少制造业出现产能过剩的情况下，发展县域的加工制造业，应侧重于有资源、有特色、有基础、有市场潜力或直接从大城市承接产业链延伸扩散的产业，金融、商贸、物流、旅游及教育、医疗、养老、文化等各种社会服务业应有较大的发展。现有的县城和县辖中心镇应成为县域内农村部分人口就近城镇化的重点。县域城镇的发展不能只靠房地产开发和建城盖房，必须有实体产业的支撑。我国现已有越来越多的城镇居民对服务性消费的需求，远远超越对物质性消费的需求，因而在县域内发展各种服务业以扩大城镇就业的前景将会越来越好。通过国家和省市财政的转移支付以推进社会基本公共服务的公平化，将有助于区域间的协调均衡发展，应大力改善县域城镇的教育、医疗、环保等公共服务设施，显著提高其服务水平。不少进大城市就业的农民工，尽管居住条件很差，仍要把家属带进城，主要考虑教育、医疗等问题。如果县域城镇的社会基本服务条件得到根本改善，有些在大城市工作多年，因住房等很高的生活成本难以在当地长期定居下来的农民工，有可能在积攒了钱、增长了才干后，重又回到家乡的城镇购房、创业或养老，可起到反向助推县域城镇化的作用。农村地区的现代化农业和新农村建设，若不与县域人口的就近城镇化相结合，将难以实现城乡一体化和在全国全面建成小康社会。

我国广大农村地区的农民已为沿海发达地区的城市发展和建设做出了重大贡献。现应更多地关注沿海发达地区、城市地区、大城市和城市群向广大农村地区和欠发达地区的县域城乡发展进行反哺。我们在国际上倡导发达国家对欠发达国家的援助。在国内更应重视和鼓励发达地区对欠发达地区的援助。围绕京津二市的河北省实为我国东部沿海的欠发达省区，京津二市从产业投资、技术传授、人才培养、市场开拓等多方面援助河北省发展县域经济，负有不可推辞的责任。

资源紧缺和环境质量下降是京津冀地区发展中的突出问题。这里是全国人均水资源量最少的地区，缺水十分严重。为兴建跨流域向京津冀地区远距离供水的南水北调工程,国家和相关地区已付出了很大的代价。从长远发展看，南水北调的中线和东线工程全部完工后，也不能从根本上解决这一地区的缺水问题。在滨海地带发展海水淡化产业，将是增辟新水源的重要途径。但若进行大规模的海水淡化，对渤海湾的海水水温、水质和海生生物生态环境将产生多大影响，尚需进行深入的专题研究。目前更重要的是要做好节约用水这篇文章。有以下几个节水途径:一要节约农业用水,发展现代化农业的喷灌、滴灌,以代替传统的沟渠灌溉,可节省大量农业用水,京津冀要为此共同合作,加大这方面的投入；二要节约工业用水，提高工业用水的循环使用率，控制高耗水企业的发展；三要不断加强工业和城市污水的处理能力，将经处理后的无害中水充分利用于发展城乡绿化或人工沼泽。

大气污染的加重已造成对京津冀可持续发展的严重威胁，对首都北京的负面影响尤大。光靠北京市自己治理解决不了这个问题，必须联合河北、天津进行大面积的共同治理。河北是我国重化工业的大省，其中钢铁工业的生产能力已近3亿吨，占了全国的三分之一，面临着高耗能、高排放、高污染和产能过剩的严峻问题，产业结构的调整迫在眉睫。众多分布在河北内陆的工艺设备较落后的钢铁企业或其他高排放的重化工企业，需要减产、停产或转产。环保设施先进的高度现代化的重化工业将主要向滨海地带发展。河北省在产业结构转型过程中需安排大量被淘汰企业的职工重新就业，任务极其艰巨。京津二市理应为其分担压力，替河北解困，也可同时使自己受益。

从京津冀地区宝贵土地资源的有效利用和生产力的空间合理布局来看，重点开发建设东部滨海地区，将其发展成为重要产业带无疑是正确的。但要考虑海平面在上升和地下存在着活动性断裂带等因素，增强对灾害的防患意识。由于滨海地带的土壤盐分很高，树木生长不易，绿化难度较大。建议今后在滨海地带新建的重要交通干道，两侧挖深沟，尽量把路基抬高，万一遇到海啸、风暴潮之类的灾害时可起到防浪堤的作用。而且抬高后的路基两旁，用经污水处理后的中水浇灌，冲洗土壤盐分，可保证高大树木的成长，有利于滨海生态环境的改善。

冀北地区是京津二市的重要水源地和生态屏障。为了严格保护其生态环境，必须限制其某些产业的发展，从而影响当地人民的收入。京津二市必须为此向冀北地区支付足够的生态补偿。

总之，为解决京津冀地区在发展过程中的人口、资源和生态环境问题，必须加强区域的共同合作。在三期报告中已将区域合作问题，放到突出地位，是十分必要的。但对主要合作项目及其相关政策尚需进一步具体化。同时还应建议成立正式的区域合作协调机构，组织签订若干具体的区域合作协议，以促使其付诸实践。

最后，我还要对报告中涉及的两个重要术语的正确使用问题谈点看法。一个是关于“流动人口”问题。报告中将进入城市的外来农民工均归入“流动人口”，我认为不妥。“流动人口”的真正涵义，是指短期内进出城市，不在城市长住的流动性人口。其中包括前来旅游、探亲访友、出差办事、寻找工作机会、参加会展活动等各种流动性较大的人口。估计进出北京市的这部分流动人口多时可达数十万人。外来务工的农民工及其家属，一般多在市内居住半年以上，不能称其为流动人口。在全国人口普查中，凡在城镇居住半年以上的农民工及其家属均被计入城镇人口内。在城市外来人口中可分为三种情况：有的户籍已转入城市，成为正式的城市居民；有的领取了城市居住证，有固定工作和住处，被统计入外来常住人口；还有已进城务工半年以上的，不管有否发给或领取暂住证，均可称其为外来暂住人口，不宜计入流动人口。另一个是关于“集聚”和“聚集”问题。“集聚”是空间区位动态研究中的专用术语 Agglomeration 的汉译，原义有凝结成团块之意，故在以往文献中有译为“凝聚”或“积聚”的。我们早自 1977 年在翻译“工业区位论”文献时就开始将其译成“集聚”，认为此词可较好地体现人口和各种生产要素向一定区位空间集中聚合的过程，已被地理界广泛采用。但现今在有些新闻报道和政府文件中常把“集聚”改为“聚集”，三期报告行文中也多处受其影响。二者看似同义，其实“聚集”一般均泛指人们聚合在一起的现象，并无向一定地域空间集中过程的含义。所以我们希望学术界在区域空间研究中，尽量使用“集聚”这一术语。

周干峙 ★

★ 中国科学院院士、中国工程院院士、住房和城乡建设部特别顾问

首先我觉得现在开这个会很好，很有意义，因为很明显，我们国家从建国以来，为了城市化、城镇化，也可以讲反反复复经过了多少回合。但是最近我个人的感觉是碰到了一个新的重要的历史机遇，这跟以前都不一样，城市化的问题从报纸上随处可见，已经不只是建设部门讨论的问题了，而是引起了全社会公众重视。不仅是经济学家、社会学家，方方面面，都在谈这个问题，而且都往往谈得很好，谈到点子上了。刚才序威同志讲到了很多，我

也看到一些资料，是过去没有的农村的情况。我讲了很久城乡，但是乡村究竟是什么情况，不清楚，基本上不清楚。所以现在首先是好的时机，是比较全面的合理的，来研究解决我们国家下一步社会经济发展中间一个非常重要的核心问题，就是怎么走上我们中国式的城镇化。城镇化是德国地理学家提出来的概念，现在我们成了一个指标，大家追求，从百分之多少到百分之多少。开始提出这个问题，这就等于当时提出要现代化一样，中国的现代化，美国的现代化，欧洲的现代化，也是不完全一样的。城市化也是这样，我们现在成了目标指标，就很有意思。大家又那么重视这个城市化，所以在这个历史时期怎么做好这个工作，我觉得把我们国家的城镇化真正引到现在健康发展，合理健全，这是非常关键的。所以处于这么一个关键时期，我觉得这个报告很及时，非常好，非常重要。我完全赞成。

我简要提两点建议，一点建议，我希望不要停留在研究问题上。咱们叫京津冀地区城乡空间发展规划研究，我觉得规划研究不能停留在研究上面，要研究，研究题目是研究，规划题目也是研究。我第一个意见，我觉得这个报告可以在文字上稍微再改动一点，特别题目。我认为题目里头，首先这个地方不完全是城乡空间发展，是京津冀地区，很清楚。下面是城乡空间发展，只是个空间发展，也是城乡发展。另外，规划研究报告可以正式上报，现在重要的工作，要做的不是研究了，你要去做规划了，做好京津冀地区的发展规划，问题在这个地方。

我觉得可以暂时不出现研究是有道理的，因为我们京津冀地区研究了多少年，很多研究成果已经在现在的布局中间得到了证明。京津冀地区不管叫不叫规划，但是由于有了这个规划的思想，所以京津冀地区的布局，我觉得有比较大的变化，这是大家可以看得出来的，这个在全国是很不容易的。港口大发展了，有了大的出路了，钢铁工业搬到沿海去了，搬到矿区附近去了，这些大的布置造成现在的京津冀地区，规划布局上来讲，得到了改进，很不容易。我的印象，现在提地区规划的很多，但是好像真正作为一个省的规划，好像不多，我不知道全国现在已经做了多少个。

我主张研究规划，京津冀地区这个研究规划可以告一段落，下一步要强调的是真正做好这个地方的发展规划。不要老去研究了，通过规划提出进一步深化细化的一些东西来，这是第一个建议。能不能真正的去做好京津冀地区城乡发展规划，不只是空间，这个题目至少在全国，我们京津冀地区还是处在带头的作用，全国需要有许多具体的经验。据我了解，现在区域发展规划已经不像以前没有条件的时候。最近，我们由于城市化发展，大城市到一定程度，就提倡城镇化问题了，一个地方做了以后，马上很多地方都在做。我听说 50 个城镇化地区规划，新疆也是城镇化，很显然，不可能。

但是要先做好例子，有例子摆在那里，这样才能比较具体的说明问题，而且这里头特别是乡村这一块。我觉得乡村这一块是我们历来所建设的，农村经济已经开始改变单一农业的状况，过去农村就是种地，城镇化占它的地。现在恐怕不是了，这么多年来，农村的乡镇企业也不少，因为交通状况也变了，是一种城乡交错，交叉，互动。离开了农村的经济社会，光讲空间不行。光讲农村空间，农村空间很好，将来城市有钱的人到农村去，这个城市化倒过来走的，国外已经是这样了，我们也不见得不会这样，但是这都是思想，不是现实。现实的问题是什么，现在的农民有很迫切的东西，亟待解决。所以我觉得城乡规划，这是一个大课题，我们搞城市规划的人，绝不能光看城市，因为你不看看农村。城市农民搬进去搬出来，你也弄不清楚。所以我觉得这个题目很好，因为做了这么多年，受到了一定的效果，全国性的需求，要普遍的做好大的地区规划是非常有必要的。像新疆、西藏做一个规划也行。总之，从规划入手，改进我们的工作。

第二个建议，目前极其紧迫的一个问题，我们行业叫做领导旗帜，城镇化不重视则已，一重视大家都过来。现在有多少单位做城镇化，发改委、土地、环保等等，都抓这个，我觉得是当前我们行业很重要的问题。大家都重视了，国家也重视了，但是机构体制不行，至少有一条，决策，审批，你没有机构。

今天我觉得不行了，要建议国家重视这块工作，要成立一个综合协调的领导机构，不能像现在这样，大家都不负责任。

胡鞍钢 *

* 清华大学教授

我仔细看了一下《京津冀地区城乡空间发展规划研究三期报告》，是这项研究的第三期报告。我对吴良镛先生他们这个团队表示敬意，因为这项研究需要持续地研究，跟踪地研究，还需要系统地研究和深化地研究。可以说这个报告拿到手里，我称其为信息的含金量高，知识的含金量高，本身也是我们认识国情和了解这三个地区方面很好的著作，或者说很好的信息。

对于这个报告，还是要问一个基本问题：就是我们客户是谁？最终将来我们提供什么样的报告和研究成果？我的看法，就是怎么样将这项研究转化为社会生产力了。因为我看这个报告之后，我觉得有很高的政策咨询价值。我们知道，在国家"十二五"规划首次提出要推进京津冀区域经济一体化，打造首都经济圈，并且也作为国家的发展战略。我们一直是和国家发改委长期合作，为国家"十一五"规划、"十二五"规划提供背景研究、中期评估等。我是从国家发展战略和发展规划的角度提点建设性的意见，能够使得这个报告真正转化为社会生产力，即为打造首都经济圈的国家战略提供实质性建议，也可以称为"清华版"的建议。

从提升研究成果的角度来看，可能是"三步走"。第一步就是今天讨论的初稿。第二步就是在征求大家意见以后可以写成正式稿。当然正式稿可能还不行，我认为第三步还应该变成国家跨区域发展规划的背景报告。

从目前来看，国家发改委已经有一个《京津冀都市圈规划》的报告，建设部也有《京津冀城镇群协调发展规划（2008—2020）》，而且规划期都是2020年。中国科学院也搞了一个《京津冀都市圈区域综合规划（—2020）》，但没有公布。我想马上要考虑到将来"十三五"了，有些重要的成果能不能为国家发改委制定"十三五"规划，或者进一步对这个区域规划做重要参考。

我想，首先是首都经济圈战略已经确认了，怎么样进一步丰富它的内涵，增加它的更重要的意义，使这个国家战略更加具体化，并能够接近最终国家发改委地区发展司制定的区域发展规划。从这三个地区的定位和目标来看，已经非常清楚，北京市是世界城市，天津也打出自己的定位，积极建设滨海新区，河北省也是比较早的提出来环首都绿色经济圈。因此你们的报告作了集成和综合，十分创意地提出了首都政治文化功能的三个层次，即核心区，拓展区，延伸区。这为制定发展规划提供了设计框架。但是还要深化和进一步细化这三个区空间布局，它们之间一体化和专业分工、产业空间布局、交通布局、文化布局、旅游路线等。

我也在想，这个首都经济圈到底在全国应该扮演什么样的角色？与其他两大经济圈有什么相同之处和不同之处。这三大经济圈肯定是世界级经济圈，无论是人口规模、产业规模、市场规模，都是世界最大的。但是首都经济圈可能就不是一个圈了，估计既是经济圈，又是城市群圈、交通网络，还可能是真正意义上的生态安全圈。这样的话，就对首都经济圈的内涵和具体内容更加丰富了。现在从这个报告看来呢，就是对未来时期，不管是 2020 年或者是 2050 年，要提出三个地区的总体目标是什么？在全国总体布局中的战略定位是什么？我觉得我还没有读出来。因此，这个总体目标和战略定位应当成为这个报告最重要的含金量，战略设计、总体目标设计等大局、全局的设想。你所有的研究，不管是数据还是资料，就像我们研究“十二五”规划，最终就要体现七个方面的目标，又凝练出 24 个核心的量化指标。所以说这里面在很大程度上，还要进一步深化、细化，就是要充分考虑到各地区 2020 年目标。这些目标是三个地区的，但又不是这三个地区目标的一个简单叠加或加总。恰恰是这个目标放在全国的大的背景下，战略考虑上进行整合提升凝练，这包括你的总目标和相应的分目标。那做到这一点，毫无疑问，还得重新学习并且充分体现党的“十八大”报告中的“五位一体”现代化布局思路。当然你不需要包括全部内容，你也不一定涉及到政治，但是文化肯定会涉及到，而且这也是第三期报告相较以往前面两期而言的亮点，更加全面，更加统筹，更加均衡。

此外，确实“十八大”报告也体现了“四化（工业化、城镇化、信息化和农业现代化）同步”的新思路，其实它也是破解我们很多难题，但是我觉得在这方面还体现不够，没有作为重要的基本思路，恰恰在京津冀地区就是要在“四化同步”方面创新经验。当然就在很大程度上，你怎么去凝练这个报告的总体目标、核心目标，作为清华大学这个第三方，又不同于各地区三个地区相互提出的这个问题，具有超脱、又具有权威性。所以我觉得还是要在国家“十二五”规划所明确提出的“打造首都经济圈”上，再作文章，大作文章，作好文章。

在这些核心目标中，又怎么样进一步凝练出一些可看得见的一些量化指标，也包括像大家所谈到的人口总的规模到底是多少？当然你们做的这个数据，我看完了以后也吓了一大跳，2010 年三地总人口已经达到了 1.044 亿，这在世界上相当于世界第 13 大人口国家，到 2030 年还要达到 1.33 亿人，这可能是世界第 12 大或第 11 大人口国家，不管到 2030 年还是到 2049 年，仅北京地区的人口数就足以让人震惊。所以说它确实有些重要的指标，也有助于进一步深化这个报告，提供非常有价值的信息。当然，比较有争议的就是我们是不是要控制人口规模。但是从我们所看到的国家“十二五”规划，党的十八大报告，它们还有一个基本思路是强调“提高城镇化质量”。我们也不可能设立铁丝网，不让人家进到北京，进到天津，都是全国人民“用脚投票”，而且全世界都在“用脚投票”，除了上海以外，北京已经变成外国人居住的第二大城市。所以在这种情况下，人口规模到底有多大，以及如何有效的提高城镇人口承载能力或者综合承载能力，同时要特别解决“大城市病”。我认为“十二五”规划是提出这些概念，就是能不能在这个规划研究报告中通过一些关键词得以充分体现。

这个规划确实有三个方面或三个方面的道路是我们在不断探索的，可以说应该总结过去60多年，同时又为未来做规划提供重要方向。

第一个是产业发展道路，河北省产业发展道路和我们未来发展整个中国的产业发展道路是完全不一样的。像河北省，相当于两个美国的钢铁产量，类似，你这样的黑色产业（如钢铁、煤炭、化工等）、黑猫方式肯定走不下去。这里面也有一个产业发展道路走向何方，应该怎么走，而且涉及到首都地区的发展，重点是在省的层次来解决，确实需要国家发改委就这个地区应该提出明确的产业定位，否则的话，类似这样的做法肯定不行。

第二个，肯定就涉及到城镇化的道路，我觉得这篇报告回答的比较清楚，相对而言产业那部分显得弱一些，需要进一步加强。

第三个正好也是报告的亮点，就是生态文明的道路。从未来的角度来看，这个地区，全世界没有像这样的地区存在如此严重的干旱或者说降雨量不够等问题。从自然地理的角度来看，但是它要承载这三个地区共1.04亿人，全世界排第13位人口大国了。

我个人来看，怎么样去回答这个地区的产业发展，这个地区的城镇化道路，以及这个地区的综合承载能力和生态文明道路，可能是这个报告的最重要的一个成果。我建议，未来还是要由国家发改委，特别是地区司，应该成为该报告的主要客户，还是为将来国家制定规划做出背景性的研究。我客观地说，前面我参与过国家发改委地区发展司组织的江苏苏南的现代化规划研究。先是由地方自己来做，然后变成省策了，国务院主要领导调研之后，又成了国家区域发展专项规划。吴先生这个课题就是跨区域的城乡空间布局的发展规划，是一个地区无法解决的，这就需要国家出面来协调，其中主要的手段就是跨区域发展规划，会起到一加一，大于二，再加一，肯定大于三，因为他们是一体化、外溢性、规模效应、集聚效应和集成效应。而这个规划就会减少盲目性、增加自觉性，减少恶性竞争，促进良性合作，是多赢局面。如果我们“十三五”有重要的创意，像“首都经济圈”、“首都生态圈”这样的概念进一步赋予相当多的含义，进而使这份报告在“十三五”制定规划的过程中将相当有它的实用价值，完成了从学术价值转化为社会生产力的社会价值。谢谢！

钮德明 ★

★ 北京决策咨询中心主任

感受、建议与期盼——在清华大学京津冀空间规划学术研讨会上的发言

感受之一：难能可贵的担当精神

京津冀空间规划是个难啃的骨头。以吴良镛院士为首的清华课题组，从20世纪90年代后期至今，咬住青山不松口，持续攻关。

难能可贵的是，京津冀在体制上不是个行政整体。此课题没有一个相应权威的主体委托方，是清华课题组迎难而上，自觉选题，争取到国家自然科学基金立项。随后，又得到国家建设部的支持。如此重要的一个大课题，后续经费还要由清华课题组苦心化缘，自己调剂解决。

更为微妙的是由于体制束缚和思维惯性，前期研究成果，没有得到有关省市高层领导的更鲜明的认可和采纳（当然这只是我个人的感觉）。在此情况下，清华课题组仍锲而不舍，自觉开展第二期、第三期研究。“十年磨一剑”，清华课题组已磨了十几年。相信，在新的历史条件下，三期成果将会得到更高的重视，发挥更大的影响。

连续三期研究，凝聚了多少智慧、辛苦与深情。当前，学术界受社会上不良风气的影响，课题选择上，急功近利的倾向也很严重。今日，手捧此最新成果报告，对清华课题组的自觉意识与担当精神，肃然起敬。

感受之二：远见卓识的首都功能的多中心发展设想。

首都功能是京津冀地区独具的特征，也是最突出的核心优势。首都所在地，这是最大的骄傲，同时也存在许多现实矛盾。

随着国家日益昌盛，中央各项事业必将更为繁重。但是，发展空间有限，又受北京特大城市中心区的交通堵塞和大气污染的严重困扰。

许多国家已经或正在谋划迁都。

在我国，“首都搬家”的呼声也时起时伏。

继续留在北京？有如此多的矛盾难以解决。外迁？迁哪里？并且，半个多世纪积累的首都重要设施难以重建。真是个两难抉择。

清华课题组提出首都政治文化功能多中心发展的思路，可以说是创新思维的两全之策。该思路有不少亮点：

- 将首都政治文化功能，划分为核心区、拓展区和延伸区三个功能层次。在空间上相对独立又离而不远，实现了功能与空间的有序组合。
- 核心区仍以天安门广场为中心，旧城为载体，南北、东西两条线为框架，集中布置体现首都形象的国家行政、经济管理机构和文化中心。鲜明显示北京是中国首都所在地。
- 拓展区与延伸区离开北京特大城市的繁华地区，仍以北京城为中心，在周边选择山水优美、生态良好、人文资源丰富、交通便捷，与北京城离而不远的区位。如此，首都各项功能，仍可保持紧密联系，整体运作。
- 明确责任方，强调由国家与京津冀两市一省“共同实现”。首都建设是国家大事，理应责任与共，同心合力。
- 长远目标明确，设计周密。重视过程，逐步实施。不求毕其功于一役，但求思想一致，政策连贯。

总之，这是一个既高瞻远瞩，又具可行性的明智设想。

建议之一：海洋空间在区域规划中不可或缺

海洋是国土的重要组成部分。渤海是我国最大内海。早在三千多年前的周代，姜子牙分封到齐国，面向大海，发展渔、盐、运输，摆脱了贫困，搞活了齐国经济。

海洋对我们来说，不论空间利用、海水淡化、海洋化工、渔业开发、远洋运输等都十分重要。首都北京临近渤海湾，北方经济中心天津直接面对大海，更需有国防安全的战略考虑。

近年来，一些沿海地区把开发海洋作为战略重点方向，把沿海规划拓展为“海陆一体规划”。显然，传统的“大陆国家”的思维惯性，已开始转变。

有鉴于此，希望在本规划中把海洋列为重要研究内容。

建议之二：如何依靠市场力量，发挥企业家作用，尚需进一步研究

在市场经济条件下，区域规划的制定与实施必须依靠政府调控与市场力量相结合。

空间规划中，产业结构和布局调整涉及产权利益关系。公共设施也将吸引更多的社会资金参加。企业家在城市和区域经济中的重要地位愈益显著。

地区的长远规划决定经济社会的发展前景。对此，企业家们必然十分关注。有条件时，还想把他们的意图影响规划制定。

举香港一例或有所启示。回归前两年，我随国家计委外事司赴香港考察。汇丰银行英方董事给我一份香港发展规划，说是由香港企业家们自己掏钱聘请美国一家知名研究机构制定的。内容要点，我记得有两条：一是跳出“港岛经济”，背靠大陆，与华南紧密结合（应对当时来自新加坡的竞争压力，发挥香港的特有优势）；二是提高人口素质，调整移民政策，吸引高层次人才，逐步改善香港人口的素质结构。

搞一期研究时，我们北京决策咨询中心曾邀请京津冀七、八位大企业主管人员座谈。与会者对制定京津冀规划很关心，寄以期望，并且，发表了许多中肯意见。

据我个人感受，在我国城市规划制定与实施中，如何更有效地发挥市场力量，基本尚未破题。希望清华课题组能带头探索。

一点期盼：希望当仁不让，搞好“科学共同体”的学术交流平台

吴先生早在20世纪90年代，开题之初，就提出建立“科学共同体”的设想，并开始实践。

以此课题为平台，凝聚一大批来自不同地区、部门、院校的科研人员，

在此共议京津冀。相互交换观点、畅谈设想，打破姓京、姓津、姓冀的局限。跳出专业与部门的界限，起到汇集观点，凝聚智慧的作用。

“兵马未动、粮草先行”，京津冀规划的制定需要以区域融通的学术思想交流为先导。

在吴先生的主持下，“一期”、“二期”、“三期”，持之以恒，一以贯之。逐步形成这个以学术界为主体，无特定政府背景的交流平台。对于一些敏感性问题的研讨比较超脱、客观。不同观点的碰撞，容易迸发出思想火花。

由此联想到春秋时期，齐国首都临淄城外设立的“稷下学宫”，聚集各种思想流派的学者名士,在此自由讲学、争鸣、交流。当局采取宽容政策,允许“不治而议论”，即不担任行政职务，也可在此议政。“稷下学宫”延续一百多年，先后吸引学者千余人，其中有孟子、墨子、荀子等代表人物。

春秋时的“百家争鸣”实际肇始于此。

厚德载物，愿吴先生倡导的“科学共同体”，能成为研究城市与区域发展的当代“稷下学宫”。

京津冀地区有特殊的区位、人才和设施优势，是中国国土中最精华的地区。可惜，由于种种原因没能得到更好的发挥。

当前，在中央“五位一体”的总体布局和新一轮改革形势的推动下，京津冀地区必将以更宽的视野，更强的力度，统一规划，协调发展。

坚信，经过持续努力，京津冀必将成为振兴中国的首善之区，美丽中国的示范之区。

胡兆量 ★

★ 北京大学教授

《京津冀地区城乡空间发展规划研究三期报告》给城市规划界树立了一个锲而不舍地研究的榜样。当前学风有点浮躁，锲而不舍的榜样难能可贵。北京大学相关课程吸收《一、二、三期报告》的宝贵成果，提升了教学水准，敬向吴良镛院士和《报告》团队致以衷心的感谢。

《报告》有两大亮点。第一个亮点是揭示人口压力、环境危机和区域协作三大矛盾。人口压力是根源。不少规划对人口的压力估计不足，规划通过之日便显得落后，环境危机是矛盾的集中表现。京津冀是当今世界“黑乡”的中心，环境质量与宜居标准相去很远。第二个亮点是抓住区域协调重点，提出制度创新、顶层设计，建立共同目标、共同政策和共同路径的长效机制。

区域协作需要观念创新。其中，比较重要的有区域平等观，区域共赢观和区域一体观。

区域平等观是区域不分贫富强弱，一律平等，互相尊重，互相关怀。在区域间分等划级，形成“第一世界，第二世界，第三世界”的感受，是开展区域协作的障碍。区域平等观对跨区域的规划有普遍指导意义。由于京津冀的特殊性，区域平等观尤为重要。

区域共赢观是通过二次分配、三次分配和生态补偿，缩小发展差距，走向共同富裕。这是跨区规划的最终目标。京津两市要分担“环京津贫困带”的发展任务，要尽可能地将城市功能和项目向河北分散，不宜与河北争项目。如果京津冀像长三角那样有大批明星城市，如果京津冀地区的发展差距缩小到长三角的水平，京津冀地区的协作水平提升一大截。

区域一体观实克服地区归属意识和行政界线束缚，逐步实现规划设计一体化，基础设施一体化（特别是快速轨道交通一体化），产业布局一体化，社会管理一体化。区域问题具有系统性和整体性。跨区的问题只能按照一体化途径求解。大气污染在空间上是开敞的。水资源保护以流域为单元。一小时生活圈会突破行政界线。河北燕郊离北京市中心 30 公里，比平谷和密云离市中心近些。北京地铁在离燕郊不远的草房止步，影响那里区位优势的发挥。京津冀沿海地区建设三头并进，港口和工业重复布局，恶性竞争，化解这些矛盾离不开区域一体化。

李晓江 ★

★ 中国城市规划设计研究院院长

非常感谢吴良镛先生，参加这次会议是一次很好的学习机会。前面很多前辈、同行都讲到了这项研究的重要性和价值，我觉得最重要的这项重大研究对区域发展的现实价值。从研究的第一期、第二期到第三期成果，都是在京津冀区域发展最关键的时候，提出了相应的思考和对策。当前，京津冀地区的发展又面临着一次巨大的发展危机与转折。面对京津冀地区这样一个极其复杂的系统，吴先生讲到了研究工作的思维方式和价值取向。就是复杂问题有限求解，这是研究工作关键，有了这样智慧的工作方法，就可以抓住区域发展中的重大问题、核心问题，很多相关问题就会迎刃而解，从而把握住京津冀区域这个复杂系统。

1. 区域发展的协调与转型

最近在讲到京津地区的时候，经常会想到抗战时期的两句话："平津危急！华北危急！"，我们注意到一些数据显示全世界大气环境质量最差的是京津冀地区，北京、天津 60% 的时间处于严重的空气污染之中，有机构评价，这个地区的人均寿命会因此减少 5.5 岁。在这样的环境质量下生存都成了问题，发展也成为难以为继的事情。因此，在这样关键的时间节点，研究京津冀的区域协调与转型发展，具有特殊的意义。这个报告文字不长，但是言简意赅，把几个核心问题都提出来了，首先还是区域协调发展，我认为这是第三期报告最核心的理念。同样是聚焦区域协调发展，但先后三期报告区域问题的特征是不一样的，第一期重点讲发展，第二期重点讲协调机制，第三期重点是更加深刻、务实的协调，协同转型，共同治理。京津冀地区的特殊性在于：一方面这里有国家最高端的城市北京、天津，有国家的核心经济活动，有成长最快的重化工业发展，又有大量的核心创新资源，如中关村；但是同时又围绕着一个发展最迟缓的贫困地区，这种状况在长三角、珠三角都没有出现。京津冀地区一方面要建设世界级的城镇群和世界城市，另一方面还要脱贫脱困，统筹协调一定是最最重要的一件事情。

前段时间我们调研时，河北的领导说最怕京津两地领导来河北考察，每次考察都卷走一批项目，拉走一批投资，京津两地什么都要。区域之间完全没有协调，抢了别人的饭碗，干了别人的事情，这实际上就是北京、天津走了河北的路，让河北无路可走，最后还是北京、天津也无法避免河北省发展模式导致的区域性严重污染。北京花了十年时间削减了 1000 万吨燃煤，而河北省用了十年时间增加了 1 亿吨的燃煤。京津两市应该往外适度疏解功能，但是主观上不愿意疏解，客观上也存在疏解不出去问题，河北周边城市发展水平太低。在长三角，上海的职能可以疏解到江浙两省的许多城市。因此，这样一种孤岛式、割裂式发展模式到了必须调整的时候。

最近中规院也刚刚完成沿海三大城镇群的课题，我们认为三大城镇群最核心是要真正建立一个有效的协调发展的机制。抓住区域统筹、区域协调这个最最核心的问题，深入、充分地解析这个问题，是第三期成果最重要、最有价值的内容。

2. 区域尺度的生态保护与修复

这次研究成果特别有启发的是吴先生在第四章中提出建立区域尺度、大范围的生态保护与修复的实验区的概念。京津冀地区面临环境危机，全面的生态危机，从空气到土壤、水质、地下水的全面危机。近年来国内搞了不少生态城市、生态新区的试验，但大多因尺度较小而解决不了城镇群和区域尺度的生态问题。天津的中新生态城做得很好，但是居住区尺度构不成完整的生态体系，实际上是绿色居住区。京津冀地区恰恰是完整的生态地区，而且这个生态区又是我国沿海地区相对最脆弱的生态地区。第三期报告以非常开阔的视野，不仅关注平原地区，还包括太行山脉，北部的蒙古高原的边缘地区，把整个地区作为统一的、跨行政区的生态试验区。在京津冀地区，把生态保护与修复上升到最高战略，扩大到大区域尺度，可能是拯救北京的机会，是区域协同的生态文明之路，也是京津冀地区发展的唯一正确的模式。

3. 发展县域经济推进本地城镇化

我认为特别精彩的一点是，在生态试验区这个大尺度实现生态文明发展的内容中提出了发展县域经济。从中规院最近的一些研究，包括去年吴先生参与领衔的工程院的城镇化课题，到今年的中财办城镇化课题，我们在全国选了 20 个县，进行县级单元 1% 抽样调研，也做了宏观数据的分析。我认为通过县域经济的充分发展来实现本地城镇化，是中国城镇化的必由之路。尤其对于京津冀地区，那么大的发展反差，大量的贫困县的存在，真正地启动县域经济的发展是非常重要的。但这一轮县域发展肯定不是重复80年代的"镇镇冒烟"。我们的分析发现，中国 2.6 亿离开土地的农民工，其中有 50% 在县域范围内，没有离开县，20% 在省内活动，另外 30% 才是跨省活动。这 30% 跨省的农民工里面，有 60% 以上集中在全国 19 个特大城市，包括北京、天津，这部分人群在大城市实现"市民化"的财政压力难以支持，从目前农民工活动的规律看也没有必要。我们 20 个县的研究中发现，农民工在不同的年龄阶段寻找不同的出路，年轻人愿意去大城市"闯荡"，中年后求稳定，40 岁以后返乡或回到县城。农民工在不同的年龄阶段根据自己的能力在做不同的选择，不是一个单向的过程。

过去十年，县域经济发展速度远远超过城市的区；新增城镇人口 54% 集中在县域；既有的城镇人口 51% 在县域。吴先生的报告把县域发展提高了京津冀发展的核心问题之一，是非常重要和现实的创举。在研究城镇化的时候，我一直记得 2008 年吴先生为了北川的选址，跟我说的一句话："晓江，那么大的事情不要仅相信所谓的科学，要研究历史"！中国的城镇化和城镇发展离不开五千年文明，离不开农耕文明形成的地域文化、人地关系，从这些意义来判断，中国绝对不会简单地重复欧美或者新大陆国家的城镇化模式。县域均衡发展是非常精彩的一笔，是大尺度的区域生态试验区构想的核心和基础。

4. 空间与“畿辅新区”

空间认识方面，三期研究成果重点研究了一件事最重要，关联性最强的核心问题，就是四网融合。城市网络、交通网络、生态网络之间的紧密契合，是构建整个地区空间结构的核心要素。我认为京津冀地区的发展不可能简单地重复珠三角、长三角，再出现大范围的城乡空间连绵发展。过去 30 年没出现过，相信以后 30 年也不会再现，这是京津冀不同于珠三角、长三角的最大的空间特征。京津冀地区的发展是网络化的点状结构，城市之间的联系可能更密切。从这个意义上来讲，交通网络的特征与意义就不同于珠三角、长三角连绵地区的结构与关系。因此便捷的城市与城市之间的交通网络更适合京津冀。珠三角、长三角靠高速公路解决连绵区的交通，这个地区应该靠轨道交通，低成本、绿色、快速的交通体系。在空间上怎么把我们的交通网络和城市网络更加紧密结合起来，把生态网络融于其中，这个空间结构思路是非常重要的区域空间规律与特征的应对。

研究报告提出了“畿辅新区”的概念，我应合上午黄艳同志的观点，这个概念很重要，点也选的非常好，刚好是京津冀的交叉点，但是这个点到底能成长到什么程度或者需要多长时间来成长，我个人有点怀疑，因此要十分小心。首都机场有 8000 万客流，却并没有我们想象的那么大规模临空产业和城市人口、功能的聚集。2003 年北京空间战略，战略研究进程中，中规院的方案提出在北京东南部建设 300 万的新城。幸亏这个方案被吴先生提出的“两轴两带多中心”所代替。如果当时建设新城，今天回过头看肯定是鬼城。而“两轴两带多中心”是顺应北京城市发展规律的。我们进一步反思一下，中规院在 2000 年以后做了一轮全国几乎所有大城市的发展战略，当时吴先生在广州指导、评审我们的战略研究。十几年后回过头来看看，哪个城市建成了远离城市建成区的，大规模人口聚集的新区？真正综合功能，有服务、居住、有吸引力、有魅力的新城新区一个也没有。用几十年培育出新区是可能的，但是从 2000 年到现在是中国大城市发展最快的十几年，我们培养不出远离城市的新城，我们以后还期望重演这样的事情吗，我觉得不可能。因此，我认为把交通网络培育好，是构建未来空间体系最重要的方法。基于我自己有限的认识，交通及“四网融合”网络是本次研究特别精彩的地方，也会成为下一轮整个京津冀地区规划最重要的前期思考和我们后面工作的依据。

赵宝江 ★

★ 中国城市规划协会会长

首先说，我非常高兴参加这个研讨会，给我很好的学习的机会。同时我也向吴先生表示感谢，他这样执着，对事业这样尽心，呕心沥血，给我们做了非常好的楷模。说起这个课题，第一期我就参加了，很有感情。非常高兴第一期、第二期都被国家高层接纳了，产生了很好的学术价值和实际价值。第一期提出“共同建设世界城市”的目标，成立了“科学共同体”的研究团队，而且在研究的方法上多学科融合。这些在整个规划界都有很深远的影响。第二期，提出发展空间的格局，对京津冀地区的规划和经济社会的发展，起到了积极的影响作用。

我收到第三期报告以后，认真地读过，感觉这个报告非常好。我有这么几点体会。一个是这个报告非常及时，在北京和天津的发展出现新的问题、新的机遇和新的挑战的时候，第三期报告出来了。非常适时。第二，这个报告思路非常清晰，内容也很丰富全面。第 1 章肯定了成绩，分析了目前的形势，第 2 章讲了挑战和问题，第 3 章讲的是构建，第 4 章讲的是计划，我觉得非常清晰。

这个报告很有特色。第一点，在报告四大块里，挑战和问题非常重要的占了一章，体现这个报告从问题入手的研究思路。第二点，可操作性强，有构建的部分，也有可以实施的计划。第三点，有创新点，提出来怎么样在多层面上进行设计，通过我们这个研究以后，能够成为共同的规划，在有关城镇的总规当中吸纳进去。第四点，发展县域经济。发展县域经济问题是有反复的。20 世纪 80 年代发展县域经济，那时没有发展起来，反而造成很多生态问题。现在在这里提出了探索县域城镇化新路径这个概念，非常好，这是适时的，也是符合京津冀地区实际的。

我提几点建议。第一，我在思考，如何把这个研究成果纳入两市一省、首都经济圈里的重要城市的总体规划当中。这一期不同于前两期，前两期的报告指导性强，但是第三期的报告操作性强，提出很多建设意见，建议报告要进一步完善。要进一步征求两市规划专家，特别两个城市的规划局与规划院的意见，还要征求冀北有关城市的总体规划部门意见。建议这个报告完善了以后，一定要递到国家领导人手里。得到领导批示，就会起到更大的作用。

第二点建议，怎么把"规划研究"的研讨会固定下来，也就是把吴先生提出的"科学共同体"进一步地发展。这个问题现在确实有条件。第一个条件就是我们吴先生这个旗帜，在规划界的影响非常大，吴先生的旗帜一举，我们都会到这里来。还有规划界、规划协会相对比较团结，规划界有和谐的团队精神。另外，国家也好，省市也好，对咱们的城乡规划都很重视。咱们现在有条件，有力量，使我们的"科学共同体"进一步发展。

第三点建议，对于问题部分，我觉得已经很突出了，但还要进一步地突出环境问题，特别是污染问题，国家对此很重视，社会也很关注。空气的污染太严重了，应该请环境部门专家共同研讨，弄清楚造成的原因。环境问题的原因是多方面的。有认识问题，如地方政府片面追求 GDP 增长速度，忽视环境问题。有些地方政府，片面追求城镇化速度，忽视城镇化质量，城镇基础设施建设投入不足，也造成环境污染。还有环境治理投入不足，管理不到位等等。这个问题说得更突出一点，才能引起领导的重视，从而针对这些问题来解决。

朱嘉广 ★

★ 北京市城市规划设计研究院原院长

首先很高兴，也很荣幸来开这个会，每次来清华，都是学习。这次有点遗憾，阴差阳错，会前没拿到这个报告。不过我想起来 20 世纪 90 年代末的时候，那时候吴先生酝酿这个课题，还没有出一期的报告，我现在回想起来，当时吴先生提出来关于对待区域的“复杂性问题”的观点，还有刚才大家说的“科学共同体”的名词观念，我当时听着很新鲜，现在回想起来，当时其实不怎么理解。可是经过十几年，自己参与北京市的总体规划，还有战略研究工作以后，越来越觉得无论从指导思想上，从方法上，那个确实是一个高瞻远瞩，科学的方法，所以导致了今天有这么多的一步一步深入的成果出来。刚才大家说得都非常好，我不多说了。看到这个课题，越来越深入，而且视野也越来越广，越来越开阔，而且更加具有操作性和实践性，这是非常好的。会后有机会再深入地学习，今天听了大家的报告，吴先生前面讲的，我觉得都是很好的学习。

我借这个机会，谈谈自己工作里面的想法。有同志提出了东南方向海洋的问题，是跟这个区域密切相关的，我也赞成。但是有一个，我这两年还接触一些工作，实际上大北京的城市网络，生态网络，交通网络，可能还有一个方向——正北方向——我觉得应该引起更多的注意。前些年，胡春华书记刚刚到内蒙的时候，特别看重的一个地区就是北京正北的锡盟、多伦、蓝旗这一带，要建设跟北京对接的中心城市的命题，区域的中心城市。也就是前年这个地方的元上都遗址成功申报世界文化遗产。“上都”与“大都”当然很有历史渊源。除此以外，这里还是康熙皇帝跟北方少数民族会盟的地方。这一期的成果中“四网融合”提得很好，尤其是在文化网络、生态网络中，这个地区也很重要。我们说北方的污染，前十年更多的是沙尘暴，除了本地的因素以外，还有河北来的、内蒙来的沙尘暴，跟北京生态环境密切相关。这几年他们通过治理已经取得相当的成绩，北京沙尘暴的减少实际上跟那个地方有很大的关系。同时那里也是滦河的源头，那个地方草原生态恢复得很好。清华也在内蒙做了很多课题，说起各地的积极性，内蒙跟北京乃至京津冀地区协调互动的积极性非常高。我知道现在从锡盟那个地方往河北北部的丰宁，正在修建重要的干线，一直接国道从正北方向进入北京。我希望这个地方在交通网络、城镇网络、生态网络和历史文化网络系统方面，能够被多给一些关注。虽然我们这个题目叫“京津冀”，但我觉得既然是研究课题，就不必单纯的以行政区划为界限，不管用什么方式，要考虑更完善的网络系统。

还有一点，这两年在工作中，我也走了一些地方。前些年我们经常说城市建设，建筑到哪儿都一样，没有特色。我不知道我这感觉大家有没有，现在好像不光是建筑到哪儿都一样，连街道到哪儿都一样，城市到哪儿都一样，发展战略都一样，不用说市政府建的都一样，还有比较可怕的是思维方式都一样。这样的话，好像对区域协调并不是一件好事，不管“聚集”还是“集聚”，区域里各个不同等级、不同城乡地区的城市、城镇应该有它不同的特点。也不仅仅是外表所谓风貌的特点，包括大家刚才提到的产业发展方面。产业发展战略，哪个城市都一样，是不是有个现象，我感觉是这样子。这是一个问题，我觉得这是对区域协调和整体发展，这是很大的负面因素，我希望课题也能有所关注。

课题已经取得了很多很好的成绩，我期待它更进一步的发展，应该是四期，也许是三期课题的深入。我们确实碰上很多难题，北京人口总是突破我们的规划，不管规划中我们称之为控制还是预测，还是说合理的（希望所能达到的）人口。我觉得北京的人口可能是一个无底洞，建设的需求也是一个无底洞，也不是说没有想过办法，这个恐怕跟中国国情或者北京的特殊的地位有关。体制决定了这个特殊的地位，北京集中了除自然资源外的所有优质的资源，是不是这么一个道理。你所有的行政影响力、控制能力、人才、财政、政策的影响等等，都是最好的，只是自然资源有限，那没办法。所以像个无底洞，永远吸引人过来。

关于区域协调，我们总说协调，那应该建立什么样的机制？我还没有看到整体上成熟的、大家对协调发展都认可的一种机制出来，这可能跟我们独特的政治生态有些关系。我希望在这方面能够做些研究，能有些关键性的突破。我特别赞成“科学共同体”，多学科地来对待这些问题。现在我觉得清华大学跟以前也不一样了，原来纯粹是工学院，现在经济学院、马列主义、社会学、艺术学科都有，还包括在吴先生领导下的“科学共同体”。我们也有条件或者说可以进一步扩展到政治的、制度的、社会学的、经济的、生态的等方面进行更综合深入的研究。如果能够在体制上、协调机制上真正地有所突破，可能是下一阶段的研究和实践比较关键的因素。

刘武君★

★ 清华大学客座教授
上海机场（集团）有限公司总工程师

三期报告在一期报告理论研究、二期报告空间规划的基础上提出了“四网协调”发展的共同目标，为京津冀的区域一体化发展指明了道路。在上述研究的基础上，三期报告还明确提出了京津冀转型发展的合作计划，实际上也是行动计划。报告有三条建议，一是以北京新机场为契机，京津冀共建畿辅新区；二是以天津滨海新区为龙头，京津冀共建环渤海的经济区；三是以京津冀部分地区为重点，京津冀共建海河上游的生态保护区，这实质上是对京津冀城乡空间发展规划落地提供了可操作性，有了比较好的抓手和突破点。这也是本期报告最大的特点和创新点。

我来自民航，我重点想谈谈北京新机场的问题和区域一体化的问题。北京新机场选址在京南的京冀交界地区，也就是现在讲的大兴的南边，计划明年开工。机场规划年客流规模 1.3 亿人次以上，年货运 320 万吨以上，年起降 100 万架次。这么一个巨大的机场，如果真的按这个规划实施完成的话，北京新机场将是世界上最大的机场。

这个运输量对于城乡规划来说是个什么概念呢？我以旅客运输为例加以说明。每年 1.3 亿以上的旅客量相当于每天 30 万 ~40 万人次的旅客量，加上周边工作人员、送客人员，以及临空地区的就业人员，每天客流量不会少于 50 万人次，相当于上海世博会每天的人数，也就是说，相当于北京每天都开世博会。我们的大型机场，特别是北京的机场，中转量非常低，85% 以上的人是以北京为目的地的。这样一来，地面交通压力就会更大。对于北京交通运输的现状来说，这绝对是不可接受的。三期报告没有去回避这个问题，而是把它作为一个新的机遇来看待。报告第五章里面提出了“畿辅新区”的概念，建议选择北京新机场周边，北京、天津、河北的相邻地区成立跨界的畿辅新区，疏解北京的首都职能，将部分国家行政职能、企业总部、科研院所、高等院校、驻京机构等都迁到畿辅新区，并结合临空产业和服务业的发展，合理布局，使其发展成为京津冀经济增长极，推进京津冀的区域的一体化发展。

我认为建设畿辅新区这样的合作计划有一石多鸟之妙。

第一，它可以缓解长期困扰我们的北京城市功能过于集中的问题。部分首都功能和企业总部功能的南移不仅可以改善城市结构，改善城市过密的问题。同时由于提议中的畿铺新区与北京母城的距离较近，称不上“迁都”，使之具备了较好的可操作性。

第二，它将大大缓解北京面临的交通困境。由于将部分首都功能从中心城区移出，阻止了一部分进京客流进入北京中心城。从首都机场现状旅客的调查情况来看，航空旅客中的绝大多数是来北京办事的，该部分旅客的比例超过 70% 以上，非节假日甚至达到 80% 以上。如果我们将他们来办事的这些单位中的一部分搬到新机场附近，那他们就可以在畿辅新区内完成他们的出行目的，他们就不一定进到中心城里来了。

同时，北京作为我国的首都，地理位置上位于相对偏北的地方，来北京的航空旅客绝大多数通过北京南面的航路进京，陆路交通也是这样的。如果我们结合新机场的建设，规划建设一个大型陆空交通枢纽作为北京的南大门，再将部分首都职能也转移到这里，到这个畿辅新区的话，对于北京的空中交通组织和从南方进京的地面客流的疏解都是非常有益的。当然，对于新机场的集疏运也是至关重要的，因为机场现在最大难题是地面疏港交通问题。

第三，畿辅新区将为京津冀合作提供非常好的舞台，一定会成为京津冀经济一体化的枢纽城区。它还会促进区域联合开发体制的产生，促成一个新的区域发展时代的到来。

第四，畿辅新区可以将散落在京津冀北各地开发需求，在一定程度上集中在畿辅新区来。因为新机场紧邻廊坊，廊坊将自然成为航空城和畿辅新区的一部分，不像我们在郊外建一个没有依托的新区和机场，这有利于畿辅新区在发展之初很快形成规模，也有利于京津冀城镇网络的发展。三期报告提出了“四大网络”，我看畿辅新区就是这四大网络中最重要、最关键的结点。另一方面，我还认为畿辅新区的建设，也是北京改变过去大家批评得比较多的“摊大饼”模式的机遇。

第五，超大规模的新机场还会促进周边地区临空产业的发展。刚才有专家提到了“四大临空产业链[1]”在首都机场周边的发展并不理想。其实在某种意义上，从新机场周边现状来看，我也不是很看好新机场发展临空产业。但是，如果部分首都功能能够转移到临空地区，那它毫无疑问将会成为临空产业里的龙头。这是巨大的发展动力，我甚至认为只要实现了部分首都功能的转移，新机场临空经济的发展就会非常成功了。我在大兴给当地做课题时也遇到这个问题，即上述临空产业到底能给临空地区多大影响、带来多少利益？我认为机场和临空产业是鸡和蛋的关系。现在，首都机场与周边地区的临空产业发展不太健康的原因是多方面的，不能它用来简单推论新机场的发展。新机场如果能有很好的机制，如果能在体制上有一些突破，那么，由世界第一运输量支撑的新机场临空地区的发展，无疑是很有前途的。另一方面，反过来说，如果临空地区不能够得到健康发展的话，那么，这个地方也就无法承受新机场带来的压力，也没法设想新机场能实现其规划的运输量。

---

1. 四大临空产业链指“商务交流业（园区）”、“物流产业（园区）”、“航空产业（园区）”和“生活娱乐教育等（园区）”（参见．航空城规划．上海科技出版社，2013）．

因此，我们必须建设好新机场航空城，从而推动畿辅新区的发展，使之具备比较好的吸引力和辐射能力。这不仅是支撑机场发展的需要，同时也是整个京津冀一体化发展的机遇。

我个人非常赞成这个合作计划，应该把畿辅新区做好。我借这个机会进一步建议：为了使畿辅新区真正能够起到三期报告中设想的作用，应当给新机场更大的自主权。建议考虑给新机场自由贸易区的定位，使它成为京津冀经济圈一体化发展的核心和龙头。京津冀经济圈应该抓住这个好时机，进一步推进京津冀经济圈的一体化。

经济圈一体化的前提是政策法规的一体化，目的是经济、文化、生态的一体化，而这些一体化都是以经济圈内交通运输网络的一体化为基础的。只有具备了这个基础，我们最终才能实现一个所有生活要素和生产要素都能自由流动的经济圈。因此，我的第二个建议就是要尽快形成一体化的京津冀综合交通网络，设立类似于“纽约港务局”那样的京津冀跨境市政交通设施联合管理和协调机构。同时也还需要一个实施这些跨境市政交通设施的法人实体，就像珠三角城际轨道交通公司那样的实体。没有这两大机构的存在和运营，京津冀一体化综合交通网络还是无法实现的。没有人去推进实施，没有人去协调管理，大家都各自为政，是很难形成好的综合交通网络的。这种跨行政区域的合作，在国内外都有很好的先例可以借鉴。一体化的综合交通运输不是把设施连起来就行的，还有运输的一体化问题。因此必须有机构长期负责协调和推进京津冀城际交通设施的规划、实施和运营，才能够真正做到一体化。

我非常赞同三期报告的理念：城镇网络、交通网络、文化网络、生态网络等四大网络的建设是京津冀区域一体化的基础和目标；畿辅新区、环渤海产业区和海河上游生态保护区是京津冀经济圈合作的龙头和亮点。

总之，京津冀经济圈可能、也应该成为我国最优越的人居环境示范区。

★ 清华大学教授

王忠静 ★

我来自清华大学水利系，一直做流域规划与管理的研究，对于城市规划是外行。这几年，在吴先生带领下，或多或少的参与了一点这方面的工作，跟建筑学院有了些合作，学到了很多东西，也有很多感受。每逢出差、出国，不仅关心水利，也开始关心城镇发展。换了一个角度思考问题，对自己的工作竟有了许多新的启发。在此向吴先生表示感谢。

京津冀三期报告历时较长，我也参与了丁点儿工作。从三期报告来看，它有机地衔接了一期、二期的内容，也契合了我国当今社会发展需求，提出了在京津冀这样一个大的区域进行协作、协同、协调发展的战略设想。我想，这是对国家十分重要的研究成果。

我们都知道，城市是人类聚集（集聚）的中心，是社会发展的潮流，全世界都是这样。无论是发展中国家还是发达国家，城市的发展都是越来越多。城市发展需要很多条件和机遇，也有很多制约因素，其中水在目前看来是最重要的制约因素之一。有人说是交通最重要，有人说水最重要。我想它俩可能是处在不同的阶段，重要的程度不一样。水所体现的最重要是因为其涉及到城市发展过程中不可或缺、不可替代的生活用水和生产用水，以及涉及到现在强调的生态用水问题。

与一期和二期报告比较，三期报告对水给予了更大的篇幅。学完之后有这么一个体会，即吴先生以创造一个安全健康的生态网络为主题，对未来京津冀可持续发展中水的布局提出了三点设想：

第一，就是要构建一个共同的、安全的、清洁的水源，这个水主要指的是可饮用水。在过去很长的发展过程中，北京市发展北京的安全饮用水，天津发展天津的。北京主要用密云的水，天津用引滦入津的水。有一个共同点，都是用了产自河北的清洁水。这种模式发展到一定程度后发现，北京用完了产自北京或流经北京的水，天津也类似。现在由于污水处理技术比较好，中水回用比较多，这本身是好的。但也渐渐地看到，能够放到河北的水越来越少了。再看北京另一个水源地，官厅水库，其上游的河北、山西一带过多的污水排放，使官厅水库早早退出了北京市饮用水供水序列。吴先生提出来共同的清洁的水源，这是非常重要的观点。水是流动的整体，不能铁路警察各管一段。今天会上听到北京市的同志讲到，北京饮用水现状还是好的，但也是令人担忧的，必须保持警惕。如果看看河北某些局部的饮用水，特别是少数农村的饮用水，非常令人担忧。

第二，就是要构建一个共同的、足够的、可持续的水量供给，这个水包括了生活用水、生产用水和生态用水。三期报告中，对南水北调的作用提出了辩证的看法。我们都知道，关于南水北调存在必要性的争论一直存在，对北京市到底需不需要南水北调的争论十分激烈。报告给出了这样一组数据，在京津冀区域中，人均水资源只有270立方米。人均270立方米跟世界上哪个地方相同呢？我们找以色列作比较，它是公认的最缺水的国家，以色列人均水资源量是250立方米。京津冀的水资源短缺程度与以色列差不多。

大家可能想到京津冀人多水资源总量也多，水资源利用上会不会有规模效应。遗憾的是，水利上至今未发现这种规模效应，相反人口越多，需要的人均水资源量越多，是反过来的，很奇怪。一种解释是城镇化发展后人均耗水量是增加的。人们住平房用旱厕、手洗衣服，每人每天用水40升，住楼房后，用水厕、洗衣机，大概每天需要120升。可见，随着京津冀地区的发展，自身的水资源是不够的，南水北调将发挥重要的功能。报告同时还强调，南水北调之后也不能完全解决京津冀地区的用水问题，还需要持续的节约用水，进行水需求管理。

第三，构建一个共同的、健康的、可持续的水生态环境，这是京津冀地区可持续发展的保障。我们国家由于生态环境的崩溃所造成的生态难民已经有了，国家花了很多精力去解决这个问题，难度很大。因生态问题产生难民，这个政治影响、经济影响、社会影响都非常大，非常不好。吴先生在报告中，对水生态环境方面给与了很多的关注，反复强调。

我认为，三期报告对水这块，从三个方面给予的关注，非常明确，也非常贴切。

最后，有一个困惑了我很久的问题也借此机会请教大家。世界上发达国家几乎每一个城市的水龙头的水都是可以直接喝的，叫直饮水，但在中国好像很少，不知道为什么。是文化的问题？习惯的问题？管理问题？还是其他的问题？追求这个（直引水）有什么好处，有什么不好之处？作为一个水利工作者有时我在梦想，哪一天北京的自来水也是直饮水呢？

谢谢！

杜立群 ★

★ 北京城市规划设计研究院副院长

很荣幸受邀参加这次研讨会，这也是一次向大师学习的机会。讲几点感想。

第一，今年年初，北京市规划委黄艳主任带领我们一行，专程到清华大学建筑学院向吴良镛先生汇报北京的城乡规划工作。会上吴先生提出了京津冀发展三期规划课题的相关问题和设想，这些思想对于北京的城乡规划的实施，起到了很好的指导作用。由于长期负责北京新机场的相关规划工作，吴先生很多的规划思想，我都力图贯彻到实际规划工作当中。特别是对于首都功能的认识，空间规划留有很多的余地，为决策者或首都的功能的结构调整，都留下了很多的可能性，这可能也是空间发展战略中最实质的问题之一。

第二，京津冀发展的一期、二期有很多战略思想，已经落实到北京城市发展的具体的工作当中，对实际工作有很强的指导意义。我相信今天看到的三期报告，其中的战略思想也一定会贯彻到下一步的北京的城市规划实施和规划编制当中。

第三，京津冀地区的问题非常复杂，涉及的空间范围也非常广泛。我建议研究成果在一些重点地区能不能有所突破，这是城市规划实践当中的一个最重要的问题。如果学术研究的战略思想仅仅停留在理论上，没有实践当中的成功突破或者成功的范例是很难说服整个社会的。这也是规划工作者的责任和担当。所以我非常同意报告中的四点合作计划。特别是北京南部地区的发展，围绕北京新机场的建设，应该有所突破，这在实践当中的意义可能会更大。我们院与清华大学城市与建筑研究所，上海等方面都有很好的前期合作基础。

第四，我们院也被纳入科学共同体的范围，前期也做了一些工作。我想科学共同体还要继续努力。现在城乡城镇化的问题和土地的问题，是在当前城市发展过程中非常关键的问题，我个人觉得这两个难题将来可以通过科学共同体共同推进。现在我们跟研究所也有具体的合作意向的探讨，希望能建立一套机制。机制的建立会牵扯到各部门之间的利益如何协调，各个部门之间的利益分配和调整作为北京市地方和学术界，或者是规划编制部门，或者是某一级政府都很难协调，所以将来的机制应该建立一个在国家的顶层设计的基础上，应该在这样的层次来建立一套新的机制。这个课题如果能够上升顶层设计的高度，引起更高领导层次的重视，将会发挥更大的作用。

邢天河 *

* 河北省住房和城乡建设厅副总规划师

第一，区域发展不平衡性是京津冀 地区的一个显著特点，如果不采取措施，问题可能还要加剧。根据大气污染防治计划，河北省要在 2017 年底前压减 6000 万吨水泥、6000 万吨钢铁和 3000 万箱玻璃，占全省相关产业不小比重，对河北传统产业的压缩是伤筋动骨的。据初步估算牵涉到 60 多万人的直接就业和间接就业。如果没有新的产业来接替，这些人的就业问题就很难解决。这些产业基本上分布在唐山、张家口、承德、邯郸、邢台等地。冀北地区占较大比重。如果不能妥善安置这部分人就业，肯定还要涌向北京、天津。这麽庞大的数量，对京津控制人口将增加很大压力。一方面要改善生态环境，一方面还要考虑这些人的生存。所以如果不采取相应的措施，地区不平衡性的问题将很难解决。因此，必须采取发展接续产业等措施，缓解经济增长和生态环境的矛盾，结构调整和社会稳定的矛盾。

第二，生态网络研究需要高度关注生态安全，需要明确京津冀地区生态安全的底线和生态安全的红线，就是最基本的生态要求。如果突破这个底线，整个地区生态环境不但不能好转，还将进一步恶化。京津冀地区这两年出现了比较严重的雾霾天气，2012 年夏季还出现了严重的洪灾，历史上曾发生极其严重的地震灾害，风沙灾害时有发生。这些问题都需要从区域生态环境容量方面深入研究。

第三，现在京津冀地区的特大城市中心城区人口和产业过渡聚集，城市用地向周边摊大饼式无序蔓延的状况并没有得到根本改变。长此以往必将进一步加剧交通和环境的矛盾。多年来有关部门对疏解中心城区人口，解决中心城区过度拥挤的问题采取了不少措施，但成效甚微。要解决中心城区过度集中的问题必须釜底抽薪，从疏解不适宜在中心城区发展的城市功能开始，重点研究不适合在中心城区发展的产业门类，制定严格的退出机制。如果不疏解城市功能，不退出部分产业，不制定严格的退出机制，人是出不去的，城市的空间布局结构也得不到优化。

第四，区域合作，区域协调，首先面对的就是利益分配问题。不解决利益分配问题，区域合作很难进行下去，也就谈不上区域协调。解决利益分配首先要考虑利用市场机制，不利用市场机制不行，要研究利用市场的力量推动区域合作。研究从北京、天津疏散出去的产业，当地政府应该得到什么利益，企业自身应该得到什么利益，接受产业方得到什么利益，这些利益分配机制不建立，企业是出不去的。另一方面还必须说明，完全靠市场机制有些问题也难以解决，必要时可利用行政手段加以推动。因此我觉得采取市场机制和行政措施相结合的办法是比较可行的，运用两种手段共同促进区域的协调发展。

李文华（书面意见）★

★ 中国工程院院士
中国科学院研究员

在我与吴良镛先生的接触中，使我感受很深的是，他打破了长期以来建筑设计的传统，把生态环境融入到了工程设计理念之中，同时他的设计中还充分体现了系统观、动态观、区域观，及其与周围更广范围的联系。这种思想和理念，在其领导的团队连续 10 年来对京津冀地区城乡空间发展规划研究报告中了得到了充分的反映。他从“就城市论城市”逐步转向“从世界的视野看城市”，把首都建设与京津冀地区发展及其城乡发展，从系统的观点加以剖析，并将该地区的发展与世界城市的发展结合起来，这在城市发展规划中具有创造性的意义。这种理念不仅符合当代城市发展的科学规律，同时也是社会发展的必然趋势和要求。同时，京津冀地区所处的国内外独特的区位和重要性，进一步体现了这一研究的重要意义。

该报告在一、二期工作的基础上，对本区域发展所取得的成就及其所面临的问题，进行了深入地研究和科学分析，所得到的结论符合本区域的实际情况。该报告完整地反映了党的“十八大”所提出的“建设生态文明”的指导思想和要求，符合其所提出的“地区转型发展”的路径”，具有高度的科学性、先进性和前瞻性。这不仅对京津冀地区的发展起到重要地推动作用，同时，还对当代城市规划的理论和方法也具有新的建树。

针对报告，本人有几点不成熟的建议，仅供参考：

第一，该报告对京津冀地区的人口、资源、环境问题的现状及其所面临问题的论述资料翔实，分析符合实际，具有很强的说服力。然而，该报告对于如何解决这些问题所采用的方法和途径却阐述相对泛泛。如果能从生态承载力和环境能量方面加以论证，并提出相应的解决问题的方法，则会对规划和今后的管理能起到更积极的作用。

第二，建议在评估城市发展的同时，需要特别注意环境变化的监测、生态系统服务功能（Eco-services）价值变化和生态足迹效率及其变化。

第三，“生态文明”的提出和“五位一体”的观念深入，对城市规划提出了新的任务和更高的要求。如何能把生态文明作为城市规划的灵魂贯彻到城市发展的方方面面，并达到协调发展和可持续发展的要求，这已经成为多种学科（包括城市发展规划方面）的一个新的任务，希望能在第三期工作中有新的突破。为了搞好城市规划，应把当前正在提倡的新型城镇化的规模、速度和步骤等考虑在内。

第四，科学发展观提出“以人为本”，以科学发展知道规划，我个人觉得至少应该做到两点：一是要使群众受益，让人民生活更幸福；二是要建立在规划过程和实施阶段，建立群众参与机制，望这方面应给予更多的关注。

钱 易（书面意见）*

* 中国工程院院士
清华大学教授

感谢清华大学建筑与城市研究所，使我得到了学习《京津冀区域城乡空间发展规划研究三期报告》的机会，我非常同意在吴良镛教授领导下的团队对京津冀地区城乡发展现状的分析和提出的三期规划，仅对有关资源、环境保护和生态文明建设问题提出如下意见供参考。

一、关于京津冀地区的水危机

京津冀地区面临严重的水危机，包括：水资源短缺、水污染严重和洪水季节的洪涝灾害。建议在规划研究中加强有关战胜水危机、确保水安全的内容。

1. 关于水资源短缺，首先应该加强的是节约用水，河北省在这方面作出了很大的成绩，十五规划期间，在年均 GDP 增长 10%的情况下，用水量实现了零增长；唐山钢铁公司的吨钢用水量只有 1.4 立方米，远在全国钢铁企业平均吨钢用水量 4 立方米以下，这是应该加以肯定并推广的经验。但北京公共建筑的人均日耗水量远远高于家庭居民的人均日耗水量，其中以旅馆、餐馆及大型会议、办公大楼为最突出，应该大力加强节约用水。

过去解决水资源不够的传统思路是，地面水不够开发地下水，地下水水位下降，供水量不足就依赖远距离调水，但必须防止花费巨大费用从长江调来的水资源在京津冀地区被浪费，应该利用调来的地面水补充地下水，使地下水位回升，成为京津冀地区可靠的一项水资源。

还应该大力开发非传统水资源，包括雨水，再生水和海水。雨水利用的方式很多，美国加州科恩县通过渗水的池塘、渠道、河流、地面让雨水渗入地下，使地下水成为“水银行”（报告中有一张美国加州科恩县的图，就表示了“水银行”的工作原理和效果，但文字中对此未作说明），是非常适合京津冀地区的好策略；城市废水处理厂处理后的出水常被称为再生水，可用于工业冷却水、农田及城镇绿化带灌溉水、汽车、路面洗刷水，以及补充生态用水等，京津冀地区已经作了一些工作，还可以努力提高回用率，以色列再生水回用率超过 90%，是我们学习的榜样；天津邻近渤海，也有利于海水利用，目前海水利用的成本与南水北调相当，技术的进步还可能降低成本。

2. 报告指出，京津冀地区面临严重的水污染，这是威胁人民健康和生命安全的大事，必须加强防治。一是工业废水污染的防治，应该主要依靠改变经济发展模式，大力推行清洁生产和循环经济，建设生态工业园区的源头控制措施，可以同时收到节约资源和减少污染的效果；二是城市生活污水污染，北京、天津城市废水处理率较高，关键是要加强管理，提高废水处理厂的利用率和处理效果，应对废水处理厂产生的污泥加以妥善处理和利用；三是农村污染，最突出的是畜禽养殖业排泄物，农田化肥、农药和农民生活污水排放，应大力推行利用沼气池把畜禽养殖业污染转化成沼气能源，并利用沼气池经发酵的粪便做肥料，同时采用测土配方施肥技术，以减少化肥的用量，还要采用生态防护技术和物理技术治理病虫害，减少农药的用量，农村排放的生活污水，可以利用农村的湿地进行处理，然后用于农田灌溉，也减少了污染的排放。

3. 京津冀地区虽然缺水，但逢到暴雨却常常发生洪涝灾害，2012 年 7 月 21 日北京就发生了十分严重的洪涝灾害，这是城市建设中对基础设施建设忽略的恶果。尽管北京的楼堂馆所、道路桥梁建设得很多很漂亮，但地下排水管道的建设却被忘却和忽略了。前面已经提到了可以建设“水银行”和各种设施回收利用雨水，也应该建设完善的排水系统，收集雨水并排放至可以回收利用的地方。

二、关于大气污染

京津冀地区的大气污染严重，去冬今春的雾霾天气范围大、历时长。主要污染源有：小型的落后的燃煤装置，汽车尾气，各种工业和建筑工地，还有家庭排放的污染，应该综合防治。我觉得对于首都北京，应该特别加强对人口数和私人汽车数量的控制，我很同意规划中提出将北京的一部分单位迁移至河北省中小城市的观点，并希望政府能够出台更有力的政策，控制小汽车数量的增加，以解决大气污染、交通拥堵、安全事故频发、占用土地面积增多等一系列的负面影响。

三、关于城市垃圾收集、处理和利用

垃圾的污染是公认的一种城市病，但目前世界上有了新的观点，即：城市垃圾实际上是城市矿山，因为各种垃圾都是使用过的资源，都可以回收再利用。开发城市矿山，可以收到减少自然资源开采、消耗和减轻垃圾污染的双赢，是发展循环经济的重要组成部分。这种新观点带来了全新的做法，德国、日本在垃圾回收利用方面成绩最大，垃圾分类达 40 多种，很多垃圾的回收利用率都高达 80~90%，美国提出“生产者责任延伸制度”，要求各种产品的制造厂回收该产品的废弃物，如废冰箱、废手机等，并负责将废旧机械产品中尚有功能的零部件回用于新产品中，并称之为“再制造”，这种做法的效率更高。我国应该学习，京津冀地区应该发挥领头羊的作用。

四、关于京津冀地区发展布局

规划中已经谈得很多，我只想补充一点想法，那就是在规划京津冀地区的发展时，最好提出京、津、冀三个不同地区都能获得的显著进步和具体好处的要求，即达到获得三赢的目的。北京是首都，要发展成国际大都市，天津是海滨城市，要发展成华北地区经济、交通、航运的一个中心，河北省的中小城市也应有发展的目标和计划，使它们能够取得更大的进步，人民能够生活得更美好。千万不要只注意为首都北京服务，而应该做到首都帮助其他城市地区，其他城市地区帮助北京。

我的上述意见不一定正确，仅供参考。

金　鹰（书面意见）*

* 英国剑桥大学建筑系

三期报告是个新的里程碑 。

读完三期报告，得到很多的教益，受到很大的鼓舞。报告以丰富的内容、理论的高度和研究的深度铸成新的里程碑。从一期报告的基本理论、理念到二期报告提出的大的空间结构，再到三期报告在实施层面提出的共同政策、共同目标、共同治理、共同路径，学术研究的成果得到不断的深化，具有重大的理论、实践意义。

三个报告作为一个总体，提出了一个坚实的理论体系和研究框架，可以指导我们在今后的工作中啃城市开发、城市治理中更具体的‘硬骨头’。这样的‘硬骨头’有很多，其中的一个就是城市中心、副中心地区的综合生活质量问题。这个问题在京津冀地区普遍存在，解决得不好，会削弱这一地区在国际、国内总的竞争力，进而影响城市开发、城市治理的力度，可能进入恶性循环，后果不堪设想。这在不少中等收入国家的城市是有前车之鉴的，比如巴西的圣保罗。

这个问题虽然是个长远的问题，如果在近期不大力推动，错过了目前城市开发、城市改建的时机，今后的工作难度会更大。不少发达国家的城市走过这样的弯路。即便不走弯路，也可能需要三四十年时间才能‘啃’下来这个问题。丹麦哥本哈根中心区 20 世纪 60 年代以来的改建经验就是个证明。

京津冀地区中经济发达的城市中心地区目前处在高度密集状态，地价、房价不断攀升。随着城市化的进一步发展，进一步的聚集、加密是在所难免的。这一方面会加大中心地区的交通、环境、生态、社会的压力。另一方面，高度聚集的生产力也带来了新的契机。高度聚集的生产力通常可带来强大的集聚效应，增强城市竞争力。其前提是高度密集地区不出现严重的拥堵和环境问题。社会公平和环境可持续性依赖于经济生产力的增长。

因此，城市中心地区的交通网和人口、就业布局要在宏观、微观的尺度上都协调起来。具体来说，高的就业和居住密度必须真正和主要公共交通枢纽重合。世界各地的研究都证明，铁路或地铁站点真正的高效影响范围只有 800~1200 米的半径。要使城市中心区变得有吸引力，就需要真正在铁路或地铁站点邻近处布置丰富的就业、服务和居住功能。日本、德国、英国的经验证明，对中高收入居民而言，如果地铁和铁路与其他出行方式和就业、服务业地点有着高效的连接，在通勤、商业、教育和一些休闲出行中是可以替代汽车的。提高城市中心地区的就业和居住密度必须以快速轨道交通的通行能力为前提。同样，在城市中快速公共交通不发达的地区，盲目提高居住密度并不能有效降低交通污染和拥堵。这需要对现有城市中心地区的建筑环境实现一场大的变革。

我们应该考虑那些新的契机呢?

首先是广大市民对良好的空气质量、生态环境、绿色生活的强烈企望。目前城市里的生态环境最差的是在城市中心区，改善生态环境最难的也是在城市中心区。如果要改善城市中心区的生态环境，就需要把郊区的绿带引到城中心来，形成一个连续的自然生态网络，并扩展到建筑环境中。这也需要对现有城市中心地区的建筑环境实现一场大的变革。这个想法从 20 世纪 50 年代林徽因先生的著作中就有，但是市民们今天的强烈企望是当年无法相比的。

新型交通技术，如零排放汽车、无人驾驶技术，在未来20~30年中将会部分或全部得到运用。汽车排污的问题将会得到有效地解决，但是拥堵的问题，如果没有前瞻性的举措，可能会恶化。交通系统前瞻性的改造，同样也会要求对现有城市中心地区的建筑环境实现一场大的变革。

以上对城市中心区建筑环境实现一场大变革的三个方面可以有效地结合起来。对建筑环境的变革不能一蹴而就，需要像丹麦哥本哈根、美国旧金山等城市中心地带那样，通过严密、有效、持久的规划、法规、管理、监督，在20~30年内利用城市基础设施的扩建、城市改造、更新、逐步实施。考虑到城市基础设施的使用寿命（通常多于30年），现在以及在未来十年中进行的投资都会对2040年甚至其后产生重大影响。这要求我们在目前城市增长弹性强的阶段快速采取行动。希望京津冀第四期报告对此能有深入的研究。

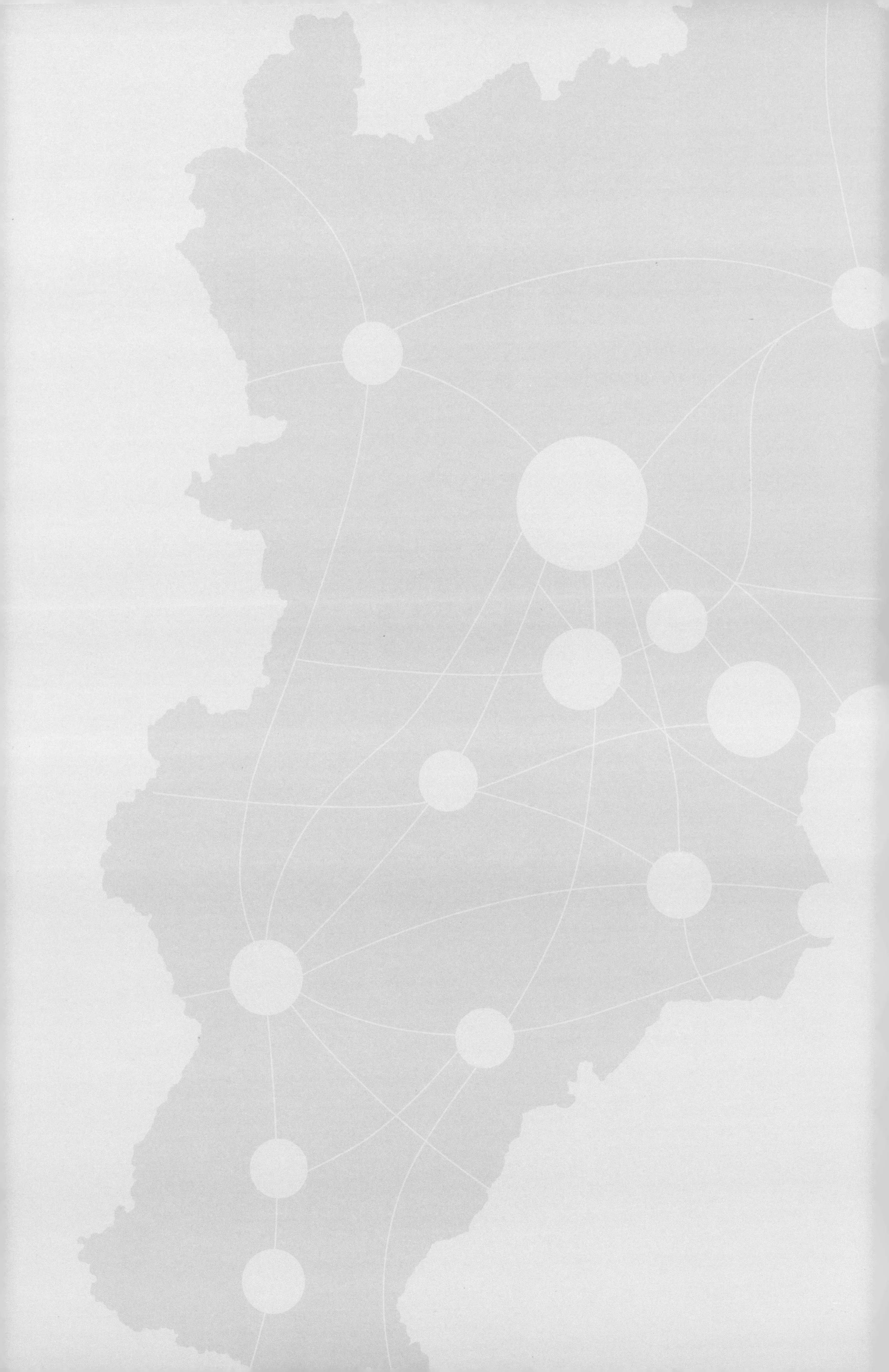

结　语

在本期报告的研讨会上，各位专家提出了许多积极的建议，信息量很大，我们会在以后的研究中逐步消化吸收。这些精辟的发言对我们也很有启发，报告编写小组结合新的形势，提出京津冀城乡空间发展需要重点关注的几个关键问题，以供参考。

一、树立“五位一体”的发展观与实践观

如果说在农业社会，社会、政治、经济、文化、生态等五大系统，处在一个相对均衡稳定的状态，那么随着现代化、工业化、城镇化的推进，这五个系统出现了比重失衡的局面，经济发达了，而生态、文化的问题越来越严峻。今天，京津冀地区发展面临的生态环境挑战，就是五大系统长期失衡的结果，一方面有很高的经济发展目标，要做世界城市地区，但另一方面空气污染之重已经威胁到人们的健康生活，水资源的承载力已经接近、甚至突破极限，水环境污染更是加剧了这一局面的恶化，使得整个地区面临严峻的生存问题。

未来应树立“五位一体”的发展观与实践观，在政治、经济、文化、社会、生态等各方面中寻求最核心、最要害的问题，逐一加以解决，推动五大系统实现新的平衡，其中除了资源瓶颈、技术改善措施之外，当属协调机制和政策保障。

二、创新区域协调机制

京津冀三地政府都认识到产业、人口与资源、环境方面的不平衡、不协调问题已经到了不得不解决的时候。近年来两市一省政府间互动非常频繁，相互之间的关系前所未有地密切，签署了多种合作协议，又联合颁布了《京津冀及周边地区落实大气污染防治计划实施细则》。

这些协议和计划的实施，必须有更加有效的区域协调机制与之配套，否则大家都认识到需要采取一些措施，又没有合适的落实机制，而无法用来解决现实的迫切问题。与珠三角、长三角不同，京津冀地区有政治上的特殊性，未来应有更高层次的协调机制，建立反映灵敏、动作迅速的平台。

三、破解区域发展的不平衡

京津冀地区区域发展的不平衡，与我国城乡建设中长期存在的过于机械理解城镇化的思想不无关系。为了发展城市而不惜牺牲农村，为了土地开发而简单粗暴地征地。长期以来将复杂的城镇化当做简单的经济现象，将城乡建设当单纯的物质建设和消费，城镇化复杂综合的社会进化过程被简单化。

破解京津冀区域发展的不平衡，就要创新性的探索这一地区新的发展道路，从可持续发展的角度研究京津冀的城镇化、生态环境以及经济发展问题。处理好城镇之间、城乡之间、不同地域之间、城镇与自然环境之间的相互关系，因地制宜地采取差别化的发展策略，创新城镇化道路。北京不可能在区域中独善其身，要在区域尺度上对首都过分集中的功能进行有机疏解；河北省作为“畿辅”，要真正发挥首都的畿辅作用，促进石家庄、唐山等中心城市产业结构和城市结构的调整，在生态文明的前提下发展县域经济，促进中小城市、城镇的发展；进一步发挥天津新型工业化的引领作用和在环渤海地区开发开放的龙头作用，承担首都功能，促进京津冀沿海地区的协调发展。

四、未来的研究方向

（1）畿辅新区：立足于京津冀的“畿辅功能”，以促进京津冀地区整体协调发展为目标，对畿辅新区范围、功能定位、空间组织、协调机制等进行系统研究。

（2）首都功能的多中心：三期报告中提出的首都功能多中心的构想得到了与会专家的支持，未来要继续研究首都功能的具体内涵，探讨在更大范围内疏解首都功能的战略方向。

（3）京津冀地区生态文明建设：生态文明是人类文明的基础，应将城市文明建立在生态文明的基础之上。京津冀地区生态文明建设的紧迫性是前所未有的，要重点研究如何把生态文明理念和原则融入城镇化进程的步骤、内容和方法，研究京津冀跨地区设立国家级生态试验区的建设策略，包括建立京津冀地区国家公园体系的可能性、滨海地区海洋生态保护与海洋产业发展、区域产业转型协调等。

（4）人居建设。在经济、政治、社会、文化、生态五位一体的基础上，有针对性的加强人居建设，将京津冀地区建成宜居的首善之区。把人居建设作为独立的内容，纳入国家战略和国家规划中。

参考文献

1. 吴良镛, 等 . 京津冀地区城乡空间发展规划研究 [M]. 北京 : 清华大学出版社, 2002
2. 吴良镛, 等 . 京津冀地区城乡空间发展规划研究二期报告 [M]. 北京 : 清华大学出版社，2006
3. 吴良镛 . 人居环境科学导论 [M]. 北京 : 中国建筑工业出版社 , 2001.
4. 吴良镛 . 中国古代人居史 [M]. 北京 : 中国建筑工业出版社 , 2013.
5. 吴良镛 , 吴唯佳 , 等 . “北京 2049” 空间发展战略研究 [M]. 北京 : 清华大学出版社, 2012.
6. 武义青 , 张云 . 环首都绿色经济圈 : 理念、前景与路径 [M]. 北京 : 中国社会科学出版社 , 2011.
7. 王蒙徽 , 李郇 , 潘安 . 建设人居环境 实现科学发展——云浮实验 [J]. 城市规划 , 2012(1).
8. 清华大学建筑与城市研究所 . 北京总体规划实施评估 [R], 2010.
9. 清华大学建筑与城市研究所 . 北京中轴南沿城市空间规划研究 [R], 2012.
10. 清华大学建筑与城市研究所 . 首都区域空间发展战略研究 [R], 2012.
11. 清华大学建筑与城市研究所 . 廊北新区概念性总体规划 [R], 2011.
12. 清华大学建筑与城市研究所 . 昌平总体规划实施评估 [R], 2012.
13. 清华大学建筑与城市研究所 . 邢台城市发展战略研究 [R], 2012.
14. 清华大学建筑与城市研究所 . 廊坊城市发展战略研究 [R], 2008.
15. 北京市人民政府 . 政府工作报告（2006-2013 各年）[R].
16. 天津市人民政府 . 政府工作报告（2006-2013 各年）[R].
17. 河北省人民政府 . 政府工作报告（2006-2013 各年）[R].
18. 水利部海河水利委员会 . 海河流域综合规划 [R], 2010.

说明：本书中附图、附表、专栏等，未注明来源者，均为清华大学建筑与城市研究所等的集体工作成果。

附　件

附件 1

北京市—天津市
关于加强经济与社会发展合作协议

2013 年 3 月 25 日，京津两市签署《北京市天津市关于加强经济与社会发展合作协议》，协议内容如下：

一、推动区域发展战略规划编制

双方共同配合国家发展改革委做好首都经济圈发展规划编制工作，积极争取国家政策支持，加强重点领域合作，服务首都，共谋发展。稳步推进京津冀区域经济一体化进程，共同争取国家出台推进京津冀区域发展的规划和政策。

二、完善交通基础设施体系

双方推动京港高速公路建设，连通京津高速公路，构筑北京直通东疆保税港区快速通道；推动京津三通道（京台高速）北京段建设，连通津晋高速公路，构建北京与天津港南部港区快速运输通道。共同配合国家有关部门开展从规划的武清北部新城引出京津城际铁路联络线直通北京新机场的可行性研究，争取天津滨海国际机场与北京新机场实现连通。加强联合交通执法工作，确保国家重大活动时期、跨省运输高峰时期的交通执法协作联动，构筑良好的区域交通运输环境秩序。鼓励北京有实力的企业集团发挥资金和技术优势，在天津市市政基础设施、轨道交通等方面，通过多种方式合作开发项目。

三、开展产业转移和对接合作

双方按照互惠互利、有利发展的原则制定优惠政策，发挥京津科技研发、产业、土地等互补优势，开展全方位的产业转移和对接合作。从北京中关村示范区到天津滨海新区，共同打造京津科技新干线，建设战略性新兴产业和高技术产业聚集区。在天津滨海新区共同建设天津滨海—中关村科技园，搭建科技型中小企业孵化平台，推进集成电路设计、生命科学等方面的合作。在天津宁河县的北京清河农场部分地区及周边，结合天津未来科技城总体规划，共同规划建设京津合作示范区，打造成科技、生态、宜居的新城。支持天津武清区打造京津产业新城，承接北京高新技术企业转移和最新研究成果转化。深化企业间上下游合作，通过产业链相关企业的转移和项目合作，完善各自优势产业链，实现共同发展。

四、打造教育和科技研发高地

双方加强高校办学合作，建立京津校长、教师和管理干部交流挂职机制，合作共建高校重点学科和品牌特色专业，互相开放重点实验室、精品课程等优质教育资源，合作开展大学生学科竞赛。加强京津大学科技园的交流与合作。推动京津职业教育机构跨区域合作办学。发挥两地科技创新政策优势，深化科技体制改革，筹建京津科研协助共同体，合作申报国家级课题和重大科技专项，共同建设一批世界前沿研究中心、国际联合研究基地、技术创新平台等高端研发机构，支持产学研用紧密结合，推动创新链、产业链的深度融合。

五、深化陆海空航运物流合作

双方加强航运物流合作，加大天津港对北京服务的力度，发挥东疆保税港区的区位、政策等优势，将天津港打造成为北京的便捷出海通道。合作实施京津两地货物出口便捷通关政策，天津市支持北京朝阳口岸外移至通州马驹桥物流基地，支持北京平谷国际陆港实施海关卡口联网工程、“口岸直放”转检模式和“抵港退税、商封直转”的保税港“港区联动”政策，给予港口使用费优惠，实现港口手续、码头场地、装卸作业“三优先”。加强京津区域物流信息一体化建设，推进两地电子口岸互通互联，以“物流中国”为支撑逐步实现京津综合物流信息公共平台共建共享。加强京津陆、海、空口岸的货物直通合作，互开立体口岸直通公路航班，推动两地甩挂运输推广应用。探索研究平谷国际陆港至天津港的京津集装箱运输车辆享受高速公路收费优惠，推动降低物流运输成本。开通天津滨海国际机场至市区及北京等周边地区的公路客运班线，方便两地旅客。

六、加强人才共享互通合作

双方加强在人才引进、培养、使用、交流等环节的沟通协作。制定便于两地人才相互流动的政策措施，促进人才交流。深化人才市场合作，建立双方人才供求信息交流渠道，互设“人才工作站”。实行人才资质互认，逐步建立统一的人才评价标准。逐步共建“两院院士”、博士生导师等高层次人才信息库，联合招收培养博士后，实现高端人才共享。天津每年选派一批青年教师和科研人员到北京高校和科研机构进行培训。发挥中国（天津）职业技能公共实训中心的作用，为北京企业职工和院校学生提供实训服务，促进两地人才交流和技能水平的提高。

七、推进文化旅游会展融合发展

双方加强北京历史文化和天津海滨休闲文化的融合。天津积极组团参加北京的“文博会”、“京交会”、“中国老字号展”和“北京国际旅游节”等展会，北京组团参加天津的“津洽会”、“融洽会”、“旅游产业博览会”和“职业技能大赛”等展会。整合双方资源，共同举办一个大型会展活动，定期在两个城市互办。支持北京市文化创意企业到天津国家数字出版基地、国家动漫园等园区投资兴业。搭建影视（动漫）题材资源、剧本创意等方面数据和信息共享平台。加快旅游市场主体和客源互动融合，联手开发特色旅游精品线路。发挥邮轮母港和滨海资源优势，开发邮轮、游艇、低空飞行、海洋康体等旅游新产品，继续深入开展“乘高铁 游京津”旅游活动，拉动京津及周边高端旅游市场。开展“智慧旅游”项目合作，大力推广应用京津冀旅游“一卡通”业务。

八、加快金融一体化进程

双方加强在完善金融组织体系、推动金融产品创新、建设金融要素市场、优化金融生态环境、建设金融信用体系和金融标准化、打击非法集资等方面的合作，不断拓宽金融合作领域，在更大范围内发挥金融的功能和作用。支持两地金融机构跨区域发展，引导金融机构对两地基础设施和重大产业项目提供融资服务。支持两地大宗商品及要素市场跨区域发展，鼓励北京、天津两地产权交易所、金融资产交易所、环境交易所等专业交易平台开展广泛合作。在北京市大兴区、天津市武清区等京津交汇处探索建立金融一体化综合改革试验区，开展金融监管合作、金融创新联合化和金融活动同城化。

九、改善京津地区环境质量

双方加强两市重点污染物治理技术的合作，探索主要污染物排放总量指标的置换、交易方法，建立基于水质目标改善的管理制度和生态保护、生态建设合作机制，进一步改善京津地区的水环境。加强京津 PM2.5 污染治理合作，加大节能减排力度，大力压减燃煤、减少工业排放，提升车用燃油标准、发展清洁能源汽车，促进京津地区空气质量持续改善。建立京津环境监测数据及空气质量预测预警信息的共享机制，开展环境监测能力项目合作，探索建立重污染天气的应急联动预案。

十、建立合作长效工作机制

双方建立两市领导高层协商机制，成立京津合作领导小组，组长由两市市长担任，每年召开一次会议，研究合作中的重大战略问题。成立京津合作协调小组，由分管副市长任组长，定期就双方合作问题进行研究推动。协调小组下设办公室，组织两市相关部门对口衔接，具体推动各项合作任务的实施。办公室分别设在北京市支援合作办、天津市合作交流办。

附件 2

北京市—河北省
2013—2015 年合作框架协议

为共同促进区域经济社会协调发展，北京市人民政府与河北省人民政府经友好协商，就进一步深化京冀合作达成共识，特制定本协议。

一、合作宗旨

深入贯彻落实党的“十八大”精神，坚持优势互补、合作共赢，以开放的思维深化两地经济社会全面合作，着力打造首都经济圈，加快推进区域一体化进程，为全面建成小康社会做贡献。

二、合作重点

（一）着力打造首都经济圈。

1. 共同推动首都经济圈规划编制。积极配合国家发展改革委做好首都经济圈发展规划编制工作，争取将石家庄、衡水、沧州纳入规划布局。双方围绕产业布局与发展、城镇功能定位与空间布局、自主创新能力建设、文化大发展、推进生态环境一体化建设、推进公共服务发展、促进重大基础设施共建共享等领域，争取国家在土地、税收、生态补偿、国家重大项目布局、区域口岸大通关等方面对首都经济圈给予支持。

2. 加快区域交通一体化建设。共同争取国家铁路局，尽快完成京张铁路、京沈客运专线可研批复等相关工作，尽快就涿州—北京新机场—廊坊城际铁路、京九客专开展前期工作。双方开展轻轨合作项目前期论证研究，综合考虑、积极推进利用轻轨、城际铁路和市郊铁路等多种制式逐步解决北京与三河燕郊等地间的轨道交通问题。共同争取交通运输部专项支持，推进北京大外环高速公路建设，尽快形成环北京的高速通道。加快京昆高速（涞水至北京段）建设进度，尽早开工建设京台高速（廊坊至北京段），争取同步建成。加快推进密涿高速（密云至廊坊段）、承平高速、密涿高速支线（北京市东六环至三河段）前期工作，加快推进北京至张北公路、国道 107、国道 109 升级改造项目前期方案研究，尽早启动工程建设。大力推进北京与河北省环京县（市、区）公路规划对接工作，逐步就大厂县与通州区之间的道路联接方案等具体合作项目达成相关协议。

3. 着力推动区域工业合作。按照功能定位和产业发展重点，在新能源、电子信息、生物医药、钢铁、石化、汽车、建材、装备制造、食品加工、节能环保、钒钛新材料等领域，研究制订支持政策，促进全面对接合作、共同发展。创新合作方式，探索两地飞地经济合作，采取多种形式组织企业开展对接活动，对转移到河北省的北京企业实行特殊政策、出台相关实施细则，实现利益共享。

4. 继续深化农业合作。双方支持北京市农业生产流通企业在河北省建设蔬菜、畜禽等保障首都市场供应的农副产品生产和加工基地，搭建京冀合作农副产品产销信息服务平台，合作开展“农超对接”。

5. 推动区域建筑业合作。积极推动双方试点企业执业资格注册人员和持证上岗人员管理信息互认，建立试点企业进入对方建筑市场协调服务机制。加快建筑市场建设，建立建筑市场需求信息、相关行政管理信息、企业基本信息、人员执业资格信息共享机制，逐步实现企业信用信息的互认。

6. 逐步推动食品安全合作。全面落实《食品安全联动协作机制备忘录》。河北省加强对进京食品的安全监管，实施进京生鲜食品冷链配送，保障进京食品安全。北京市向河北省提供质量控制和标准化生产技术支持。双方推动建立不同形式的农副产品质量可追溯制度和检测结果互认制度。

7. 加强区域应急合作。加强两地部门间合作，共同维护社会安全稳定。建立突发事件联合响应、信息通报等工作机制，实现应急资源共享，合作开展隐患排查整改；加强应急工作交流，构建条块结合、区域协同、全方位、多层次的应急合作工作格局。

8. 开展标准化建设合作。建立区域标准化委员会，推动各合作领域的标准化协调统一，协调解决京冀合作中出现的重大标准问题，共享地方标准制定计划信息及标准文本。

（二）共同推进北京新机场建设。

会同民航局共同加快推进项目前期工作，配合北京新机场建设指挥部开展勘测、环评、用地、洪评、水资源论证，加快新机场周边高压线改移、天堂河改移、征地拆迁。积极配合国家发展改革委开展新机场配套综合交通方案研究，做好新机场道路交通规划研究与衔接，统筹谋划对接新机场的综合交通体系，共同做好新机场周边区域城乡规划协调。争取国家相关部委，对新机场及配套设施的建设用地指标、补充耕地指标事宜予以支持，对永定河洪泛区调整方案及相关问题给予支持。密切协作，推进新机场临空产业高端示范区建设。

（三）共同促进首钢在唐山做大做强。

争取国家支持，推进实施首钢在河北省的投资项目。河北省将首钢总公司投资在当地的钢铁企业纳入河北省发展规划，在矿产资源配置等方面与河北钢铁企业同等待遇，共同支持首钢（迁安）矿业公司办理相关矿权手续，妥善解决首钢京唐钢铁公司股权转让事宜，双方支持首钢京唐二期项目。

（四）全面开展科技创新和成果转化合作。

1. 共同打造高新技术产业园区和科技成果转化、产业化基地。利用中关村建设国家自主创新示范区的有利契机，支持北京市高新技术企业在河北省建立科技成果转化基地，支持河北省企业在中关村设立研发中心。共同推进中关村国家自主创新示范区与河北省环京市、县，围绕共建高新技术产业园、科技成果转化和产业化基地开展战略合作。

2. 加强高等院校、科研机构的科技合作。双方鼓励北京高等院校、科研机构在河北建立中试基地、科技成果转化基地，推进科研成果产业化；鼓励北京高校科技园在河北建立园区，鼓励双方高校共建重点实验室等创新研发平台。

3. 开展重大科技项目研发合作。共同申报、争取国家重大科技攻关项目落户在京冀地区。双方围绕海水淡化、产业升级、生态环境、节能减排、食品安全、尾矿综合利用等双方关注的关键技术、共性技术难题开展联合攻关，支持推动示范工程的实施应用。加强科技信息交流，共建科技合作机制。

（五）共同创建区域优美环境。

1. 加强生态文明制度建设。围绕首都经济圈大气治理、防护林建设、水资源保护等方面建立国家层面的协作机制，积极争取国家发展改革委、水利部、国家林业局等部门，对京津风沙源治理、三北防护林等生态建设、环境保护项目给予资金和政策支持。共同商请环保部、财政部，将北京市、河北省作为跨地区流域生态补偿试点，建立国家对生态保护地区的长效补偿机制。

2. 建立大气污染联防联控合作机制。按照国家区域大气污染防治规划要求，研究成立大气污染防控合作工作机构，在区域排放总量控制、煤炭消费总量控制、联合执法监管、规划及重大项目环境影响评价会商、环境信息共享、PM2.5 污染成因分析和治理技术等方面加强合作。

3. 共同建设京冀绿色生态带。2013 至 2015 年，北京市安排专项资金在河北省环京地区开展京冀生态水源保护林建设、森林防火、林木有害生物联防联治等生态合作项目。加强京北地区造林绿化，迎接 2019 世界园艺博览会召开。共同提升京南地区森林覆盖率和城市绿化覆盖率，进一步优化新机场周边环境。

4. 开展水资源环境监管和治理合作。积极争取国家发展改革委、水利部支持，推进《21 世纪初期首都水资源可持续利用规划》实施；共同争取环保部、国土资源部、工信部支持，做好密云水库上游尾矿库隐患治理和综合利用。2013 至 2015 年，北京市继续安排专项资金，在密云、官厅水库上游张承地区开展水资源环境治理合作项目。

5. 继续实施水资源应急调度合作。共同争取国家发展改革委支持，积极在曹妃甸开展大型海水淡化制水和向北京输水工程的前期工作，力争早日开工建设。在南水北调江水进京前，继续开展从河北省岗南、黄壁庄、王快、西大洋、安格庄水库应急调水工作。

6. 开展防汛抗洪合作。共同争取国家支持北运河防洪体系建设，按照北运河防洪工程规划，抓紧开展各项前期工作和基础设施建设。加快建立京冀防汛抗洪工作机制，实现信息共享。推进拒马河防洪体系建设，联合开展拒马河清障，维护河道管理秩序。

7. 开展区域能源合作。加快推进涿州、固安、三河电厂三期、秦皇岛开发区热电联产项目及丰宁燃煤发电项目前期工作，利用北京市关停小火电机组容量，争取国家发展改革委早日批复。

（六）共同深化服务业合作。

1. 加强金融合作。共同争取国家在京冀交汇处探索设立金融综合改革试验区。引导两地金融行业广泛合作，加大金融服务实体经济力度。深入开展资本市场和要素市场领域合作。共同推动金融后台机构在两地合理布局。推动完善企业信用信息系统建设，联合金融监管和司法部门共同严厉打击非法集资、非法证券等金融违法活动，优化金融生态环境。

2. 深化区域旅游合作。加强在旅游规划、市场、信息和标准等方面的合作，形成信息、管理、服务无障碍的一体化大旅游格局。鼓励大型旅游企业、著名旅游管理公司和知名旅游品牌实现跨省经营、连锁经营和品牌输出，共同编排旅游线路、包装旅游产品，联合开展旅游促销活动。

3. 开展区域人力资源与教育合作。建立劳务对接定期沟通和跟踪服务权益保障机制，搭建人力资源信息平台，通过建立来源地备案和信息核查机制实现人员可追溯。建立两地高校毕业生就业信息联动机制，搭建就业信息和供求信息发布平台，实现区域内毕业生生源信息、需求信息共享。积极开展社会保障合作，研究推进两地社会保障体系对接，逐步实现医疗保险功能的衔接。继续加强各级各类教育交流与合作。

4. 积极推动商贸会展合作。支持北京市大型商贸企业到河北省建设区域性商贸流通市场，推进北京市城区内小商品、服装批发市场向周边地区转移。支持大型会展设施共建、共享，联合举办大型会展活动。鼓励企业参加对方举办的大型展会及投洽会。

5. 进一步深化物流、港口口岸合作。双方支持北京市企业参与河北省环首都现代物流园区建设，支持北京市企业在河北省级物流产业聚集区建设物流电子信息平台，促进两地物流枢纽的衔接。把曹妃甸港、京唐港作为北京重要的出海口，推进北京内陆港与河北省港口、内陆港、临港物流园区、物流产业聚集区的对接合作，推进口岸直通、两地海关“属地报关、口岸验放”和检疫检验便捷通检等区域通关模式的实施。

6. 加强新兴服务业合作。联合举办培育国家级动漫、网络游戏、演出、艺术品交易、体育等领域的赛事和展会，共同开发文化资源、打造文化品牌，推动北京文化产业链条向河北延伸，建设制作、发行、物流和衍生品生产制造基地。推动北京企事业单位与河北医疗、保健机构开展业务合作，实行体检、疗养等服务外包。大力支持北京企业参与河北文化创意产业基地、服务外包基地、金融后台服务基地、健康产业基地的开发建设。开展新兴服务业高端人才的培养交流活动，吸引北京高端人才到河北创业投资。

（七）支持张承地区产业发展。

北京市安排专项资金，继续在张家口、承德地区实施支持周边地区发展项目，继续在张家口市开展蔬菜产销合作。北京市支持张承地区农业结构调整，将“稻改旱”工程阶段性政策延长执行到 2015 年底结束，在此期间，由当地政府负责做好向农民的政策宣传和解释工作；2015 年后，北京市继续支持当地发展现代农业，解决后续问题。

三、完善合作协调机制

成立京冀区域合作工作协调小组，组长分别由两地常务副市长、常务副省长担任，成员包括各相关部门负责人。协调小组下设办公室，分别设在北京市支援合作办、河北省发展改革委。协调小组每年召开一次工作会，议定下一年重点合作事项；协调小组办公室每半年由北京市支援合作办、河北省发展改革委轮流召开工作会，交流合作工作情况，推动各项合作任务的实施。

附件 3

天津市—河北省
深化经济与社会发展合作框架协议

为全面贯彻落实党的十八大精神，进一步统筹津冀经济社会协调发展，促进区域经济一体化，本着优势互补、密切合作、互利共赢、共同发展的原则，经双方友好协商，就以下事项达成战略合作框架协议：

一、推进区域一体化进程

双方共同争取国家出台推进京津冀区域发展的规划和政策，建立国家层面的工作协调机制，加快推进区域经济一体化进程。加强区域规划的协商沟通，共建规划信息共享平台，合作编制涉及两地城市发展的区域性规划，推进津冀城市建设融合发展。支持天津东丽区与河北正定县、北戴河新区合作共建城乡统筹发展示范区，共同争取国家政策和资金支持。

二、完善交通网络体系

双方共同推进唐廊高速、京秦高速、滨（津）石高速和国道 205 等一批高等级公路对接路段，以及环渤海城际铁路、天津至承德铁路等项目的前期和建设工作，在规划设计、项目审批、协调推动等方面相互支持。建立区域交通运输安全保障体系，共同开展规划、联合治超、ETC 系统建设、交通拥堵治理、应急指挥协调处置等方面的研究，加快区域交通一体化进程。

三、深化港口物流合作

双方加快推进津冀物流一体化进程，实现两地企业物流信息与公共服务信息的有效对接。协调港口运营发展问题，支持天津港集团与河北港口企业在航线开辟、经营管理等方面开展合作。加强口岸通关合作，实施“属地申报、口岸验放”区域通关合作模式和检验检疫直通放行业务模式，逐步扩大实施范围，争取跨关区、跨检区口岸直通试点。依托电子口岸平台，逐步实现口岸信息互联互通和共用共享。

四、提高水资源保障能力

双方共同支持南水北调中线天津干渠工程建设，争取南水北调东线二期工程尽早开工。天津对河北实施的引黄入冀补淀工作给予支持，河北采取积极有效措施，保障天津市潘庄引黄工程的顺利实施。继续加强滦河水源保护，加大综合治理力度，天津在资金、技术、就业培训等方面给予积极支持。争取国家有关部门建立国家及天津、河北三方水资源补偿机制和跨界断面水质联合监测机制，将津冀作为滦河流域跨界水环境生态补偿试点区域。在滦河、州河流域承德、唐山等重点地区，合作实施生态水源保护林建设项目。共同推进海河流域水污染防治规划的实施，做好入海尾闾整治，确保流域防洪安全。积极争取国家建立大气污染联防联控机制，设立重点控制区大气污染防治专项资金。

五、推动产业转移升级

双方加强产业规划衔接，协调产业合理布局。支持天津企业在河北环津地区建立天津产业转移园区，创新合作模式，实现利益共享。引导有实力的企业为双方优势重点产业配套，实现共赢发展。支持天铁集团调整结构、实施循环经济示范区项目建设和河北长城汽车、英利集团等企业在津发展，推进天津天士力集团在河北开展中医药领域的合作。支持部分优势建筑业企业，参与对方项目建设，推动共同建筑市场发展。建立劳务信息共享机制，组织多种形式的劳务需求对接和招聘活动。河北根据天津产业用工需求，加强输出劳动力的职业技能培训和服务体系建设。天津为河北有组织的劳务输出提供便利，发挥中国（天津）职业技能公共实训中心的作用，为河北企业职工和院校学生提供实训服务。

六、加强科技研发合作

双方合作构建跨省市的产学研创新联盟，支持建立一批技术成果转化等高新技术产业合作示范基地。推进天津滨海新区与河北曹妃甸新区、渤海新区在战略性新兴产业领域的科技合作，提升区域创新能力，创建天津滨海新区－唐山－沧州高新技术产业带。发挥天津高等院校、科研院所的综合优势，共建大学科技园和重点实验室、工程技术研究中心、科技企业孵化器等创新平台。共同支持河北工业大学教学、科研、学科及师资队伍等的建设，服务两地发展。鼓励两地创业投资公司、风险投资公司合作建立投资基金，探索科技金融新模式。实施渤海粮仓建设科技工程，共同开展盐碱地改造等技术研究，建立一批农业科技示范基地。

七、加强农副产品对接

双方加强农副产品生产供应合作，支持天津农业产业化龙头企业在河北建设生产和流通基地，鼓励两地区县建立农副产品供需结对关系，满足天津农副产品需求。支持津冀大型连锁超市、农副产品批发市场和各类供销组织与两地农产品专业合作组织、农业产业化龙头企业开展“农超对接”，为商贸流通企业和优质农副产品进入对方市场提供便利条件。开展农副产品基地环评、抽样检测、产品质量追溯等环节的监管合作，保证进入对方市场农副产品优质安全。

八、加快旅游会展融合

双方加强津冀旅游发展规划的衔接，促进区域旅游资源、市场、客源互动共享，构建政策、信息、交通、管理和服务无障碍的一体化大旅游格局。旅游部门统一包装旅游产品，联合打造精品旅游线路，推出港口城市之间海陆空旅游新业态，拉动津冀高端旅游市场。开展“智慧旅游”项目合作，大力推广应用京津冀旅游“一卡通”业务。相互支持展会活动，双方组团参加对方组织的“廊坊投洽会”、“津洽会”等重要展会。

九、拓宽金融合作领域

双方推动创新金融产品、建设金融要素市场、打击非法集资、优化金融生态环境等方面的合作。支持两地金融机构跨区域发展。鼓励天津金融机构在河北发起组建村镇银行。共同组织银企对接活动，促进银团贷款，支持两地经济发展。鼓励探索河北特色资源和商品在渤海商品交易所挂牌上市。发挥天津场外交易市场功能和作用，积极为河北企业提供融资服务。共同争取国家在津冀交汇处探索建立金融一体化综合改革试验区，开展金融监管合作，实现金融创新联合化和金融活动同城化。

十、建立合作协调机制

双方建立两省市领导高层协商机制，成立津冀合作领导小组，组长由省（市）长担任，每年召开一次会议，研究合作中的重大战略问题。成立津冀合作协调小组，由分管副省（市）长任组长，定期就合作问题进行研究推动。协调小组下设办公室，组织两省市相关部门对口衔接，具体推动各项合作任务的实施，并继续协商推进港口开辟国际航线、共建无水港等其他合作事项。办公室分别设在天津市合作交流办、河北省发展改革委。